中等职业学校计算机系列教材

zhongdeng zhiye xuexiao jisuanji xilie jiaocai

计算机网络基础

第4版

◎ 谭雪松 李苋荃 主编

◎ 孙重巧 董墨林 郝彤 副主编

人民邮电出版社

北京

图书在版编目（CIP）数据

计算机网络基础 / 谭雪松，李芃荃主编. -- 4版
. -- 北京 : 人民邮电出版社，2019.9
中等职业学校计算机系列教材
ISBN 978-7-115-49544-0

Ⅰ. ①计… Ⅱ. ①谭… ②李… Ⅲ. ①计算机网络－中等专业学校－教材 Ⅳ. ①TP393

中国版本图书馆CIP数据核字(2018)第227961号

内 容 提 要

本书主要讲解计算机网络技术的相关知识，内容涉及网络技术的基础理论以及网络在社会生活中的典型应用，基本上覆盖了计算机网络的重要知识点。全书分为 10 章，包括计算机网络概述、数据通信基础、计算机网络体系结构、计算机网络硬件、安装和设置网络操作系统、Internet 及其应用、局域网组网技术、网络安全及管理、网络的维护与使用技巧以及无线网络技术等知识。本书采用案例形式编写，内容由浅入深，每个章节后附有实训题目，以便学生练习巩固所学知识。

本书可作为中等职业学校“计算机网络技术”课程的教材，也可作为初学者学习计算机网络技术的自学参考书。

◆ 主　　编　谭雪松　李芃荃
副 主 编　孙重巧　董墨林　郝　彤
责任编辑　马小霞
责任印制　沈　蓉　马振武

◆ 人民邮电出版社出版发行　　北京市丰台区成寿寺路 11 号
邮编　100164　　电子邮件　315@ptpress.com.cn
网址　http://www.ptpress.com.cn
固安县铭成印刷有限公司印刷

◆ 开本：787×1092　1/16
印张：14　　　　　　　　2019 年 9 月第 4 版
字数：216 千字　　　　　2024 年 8 月河北第 11 次印刷

定价：45.00 元

读者服务热线：(010)81055256　印装质量热线：(010)81055316
反盗版热线：(010)81055315
广告经营许可证：京东市监广登字20170147号

序

中等职业教育是我国职业教育的重要组成部分，中等职业教育的目标是培养具有综合职业能力，在生产、服务、技术和管理第一线工作的高素质的劳动者。

随着我国职业教育的发展，教育教学改革的不断深入，由国家教育部组织的中等职业教育新一轮教育教学改革已经开始。根据教育部颁布的《教育部关于进一步深化中等职业教育教学改革的若干意见》的文件精神，坚持以就业为导向、以学生为本的原则，针对中等职业学校计算机教学思路与方法的不断改革和创新，人民邮电出版社精心策划了《中等职业学校计算机系列教材》。

本套教材注重中等职业学校的授课情况及学生的认知特点，在内容上加大了与实际应用相结合案例的编写比例，突出基础知识、基本技能。为了满足不同学校的教学要求，本套教材中的 3 个系列，分别采用 3 种教学形式编写。

- 《中等职业学校计算机系列教材——项目教学》：采用项目任务的教学形式，目的是提高学生的学习兴趣，使学生在积极主动地解决问题的过程中掌握就业岗位技能。
- 《中等职业学校计算机系列教材——精品系列》：采用典型案例的教学形式，力求在理论知识“够用为度”的基础上，使学生学到实用的基础知识和技能。
- 《中等职业学校计算机系列教材——机房上课版》：采用机房上课的教学形式，内容体现在机房上课的教学组织特点，使学生在边学边练中掌握实际技能。

为了方便教学，我们免费为选用本套教材的教师提供教学辅助资源，教师可以登录人民邮电出版社人邮教育社区（http://www.ryjiaoyu.com）下载相关资源，相关资料内容如下。

- 教材的电子课件。
- 教材中所有案例素材及案例效果图。
- 教材的习题答案。
- 教材中案例的源代码。

中等职业学校计算机系列教材编委会

2019 年 6 月

前　言

计算机网络的发展日新月异，其触角已经伸向社会的各个角落，进而影响到人们日常学习、生活、工作的方方面面。使用计算机网络，人们能够进行高效、快捷、安全的信息交流，能够方便地进行批量数据传输、资源共享、即时通信等。计算机网络协议特别是局域网协议标准 IEEE 802 以及其他各种标准的定义日渐成熟，为计算机网络的建设提供了强大的技术支持。随着网络硬件设备日趋完善，计算机网络已经成为信息技术应用的主要特征。

计算机网络给人们带来很多方便，人们对计算机网络的研究也逐渐深入。计算机网络涉及的知识相当广泛，它基于计算机组成原理和操作系统的知识，包括网络基础、体系结构、局域网及广域网、典型网络的结构特点以及计算机网络的应用等。

本书全面贯彻党的二十大精神，以社会主义核心价值观为引领，传承中华优秀传统文化，坚定文化自信，使内容更好地体现时代性、把握规律性、富于创造性。考虑到本书内容具有一定的理论性，本书结合中等职业学校的教学实际，选用 Windows Server 2012 网络操作平台，采用“案例教学”的形式，在讲述基础知识的同时，配以较多的案例介绍，在每章都安排了“实训”项目以训练读者的动手能力。本书以图文并茂的方式让读者既能掌握基本的网络知识，又能了解其在现实生活中最新的具体应用，突出了注重实践应用的特点。

本书共分 10 章，主要内容如下。

- 第 1 章：介绍计算机网络在现代社会的应用及其发展历史。
- 第 2 章：介绍数据通信的基础知识。
- 第 3 章：介绍构成网络的几个重要协议，讲述了 IP 地址的概念及其设置方法。
- 第 4 章：介绍构成计算机网络必备的几种硬件及其使用方法。
- 第 5 章：介绍 Windows Server 2012 操作系统的安装和基本设置。
- 第 6 章：介绍 Internet 的概念、接入方法以及典型应用。
- 第 7 章：以家庭局域网和宿舍局域网为例，介绍对等局域网络的组建方法。
- 第 8 章：介绍网络安全的知识及网络管理方法和技巧。
- 第 9 章：介绍网络维护及故障排除方法。
- 第 10 章：介绍无线网络技术知识。

为方便教师授课，我们免费为教师提供本书的 PPT 课件及素材，教师可登录人民邮电出版社人邮教育社区（www.ryjiaoyu.com）下载资源。

本书由谭雪松、李苊荃任主编，孙重巧、董墨林、郝彤任副主编，参加本书编写工作的还有沈精虎、黄业清、宋一兵、向先波、冯辉、计晓明、滕玲、董彩霞、管振起等。

由于编者水平有限，书中难免存在疏漏之处，敬请各位读者指正。

编者

2023 年 5 月

目 录

第1章 计算机网络概述

计算机网络基于计算机技术与现代通信技术，实现了分布在不同地理位置上的计算机之间的信息交流和资源共享。本章是对计算机网络的概述，介绍计算机网络的发展历史；从计算机网络的概念出发，介绍其基本特点、功能、组成和主要应用；对计算机网络的分类进行了归纳，让大家对计算机网络有一个初步的认识，为以后章节的学习奠定基础。

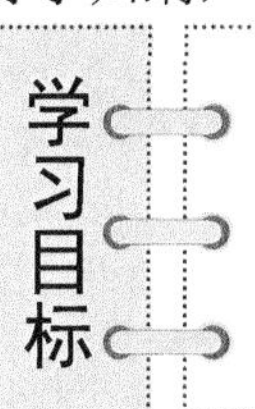

学习目标

- 了解计算机网络的含义及其功能。
- 通过发送电子邮件理解网络中信息的传递过程。
- 通过QQ会话了解通过网络实现即时通信的基本方法。
- 了解数据通信的基本知识。

1.1 计算机网络的发展历史

计算机网络的发展经历了一个从简单到复杂的过程，从为解决远程计算信息的收集和处理而形成的联机系统开始，发展到以资源共享为目的而互连起来的计算机群。计算机网络的发展又促进了计算机技术和通信技术的发展，使之渗透到社会生活的各个领域。

计算机网络的发展历史按年代划分经历了以下4个阶段。

1.1.1 第一阶段——远程终端联机阶段

这一阶段主要在20世纪50年代至60年代，出现了以批处理为运行特征的主机系统和远程终端之间的数据通信。早期的计算机系统均设置在专用机房里，人们在自己的终端上提出请求，通过通信线路传送到中央服务器，分时访问和使用中央服务器上的信息资源后，再将信息处理结果通过通信线路送回到各终端用户。通常根据中央服务器的性能和运算速度来决定连接终端用户的数量。第一阶段的计算机网络结构如图1-1所示。

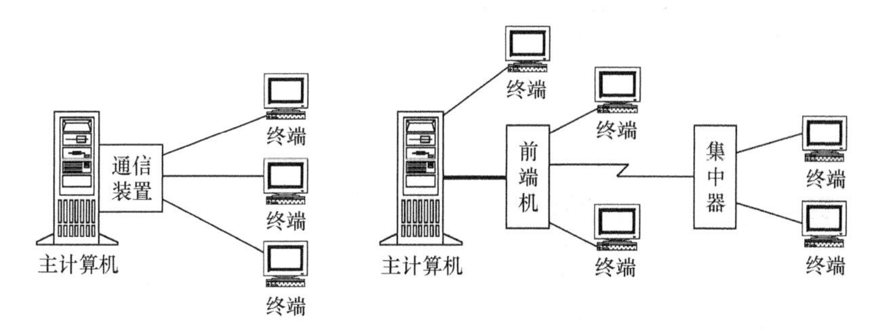

图1-1 第一阶段计算机网络结构示意图

这一阶段的主要特点如下。

（1）以主机为中心，面向终端。

（2）分时访问和使用中央服务器上的信息资源。

（3）中央服务器的性能和运算速度决定连接终端用户的数量。

1.1.2 第二阶段——计算机网络阶段

第二阶段是在20世纪60年代至70年代，这一阶段是以通信子网为中心，通过公用通信子网和资源子网实现计算机之间的通信。

第二阶段的计算机网络结构如图1-2所示。

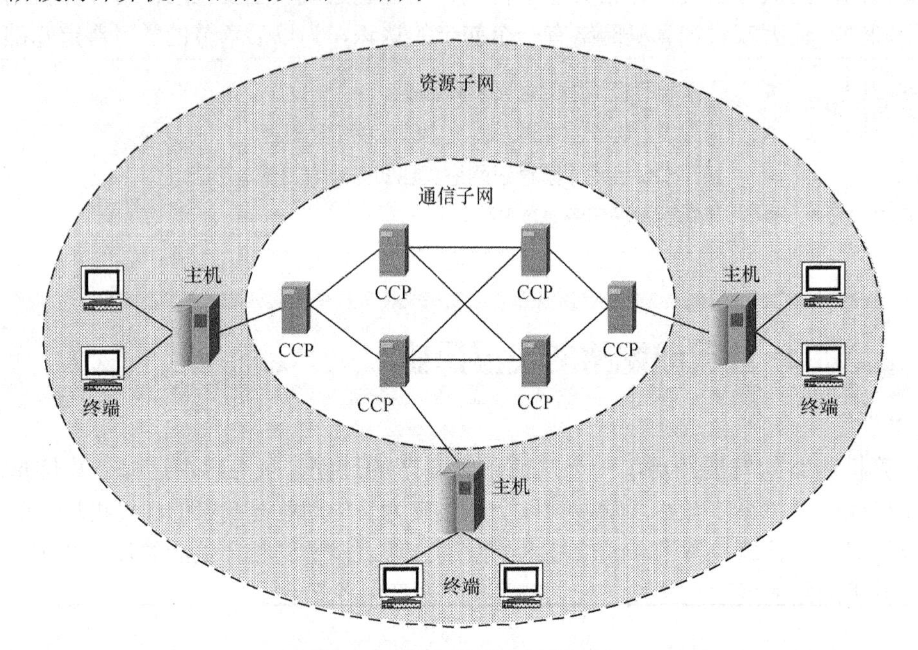

图1-2 第二阶段计算机网络结构示意图

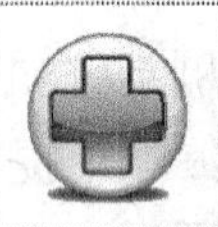

要点提示 通信子网是由用作信息交换的节点计算机和通信线路组成的独立的通信系统，承担全网的数据传输、转接、加工和交换等通信处理工作。资源子网则是计算机网络中面向用户的部分，负责全网络面向应用的数据处理工作。CCP为通信控制处理机。

这一阶段的主要特点如下。

（1）以通信子网为中心，实现了“计算机—计算机”的通信。

（2）ARPAnet（Advanced Research Project Agency net，阿帕网）的出现，为Internet以及网络标准化建设打下了坚实的基础。

（3）出现大批公用数据网。

（4）局域网的成功研制。

1.1.3 第三阶段——计算机网络互连阶段

20世纪80年代开始进入了计算机网络的标准化时代。在这一阶段，人们加快了网络体系结构和网络协议的国际标准化研究。

国际标准化组织（International Organization for Standardization，ISO）经过多年努力，制定了“开放系统互联参考模型”（Open System Interconnection Reference Model，OSI/

RM），即 ISO 国际电工委员会 IEO 制定和公布的 ISO/IEC 7498 国际标准。

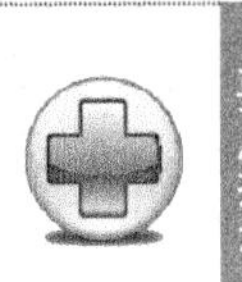

要点提示

在 OSI 参考模型与协议理论研究不断深入的同时，Internet 技术也蓬勃发展，人们开发了大量基于网络通信协议（Transmission Control Protocol/Internet Protocol，TCP/IP）的应用软件。该协议具有标准开放性、网络环境相对独立性、物理无关性以及网络地址唯一性等优点。随着 Internet 的广泛使用，TCP/IP 参考模型与协议最终成为了计算机网络的公认国际标准。

第三阶段的计算机网络结构如图 1-3 所示。

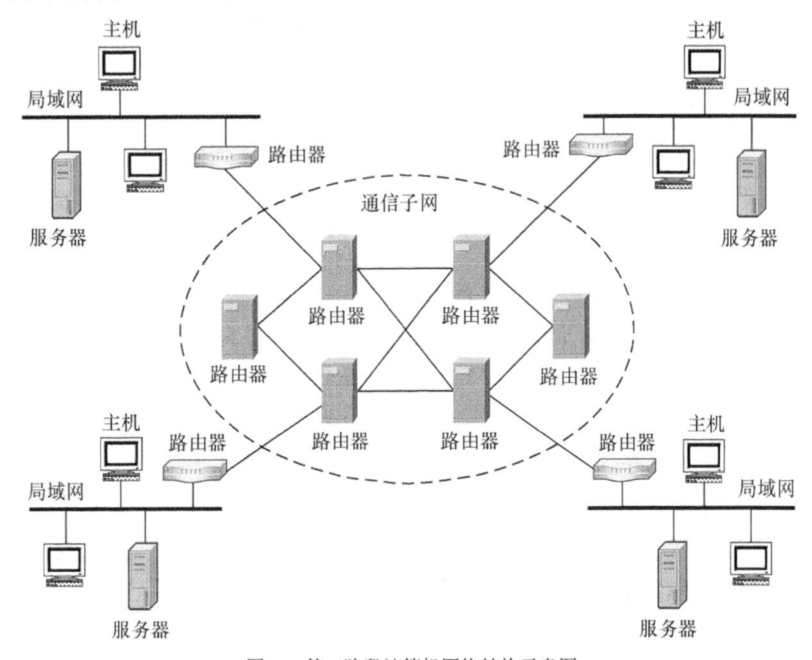

图1-3 第三阶段计算机网络结构示意图

这一阶段的主要特点如下。

（1）网络技术标准化的要求更为迫切。

（2）制定出计算机网络体系结构——OSI 参考模型。

（3）随着 Internet 的发展，TCP/IP 簇广泛应用。

（4）局域网的全面发展。

1.1.4 第四阶段——国际互联网与信息高速公路阶段

目前计算机网络的发展正处于第四阶段。Internet 是覆盖全球的信息基础设施之一，对于用户来说，它像是一个庞大的远程计算机网络。用户可以利用 Internet 实现全球范围的电子邮件、电子传输、信息查询、语音与图像通信服务功能。

实际上，Internet 是一个用路由器（Router）实现多个远程网和局域网互连的网际网。它已经并将继续对推动世界经济、社会、科学、文化的发展产生不可估量的作用。网络的全球化将地球变得更像一个“村落”，它让人类彼此之间的联系变得更为紧密。

这一阶段的主要特点如下。

（1）网络的高速发展。

（2）网络在社会生活中的大量应用。

（3）网络经济的快速发展。

1.2 计算机网络的概念、功能和应用

计算机网络是计算机技术与通信技术相结合的产物，它实现了远程通信、远程信息处理和资源共享。经过几十年的发展，计算机网络已由早期的“终端—计算机网”“计算机—计算机网”发展成为现代具有统一网络体系结构的计算机网络。

1.2.1 计算机网络的概念

计算机网络不仅仅只是进行科研和学术交流的工具，它已经深入到社会生活的每一个角落，改变着人们传统的生活和工作方式。

1. 计算机网络的定义

随着网络技术的更新，计算机网络的定义可从不同的角度加以描述，目前人们已公认的计算机网络的定义是：计算机网络是将地理位置不同，且有独立功能的多个计算机系统利用通信设备和线路互相连接起来，且以功能完善的网络软件（包括网络通信协议、网络操作系统等）实现网络资源共享的系统。

在上述定义中，我们可以看出计算机网络有以下特点。

（1）计算机的数量是“多个”，而不是单一的。

（2）计算机是能够独立工作的系统。任何一台计算机都不能干预其他计算机的工作，例如启动、停止等。任意两台计算机之间没有主从关系。

（3）计算机可以处在异地。每台计算机所处的地理位置对所有的用户都是完全透明的。

（4）处在异地的多台计算机由通信设备和线路进行连接，从而使各自具备独立功能的计算机系统成为一个整体。

（5）在连接起来的系统中，必须有完善的通信协议、信息交换技术、网络操作系统等软件，对这个连接在一起的硬件系统进行统一的管理，从而使其具备数据通信、远程信息处理和资源共享功能。

要点提示

定义中涉及的“资源”应该包括硬件资源（CPU、大容量的磁盘、光盘以及打印机等）和软件资源（语言编译器、文本编辑器、各种软件工具、应用程序等）。

2. 计算机网络的组成

一个基本的计算机网络通常由以下几个部分组成。

（1）连接介质

连接两台或两台以上的计算机所需的传输介质。连接介质可以是双绞线、同轴电缆或光纤等“有线”介质，也可以是微波、红外线、激光、通信卫星等“无线”介质。

（2）通信协议

计算机之间要交换信息、实现通信，彼此就需要有某些约定和规则——网络协议。目前有很多网络协议，有一些是各计算机网络产品厂商自己制定的，也有许多是由国际组织制定的，它们已构成了庞大的协议集。

（3）网络连接设备

异地的计算机系统要实现数据通信、资源共享还必须有各种网络连接设备，如中继器、网桥、路由器和交换机等。

（4）网络管理软件

包括通信管理软件、网络操作系统、网络应用软件等。

（5）网络管理员

一个计算机网络需要有网络管理人员对网络进行监视、维护和管理，保证网络能够正常有效地运行。

1.2.2 计算机网络的功能

当今时代，计算机网络为人们的生活注入了丰富的色彩。通过网络，人们可以进行文字、语音或视频聊天，可以查看新闻，在线看电影、玩游戏，也可以查询资料、在线学习等；对于企业用户，网络可以帮助他们宣传产品，直接进行网上交易等。总的来说，计算机网络不但提供了新的生活方式，还提供了资源共享和数据传输的平台。

图 1-4 所示为通过网络进行的远程监控，图 1-5 所示为通过 Internet 连接的网络电话。

图1-4 网络远程监控

图1-5 网络电话

计算机网络是将地理位置不同、具有独立功能的多台计算机及其外部设备，通过通信线路连接起来，在网络操作系统、网络管理软件及网络通信协议的管理和协调下，实现资源共享和信息传递的计算机系统。

计算机网络的基本功能可以归纳为 4 个方面。

1. 资源共享

所谓的资源是指构成系统的所有要素，包括软、硬件资源，例如计算处理能力、大容量磁盘、高速打印机、绘图仪、通信线路、数据库、文件和其他计算机上的有关信息。

由于受经济和其他因素的制约，这些资源并非（也不可能）所有用户都能独立拥有。而网络上的计算机不仅可以使用自身的资源，也可以共享网络上的资源，因而增强了网络上计算机的处理能力，提高了计算机软硬件的利用率。

计算机网络建立的最初目的就是实现对分散的计算机系统的资源共享，以此提高各种设备的利用率，减少重复劳动，进而实现分布式计算的目标。

2. 数据通信

数据通信功能即数据传输功能，这是计算机网络最基本的功能，主要完成计算机网络中各个节点之间的系统通信。用户可以在网上传送电子邮件、发布新闻消息，进行电子购物、电子贸易、远程电子教育等。

计算机网络使用初期的主要用途之一就是在分散的计算机之间实现无差错的数据传输。同时，计算机网络能够实现资源共享的前提条件，就是在源计算机与目标计算机之间完成数据交换任务。

3. 分布式处理

通过计算机网络，可以将一个任务分配到不同地理位置的多台计算机上协同完成，以此实现均衡负荷，提高系统的利用率。

对于许多综合性的重大科研项目的计算和信息处理，利用计算机网络的分布式处理功能，采用适当的算法，将任务分散到不同的计算机上共同完成。同时，连网之后的计算机可以互为备份系统，当一台计算机出现故障时，可以调用其他计算机实施替代任务，从而提高了系统的安全可靠性。

4. 网络综合服务

利用计算机网络，可以在信息化社会实现对各种经济信息、科技情报和咨询服务的信息处理。计算机网络可以对文字、声音、图像、数字、视频等多种信息进行传输、收集和处理。综合信息服务和通信服务是计算机网络的基本服务功能，因为它们的存在，文件传输、电子邮件收寄、电子商务、远程访问等得以实现。

1.2.3 计算机网络的用途

计算机网络的主要应用场合可以分为面向企业的应用和面向公众的应用。

1. 面向企业的应用

在面向企业的应用中，计算机网络主要有4个典型应用。

（1）解除“地理位置的束缚”。让网络上的用户，无论身处何方，也无论资源的物理位置在哪里，都能使用网络中的程序、设备和数据。

（2）依靠可替代的资源来提供高可靠性。例如，所有的文件可以在两台或3台计算机上留有副本，如果其中之一不能使用，还可以使用其他的副本。

（3）节约经费。系统设计者用多台功能强大的个人计算机来组建系统，每个用户使用一台个人计算机，数据则存放在一台或多台共享的文件服务器里，可以节省设备费用。在这一模式中，用户称作客户（Client），而整个结构称作“客户—服务器模型”。

（4）为分布在各地的人员提供强大的通信手段。通过网络，两个或多个生活在不同地方的人可以一起写报告。当某人修改了联机文档的某处时，其他人员可以立即看到这一变更，而不必花几天的时间等待信件。从长远的角度来看，利用网络来增强人际沟通可能比它的技术目的更重要。

2. 面向公众的应用

在面向公众的应用中，计算机网络主要提供远程访问和通信娱乐等服务，下面介绍几个典型应用。

（1）信息浏览。WWW（World Wide Web，万维网）是Internet最基本的应用方式，用户只需要用鼠标进行简单的操作，就可以坐在家中浏览网上丰富多彩的多媒体信息，知晓天下大事。

（2）电子邮件。E-mail是计算机技术与通信技术相结合的产物，主要用于在计算机用户之间快速传递信息。国内免费的电子邮箱主要有网易的163邮箱、搜狐的Sohu邮箱以及腾讯的QQ邮箱等，各公司也可以设立自己的邮箱服务器，提供给会员使用。

（3）在线查询。利用丰富的网络资源，用户可以方便地查找到任何需要的信息，如利用百度地图搜索引擎，查找所在地到目的地的公交路线图。除了常规的应用之外，还可以利用计算机网络进行一些特定的查询，如利用搜索引擎查询某地的天气情况、查找IP地址、查询手机号码归属地、使用在线电子地图查看地形等。

1.3 计算机网络的分类

计算机网络可按不同的标准进行分类，已经出现的分类方式主要有按网络的覆盖范围、按网络的拓扑结构、按网络的传输技术、按网络的交换方式和按网络通信协议5种。

1.3.1 按网络的覆盖范围分类

按照网络的覆盖范围来分类是目前网络分类最为常用的方法，通常将网络分为局域网、城域网、广域网和互联网4种类型，如表1-1所示。

表1-1 计算机网络的分类

网络种类	覆盖范围	分布距离（举例）
局域网	房间	10m
	建筑物	100m
	校园、医院等单位	1km
城域网	城市	10km
广域网	国家	100km
互联网	洲或洲际	1000km及以上

虽然网络类型的划分标准各种各样，但是从地理范围划分是一种大家都认可的通用网络划分标准。

1. 局域网（Local Area Network，LAN）

局域网就是在局部地区范围内的网络，所覆盖的地区范围较小，是最常见、应用最广的一种网络。随着整个计算机网络技术的发展和提高，局域网得到充分的应用和普及，几乎每个单位都有自己的局域网，甚至有的家庭和宿舍中都有自己的小型局域网。

局域网在计算机数量配置上没有太多的限制，少的可以只有两台，多的可达几百台。一般来说，在企业局域网中，工作站的数量在几十到两百台次左右。在网络所涉及的地理距离上，一般来说可以是几 m 至 10km 范围内。

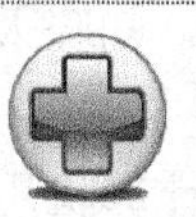

要点提示 由于局域网一般位于一个建筑物或一个单位内，不存在寻径问题，不包含网络层的应用，所以其具有连接范围窄、用户数少、配置容易、连接速率高等特点。

2. 城域网（Metropolitan Area Network，MAN）

城域网是指在一个城市，但不在同一地理小区范围内的计算机互联网。MAN 与 LAN 相比，前者扩展的距离更长，连接距离可达 10km～100km，连接的计算机数量更多，在地理范围上可以认为是 LAN 的延伸。

一个 MAN 通常连接着多个 LAN，如连接政府机构的 LAN、医院的 LAN、电信的 LAN、公司企业的 LAN 等。光纤连接的引入，使 MAN 中高速的 LAN 互连成为可能。

3. 广域网（Wide Area Network，WAN）

广域网也称为远程网，所覆盖的范围比城域网更广，一般是在不同城市之间的 LAN 或者 MAN 互连，地理范围可从几百 km 到几千 km。

因为广域网传输距离较远，信息衰减比较严重，所以这种网络一般要租用专线，通过 IMP（Interface Message Processer，接口信息处理）协议和线路连接起来，构成网状结构。广域网因为所连接的用户多，总出口带宽有限，所以用户的终端连接速率一般较低。

4. 互联网（Internet）

在网络应用迅猛发展的今天，互联网已成为现代人每天都要打交道的一种网络。无论从地理范围，还是从网络规模来讲，互联网都是最大的一种网络。从地理范围来说，互联网可以是全球计算机的互连，这种网络的最大特点就是不定性，整个网络的计算机每时每刻随着人们网络的接入在不断地变化。当一台计算机连接到互联网上的时候，该计算机可以算是互联网的一部分，但一旦断开与互联网的连接时，该计算机就不属于互联网了。

互联网信息量大、传播广，无论身处何地，都可以享受到互联网带来的便捷。因为这种网络的复杂性，所以这种网络实现的技术也非常复杂。

视野拓展 1

Internet

Internet 是指全球网，即全球各个国家通过线路连接起来的计算机网络，这是世界上最大的网络。这么庞大的一个网络是如何连接起来的呢？

首先，在一个城市内各个地方的小网络都连到主干线上，像一些企业、学校、政府机关等的网络，如图 1-6 所示。

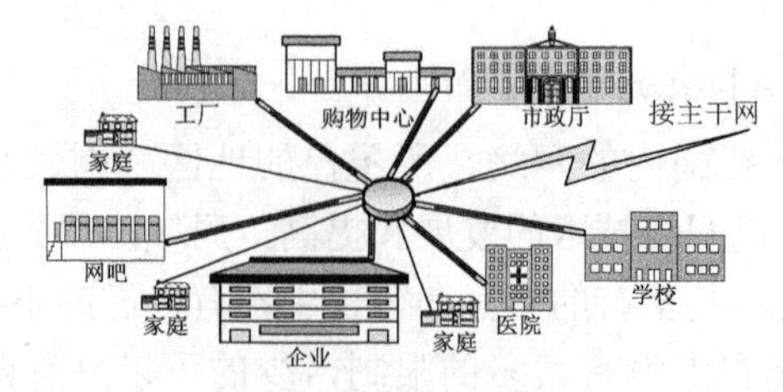

图1-6 城市内部网络互连

然后，各城市之间又由主干线连接起来。现在的主干线大都是光缆连接，各城市之间通过各种形式将光缆连接起来，如图 1-7 所示。

最后，一个国家的网络通过网络接口接到其他国家。这样，全球性的 Internet 就建成了，如图 1-8 所示。

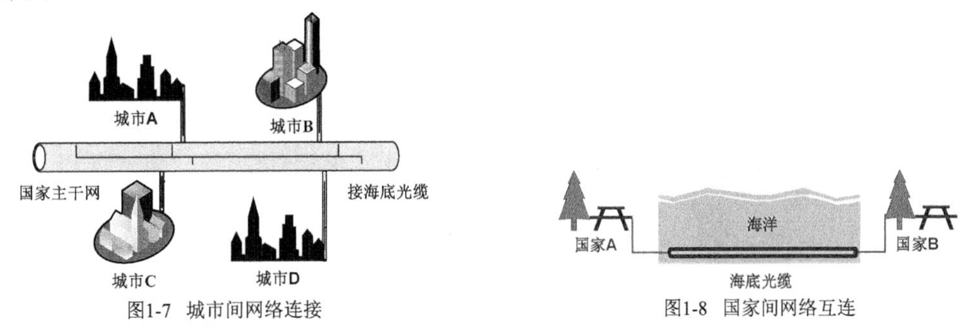

图1-7 城市间网络连接

图1-8 国家间网络互连

Internet 就是这样一级一级级连构成的。当然，它的构成还远不是那么简单，这里面除了网络线路、连接设备和计算机外，还有许多软件在支持着网络的运行。这些内容在以后的学习中将会陆续介绍。

无线网

随着笔记本电脑（Notebook Computer）和个人数字助理（Personal Digital Assistant，PDA）等便携式计算机的日益普及和发展，人们经常要在路途中接听电话、发送传真和电子邮件、阅读网上信息以及登录到远程机器等。但是在汽车或飞机上不可能通过有线介质与网络相连接，这时候可以选择使用无线网。

与有线网相比，无线网特别是无线局域网有很多优点，如易于安装和使用。但无线局域网也有许多不足之处，例如它的数据传输率一般比较低，远低于有线局域网；另外无线局域网的误码率也比较高，而且站点之间相互干扰比较严重。

无线网已深入到人们生活和工作的各个方面，包括日常使用的手机、无线电话等，其中 3G/4G、WLAN、UWB、蓝牙、宽带卫星系统、数字电视都是无线通信技术的典型应用。

无线网络的发展依赖于无线通信技术的支持。目前无线通信系统主要有：低功率的无绳电话系统、模拟蜂窝系统、数字蜂窝系统、移动卫星系统、无线 LAN 和无线 WAN 等。

1.3.2 按网络的拓扑结构分类

计算机网络的拓扑结构就是用网络的站点与连接线的几何关系来表示网络的结构，主要分为总线型、星型、树型、环型和网状型。

1. 总线型拓扑结构

总线型拓扑结构中的所有连网设备共用一条物理传输线路，所有的数据发往同一条线路，并能够由连接在线路上的所有设备感知。连网设备通过专用的分接头接入线路。总线型拓扑结构是局域网的一种组成形式，如图 1-9 所示。

总线型拓扑结构的特点如下。

（1）多台机器共用一条传输信道，信道利用率较高。

（2）同一时刻只能由两台计算机进行通信。

（3）某个节点的故障不影响网络的工作。

（4）网络的延伸距离有限，节点数有限。

总线型拓扑结构适用场合：LAN、对实时性要求不高的环境。

2. 星型拓扑结构

星型拓扑结构是以一台中心处理机（通信设备）为主而构成的网络，其他连网机器仅与该中心处理机之间有直接的物理链路，中心处理机采用分时或轮询的方法为连网机器服务，所有的数据必须经过中心处理机。星型拓扑结构如图 1-10 所示。

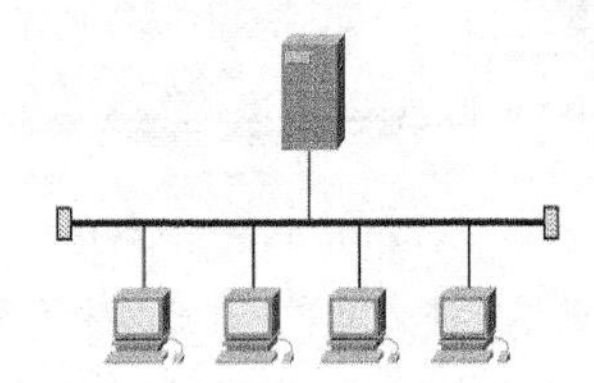

图1-9 总线型拓扑结构

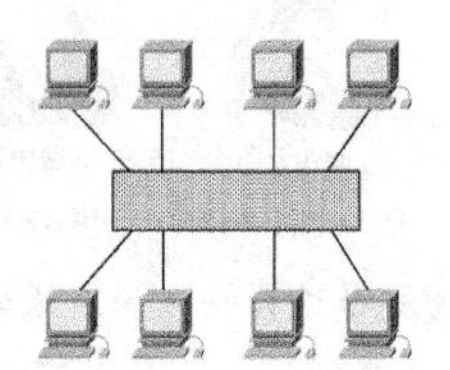

图1-10 星型拓扑结构

星型拓扑结构的特点如下。

（1）网络结构简单，便于管理（集中式）。

（2）每台计算机均需物理线路与处理机互连，线路利用率低。

（3）处理机负载重（需处理所有的服务），因为任何两台连网设备之间交换信息，都必须通过中心处理机。

（4）连网主机故障不影响整个网络的正常工作，中心处理机的故障将导致网络的瘫痪。

星型拓扑结构适用场合：LAN、WAN。

3. 树型拓扑结构

树型拓扑结构是以上两种网络结构的综合，它将网络中的所有站点按照一定的层次关系连接起来，就像一棵树一样，由根节点、叶节点和分支节点组成。树型拓扑结构的网络覆盖面很广，容易增加新的站点，也便于故障的定位和修复，但其根节点由于是数据传输的常用之路，因此负荷较大。树型拓扑结构如图 1-11 所示。

4. 环型拓扑结构

环型拓扑结构中连网设备通过转发器接入网络，每个转发器仅与两个相邻的转发器有直接的物理链路。环型网的数据传输具有单向性，一个转发器发出的数据只能被另一个转发器接收并转发。所有的转发器及其物理线路构成了一个环状的网络系统。环型拓扑结构如图 1-12 所示。

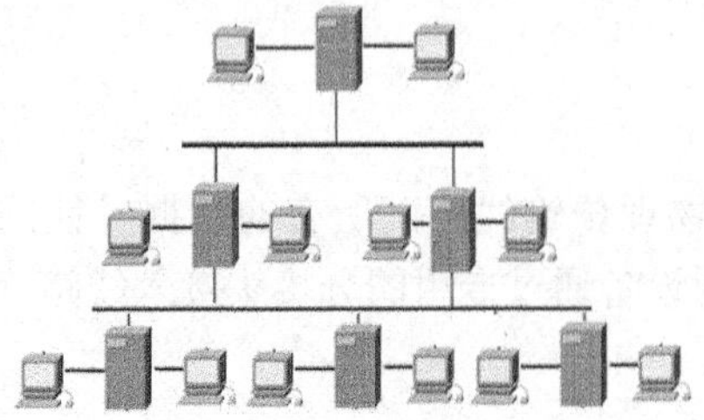

图1-11 树型拓扑结构

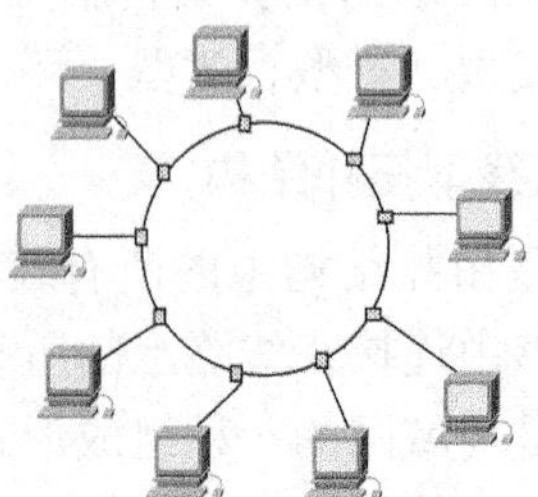

图1-12 环型拓扑结构

环型拓扑结构的特点如下。

（1）实时性较好（信息在网络中传输的最大时间固定）。

（2）每个节点只与相邻两个节点有物理链路。

（3）传输控制机制比较简单。

（4）某个节点的故障将导致网络瘫痪。

（5）单个环网的节点数有限。

环型拓扑结构适用场合：LAN、实时性要求较高的环境。

5. 网状型拓扑结构

网状型拓扑结构是利用专门负责数据通信和传输的节点机构成的网状网络，连网设备直接接入节点机进行通信。网状型拓扑结构通常利用冗余的设备和线路来提高网络的可靠性，因此，节点机可以根据当前的网络信息流量有选择地将数据发往不同的线路。网状型拓扑结构如图1-13所示。

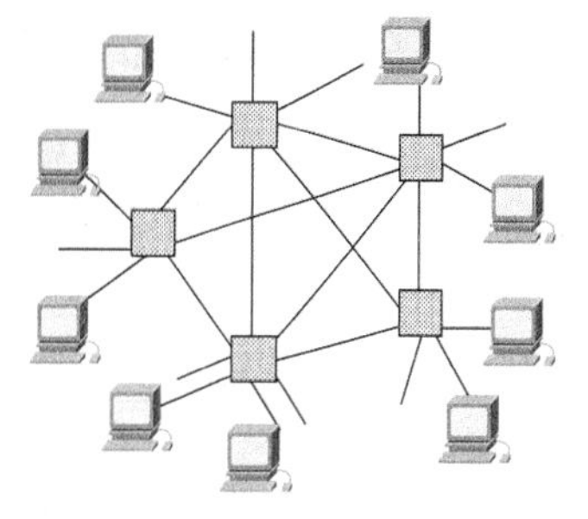

图1-13 网状型拓扑结构

网状型拓扑结构是一个全通路的拓扑结构，任何站点之间均可以通过线路直接连接。

要点提示 网状型拓扑结构能动态地分配网络流量，当有站点出现故障时，站点间可以通过其他多条通路来保证数据的传输，从而提高了系统的容错能力，因此网状型拓扑结构的网络具有极高的可靠性。但这种拓扑结构的网络结构复杂，安装成本很高，主要用于地域范围大、连网主机多（机型多）的环境，常用于构造WAN。

1.3.3 按网络的传输技术分类

在广播通信信道中，多个节点共享一个通信信道，一个节点广播信息，其他节点必须接收信息。而在点－点通信信道中，一条通信线路只能连接一对节点，如果两个节点之间没有直接连接的线路，那么它们只能通过中间节点转接。

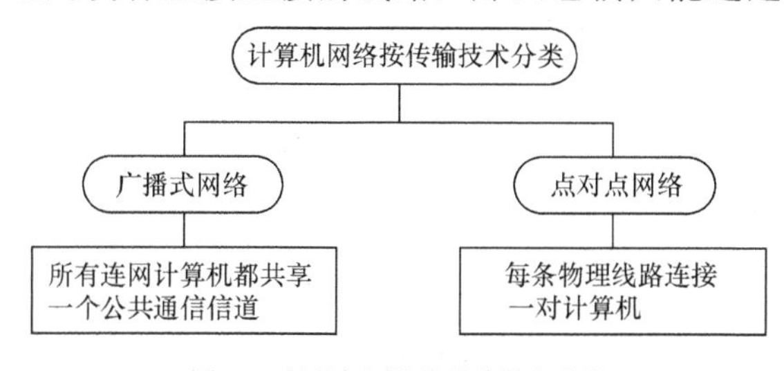

图1-14 计算机网络按传输技术分类

显然，网络要通过通信信道完成数据传输任务，因此网络所采用的传输技术也只可能有两类，即广播（Broadcast）方式与点－点（Point-to-Point）方式。这样，相应的计算机网络也可以分为两类：广播式网络和点对点网络，如图1-14所示。

1. 广播式网络（Broadcast Network）

在广播式网络中，所有连网计算机都共享一个公共通信信道。当一台计算机利用共享通信信道发送报文分组时，所有其他的计算机都会“收听”到这个分组。

发送的分组中带有目的地址与源地址，接收到该分组的计算机将检查目的地址是否与本节点地址相同。如果被接收报文分组的目的地址与本节点地址相同，则接收该分组；否则丢弃该分组。

2. 点对点网络（Piont-to-Piont Network）

与广播网络相反，在点对点网络中，每条物理线路连接一对计算机。假如两台计算机之间没有直接连接的线路，那么它们之间的分组传输就要通过中间节点的接收、存储和转发，直至目的节点。

由于连接多台计算机之间的线路结构可能是复杂的，所以从源节点到目的节点可能存在多条路由。决定分组从通信子网的源节点到达目的节点的路由需要有路由选择算法。采用分组存储转发与路由选择是点对点网络与广播式网络的重要区别之一。

1.3.4 按网络的交换方式分类

按交换方式来分类，计算机网络可以分为分组交换网、报文交换网、电路交换网和混合交换网4种，如图1-15所示。

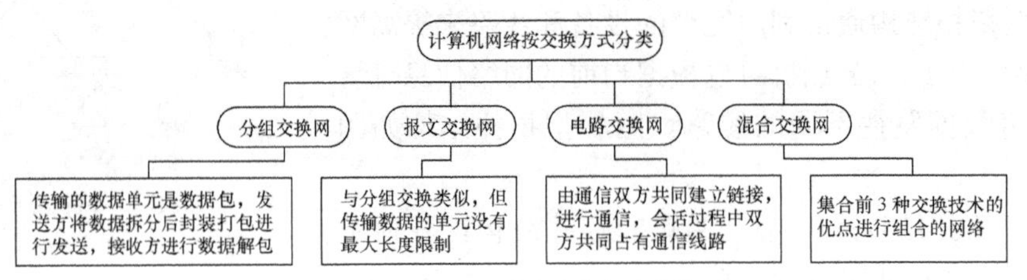

图1-15 计算机网络按交换方式分类

1. 分组交换网

分组交换方式是在通信前，发送端先把要发送的数据划分为一个个等长的单位（即分组），这些分组由各中间节点采用存储—转发方式进行传输，最终到达目的端。由于分组长度有限，所以可以比报文更加方便地在中间节点机的内存中进行存储处理，其转发速度大大提高。

2. 报文交换网

报文交换方式是把要发送的数据及目的地址包含在一个完整的报文内，报文的长度不受限制。报文交换采用存储—转发原理，每个中间节点要为途经的报文选择适当的路径，使其能最终到达目的端。此方式类似于古代的邮政通信，邮件由途中的驿站逐个存储转发。

3. 电路交换网

电路交换方式是在用户开始通信前，先申请建立一条从发送端到接收端的物理信道，并且在双方通信期间始终占用该信道。此方式类似于传统的电话交换方式。

4. 混合交换网

混合交换网集合了前3种交换方式的优点，其实际应用更为广泛。

上面主要介绍了计算机网络4种主要的分类方法。除此之外，计算机网络按照网络的应用范围，可以分为公用网和专用网；按照网络的服务类型，可以分为内联网和外联网；按照网络操作系统（Network Operating System）类型，可以分为UNIX（Linux）、Windows NT/2000/2003和NetWare等。这些分类方法提供了不同的角度对计算机网络进行多角度的研究。

第四/五代移动通信技术（4th/5th-generation，4G/5G）

1. 4G通信

相对第一代模拟制式移动通信（1G）和第二代GSM（Global System for Mobile

Communication，全球移动通信系统）、CDMA（Code Division Multiple Access，码分多址）等数字移动通信（2G），以及第三代移动通信（3G），第四代移动电话行动通信标准指的是第四代移动通信技术（4G，相关技术包括 TD-LTE 和 FDD-LTE 两种制式。4G集3G与WLAN于一体，能够快速高质量传输数据、音频、视频和图像等。4G 能够以 100Mbit/s 以上的速度下载，比家用宽带 ADSL（Asymmstric Digital Subscriber Line，非对称数原用户线路）快 25 倍，并能够满足几乎所有用户对于无线服务的要求。此外，4G 可以在DSL（Digital Subscriber Line，数字用户线路）和有线电视调制解调器没有覆盖的地方部署，然后再扩展到整个地区。

第四代移动通信的智能性更高，通信的终端设备的设计和操作具有智能化，例如 4G 手机能根据环境、时间以及其他设定的因素来适时地提醒手机的主人此时该做什么事，或者不该做什么事，4G 手机可以把电影院票房资料直接下载到 PDA（Personal Digital Assistomt，掌上电脑）之上，这些资料能够把售票情况、座位情况显示得清清楚楚，人们可以根据这些信息来在线购买自己满意的电影票；4G 手机可以被看作是一台手提电视，可以用来观看体育比赛之类的各种现场直播。图 1-16 所示为 4G 图标，图 1-17 展示了 4G 技术在移动通信方面的应用。

图1-16 4G 图标

图1-17 4G 技术在移动通信上的应用

2. 5G 通信

2016 年 11 月，在乌镇举办的第三届世界互联网大会上，美国高通公司带来了可以实现“万物互联”的 5G 技术原型。5GZ 向千兆移动网络和人工智能迈进。第五代移动电话行动通信标准，也称第五代移动通信技术，目前正在研究中。图 1-18 所示为 5G 图标，图 1-19 展示了 3G/4G/5G 技术对比。

图1-18 5G 图标

图1-19 3G/4G/5G 技术对比

1.4 实训 1 给自己发送一封邮件

根据下面的步骤提示，练习发送电子邮件，可以随便写点东西发送到自己的邮箱里。通过动手操作了解计算机网络在日常生活中的用途。

操作步骤

（1）登录自己的邮箱（没有的可申请一个）。

（2）给自己发送邮件，分别设置不同的发送选项。

（3）等待片刻，观察收件箱里有没有新邮件，打开观察收信的格式。

1.5 实训2 使用搜索引擎搜索信息

根据下面的步骤提示，练习使用搜索引擎搜索信息，进一步了解计算机网络在获取信息方面的强大功能，明确计算机网络在人们日常生活中的重要地位。

操作步骤

（1）登录百度网站。

（2）输入“5G通信”关键字。

（3）搜索与“5G通信”相关的新闻。

（4）相互讨论与新一代无线通信技术相关的问题。

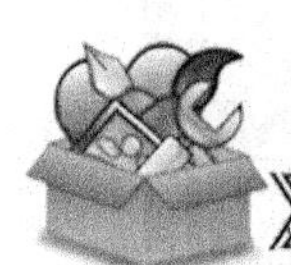

习题

1. 简要说明计算机网络的功能和应用。
2. 简要说明数据通信的基本方式。
3. 结合实际情况，讨论身边都有哪些计算机网络，它们对现实生活都有哪些影响。
4. 使用QQ进行文件传送、远程协助。
5. 给一位同学发送一封邮件，并使用已读回执设置，询问接收者是否成功收到邮件。

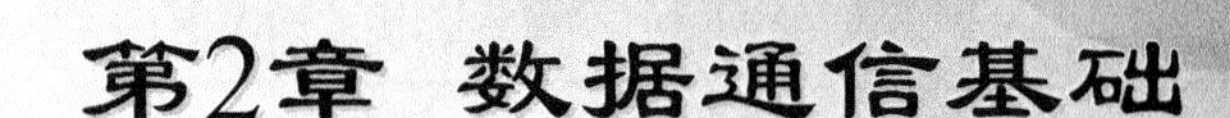

第2章 数据通信基础

计算机网络是计算机技术与通信技术相结合的产物，主要用于数据通信。本章将先介绍数据通信的基本原理，包括基本概念和特点；然后介绍数据传输技术、数据交换技术以及其他关键技术，让读者对数据通信的各方面都有基本的了解。

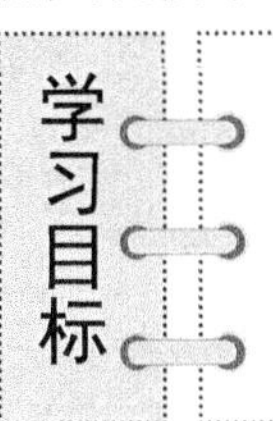

- 了解数据通信的基本原理，包括概念、特点和功能指标等。
- 熟知常见的数据传输介质。
- 了解数据传输和交换技术。
- 掌握数据通信的其他技术，如数据编码、信道复用和差错控制技术。

2.1 数据通信基本原理

数据通信是一项复杂的系统工程，其中涉及较多的专业知识。本节将向读者简要介绍数据通信的基本原理，使读者对数据通信有一个初步的认识。

2.1.1 数据通信的基本概念

本部分首先介绍数据通信领域的一些基本概念，为后续章节的学习打下基础。

首先来看数据、信息、比特和字节的概念，它们之间既有联系又有区别，如图 2-1 所示。这些在计算机网络领域频繁使用的名词是学习计算机网络的基础。

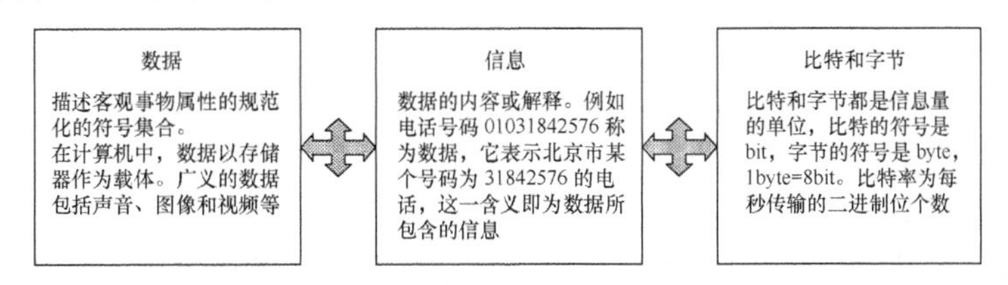

图2-1　数据、信息、比特和字节的概念

在数据通信中，信号是数据的表现形式，包括模拟信号和数字信号，如图2-2 和图2-3 所示。

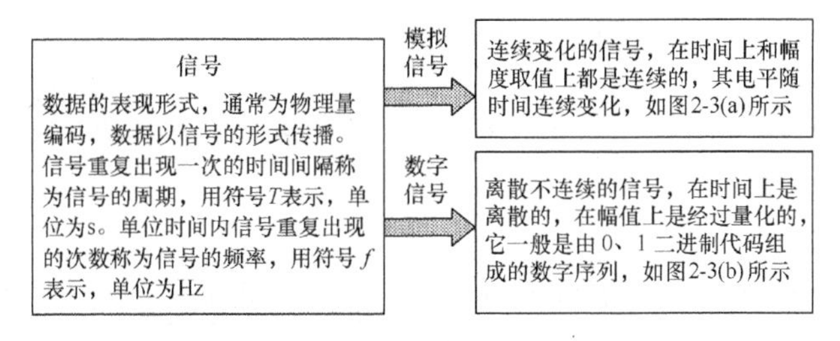

图2-2　信号的概念及分类

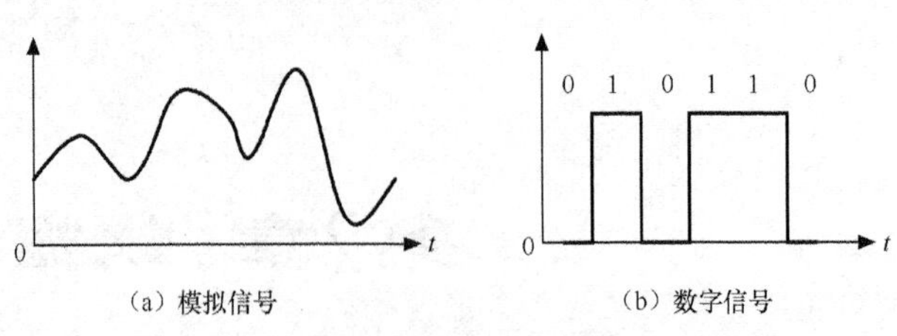

图2-3 模拟信号与数字信号

信道是传送信息的通路，同样可以分为模拟信道和数字信道，分别用带宽和容量来表示信道的容量，如图 2-4 所示。

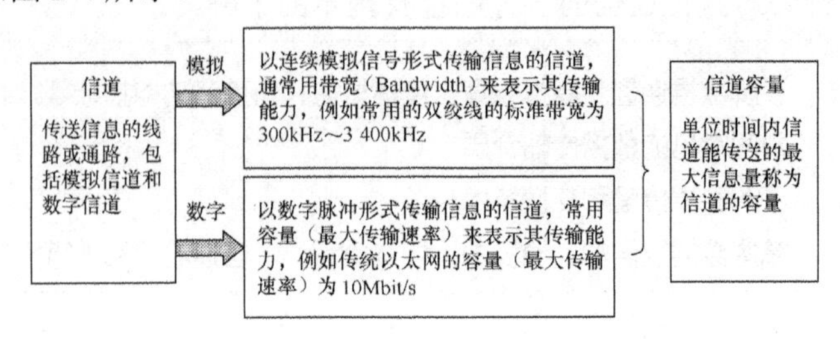

图2-4 信道与信道容量

2.1.2 数据通信的一般过程

如果一个通信系统传输的信息是数据，则称这种通信为数据通信，依照一定的通信协议，利用数据传输技术在两个终端之间传递数据信息。实现这种通信的系统是数据通信系统。以计算机系统为主体构成的网络通信系统就是数据通信系统。

1. 数据通信系统模型

在计算机网络通信系统中，信源和信宿共同遵守一种规则，系统只按规则进行传输，系统传输的目的不是要了解所传送信息的内容，而是要正确无误地把表达信息的符号也就是数据传送到信宿中，让信宿接收。所以说计算机网络通信系统是数据通信系统。

要点提示

数据通信是继电报、电话业务之后的第三种最大的通信业务。数据通信不同于电报、电话通信，它所实现的主要是“人（通过终端）—机（计算机）”通信与“机—机”通信，但也包括“人（通过智能终端）—人”通信。

数据通信中传递的信息均以二进制形式来表现。数据通信的另一个特点是它总是与远程信息处理相联系，这种远程信息处理是包括科学计算机、过程控制、信息检索等内容的广义的信息处理。

实际的数据通信系统有许多连接方法，但当把多种连接方法构成的数据通信系统抽象化后，数据通信系统可以表示成图 2-5 所示的模型。

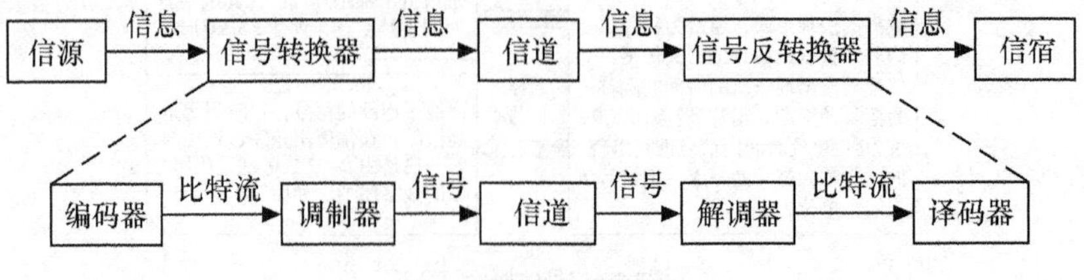

图2-5 数据通信系统模型

2. 数据通信的性能指标

在数据通信系统中，信源和信宿是各种类型的计算机和终端，称为数据终端设备，简称 DTE（Data Terminal Equipment）。一个 DTE 通常既是信源又是信宿。

数据通信系统中 DTE 发出和接收的都是数据，我们把 DTE 之间的通路称为数据电路。信号转换设备位于数据电路的端点，称为数据电路端接设备，简称 DCE（Data Circuit-terminating Equipment），或称为数据通信设备，简称也是 DCE（Data Communications Equipment）。

衡量数据通信的性能指标通常有数据传输速率和码元传输速率，它们的定义和转换关系如图 2-6 所示。

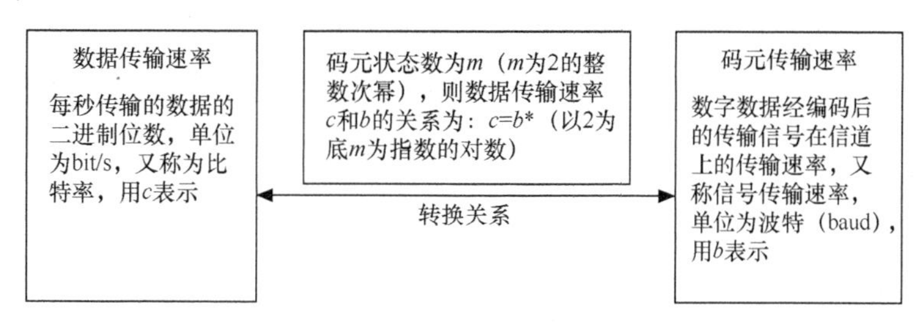

图2-6 数据/码元传输速率及其关系

3. 数据通信的一般过程

1924 年，H・Nyquist 就给出了一个准则：在一个带宽为 wHz 的无噪声低道通信道上，最高的码元传输速率是 2$w$baud。在 1948 年，C・Shannon 推导出了有高斯白噪声干扰的信道的最大数据传输速率，公式是 $C=W\log_2(1+S/N)$，解决了用模拟信道传送数字信号的最大传输速率问题。

其中，S/N 称为信噪比（Signal-to-Noise Ratio）；w 为带宽。通常人们不直接使用 S/N，而是使用 10*（以 10 为底数），S/N 为指数的对数，其单位为分贝（DB），如 S/N=1000 时为 30DB。

例如，某电话通信的带宽为 3.1kHz，信噪比 S/N＝2000DB。根据香农定理，$C=3100\log_2(1+2000)\approx$34kbit/s，即通过调制解调技术在其上传送数字信号的最大传输率为 34kbit/s。

网络中两台计算机之间的通信过程如图 2-7 所示。

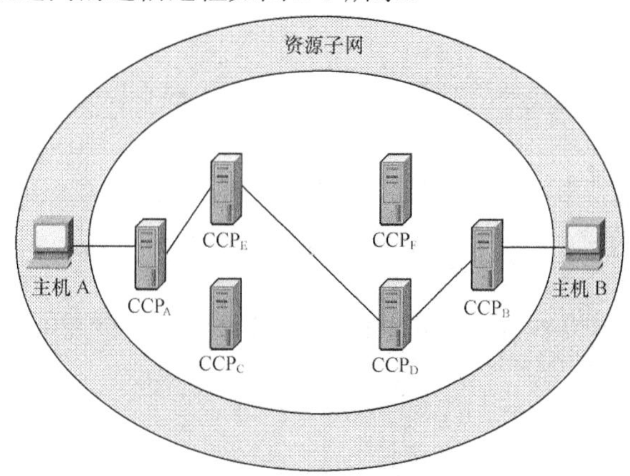

图2-7 计算机网络中两台计算机的通信过程

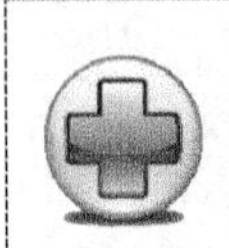

要点提示

如果资源子网中的主机 A 要与主机 B 通信，典型的通信过程是：主机 A 将要发送的数据传送给 CCP_A（CCP 指通信控制处理机）；CCP_A 以存储转发方式接收数据，由它来决定通信子网中的数据传送路径；由于源 CCP_A 与目的 CCP_B 之间无直接连接，所以数据可能要通过 $CCP_A-CCP_E-CCP_D-CCP_B$ 到达主机 B。

2.1.3 数据通信系统

一个数据通信系统可分为 3 个组成部分。

1．源系统

源系统提供数据的来源，主要包括以下两个要素。

（1）源点：源点产生所需要传输的数据，如文本或图像等。

（2）发送器：通常源点生成的数据要通过发送器编码后才能够在传输系统中进行传输。

2．目的系统

目的系统是信号最终的目的地和归宿，主要包括以下两个要素。

（1）接收器：接收传输系统传送过来的信号，并将其转换为能够被目的设备处理的信息。

（2）终点：终点设备从接收器获取传送来的信息。终点也称为目的站。

3．传输系统

传输系统实现信号从源系统到目的系统的传输过程，主要包括以下两个要素。

（1）传输信道：一般表示向某一方向传输的介质，一条信道可以看成一条电路的逻辑部件。一条物理信道（传输介质）上可以有多条逻辑信道（采用多路复用技术）。

（2）噪声源：包括影响通信系统的所有噪声。如脉冲噪声和随机噪声（信道噪声、发送设备噪声、接收设备噪声）。

2.1.4 数据通信系统的主要技术指标

对数据通信系统中的信号传输，主要从数据传输的数量和质量两方面进行综合评价。数据传输的数量指标主要包括两个方面：一是信道的传输能力，用信道容量来衡量；另一方面是信道上传输信息的速度，用数据传输速度来表示。而通信质量是指信息传输的可靠性，一般使用误码率来衡量。

1．数据传输速率

数据传输速率是指传输线路上信号的传输速度，主要有以下两种表示形式。

（1）信号速率

信号速率又称为比特率，指每秒传输二进制代码的比特位数，如 33 600 比特/秒表示每秒能传输 33 600 个比特位，其单位比特/秒，常简写为 b/s 或 bit/s。

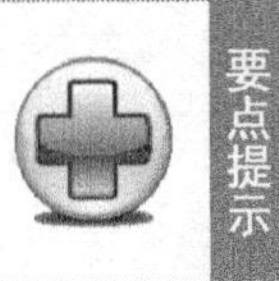

要点提示

在实际的应用中，除了采用 bit/s 作为数据传输速率的单位外，还经常采用单位时间内传输的字符数、分组数、报文数等来表示。

（2）调制速率

调制速率又称为码元速率，码元是承载信息的基本信号单位。码元速率是指单位时间内信号波形的变换次数，即通过信道传输的码元个数。若信号码元宽度为 T，则码元速率 $B=1/T$。码元速率也叫波特率，通常用来表示调制解调器之间传输信号的速率。

2. 误码率

通常把信号传输中的错误率称为误码率，它是衡量差错的标准。在二进制电平传输时，误码率等于二进制码元在传输中被误传的比率，即用接收错误的码元数除以被传输的码元总数所得的值就是误码率。

3. 信道容量

信道是信息传递的必经之路，它有一定的容量。信道容量是指它传输信息的最大能力，通常用单位时间内可传输的最大比特数来表示。信道容量的大小由信道的频带 F 和可使用的时间 T 及能通过的信号功率与干扰功率之比决定。

4. 信道带宽

信道的带宽在不同环境中有不同的定义。在通信系统中，带宽是指在给定的范围内可用于传输的最高频率与最低频率的差值。

5. 信道延迟

信道延迟是指信号从信源发出经过信道到达信宿所需的时间，它与信源到信宿间的距离及信号在信道中的传播速度有关。在多数情况下，信号在不同的介质中速度略有不同。在具体的网络中，应该考虑该网络中相距最远的两个站点之间传输信号的延迟，并根据延迟的大小来决定采用什么样的网络技术。

2.2 数据通信介质

传输介质是通信网络中发送方和接收方之间的物理通路，计算机网络中采用的传输介质可分为有线和无线两大类。传输介质的特性，包括物理特性、传输特性、连通性、地理范围、抗干扰性和价格因素等，对网络数据通信质量有很大影响。

2.2.1 有线传输介质

常见的线传输介质主要有双绞线、同轴电缆和光纤。

1. 双绞线

双绞线由螺旋状扭在一起的 2 根绝缘导线组成，如图 2-8 所示。线对扭在一起可以减少相互间的辐射电磁干扰，是最常用的传输媒体，很早就开始用于电话通信中的模拟信号传输，也可用于数字信号的传输。

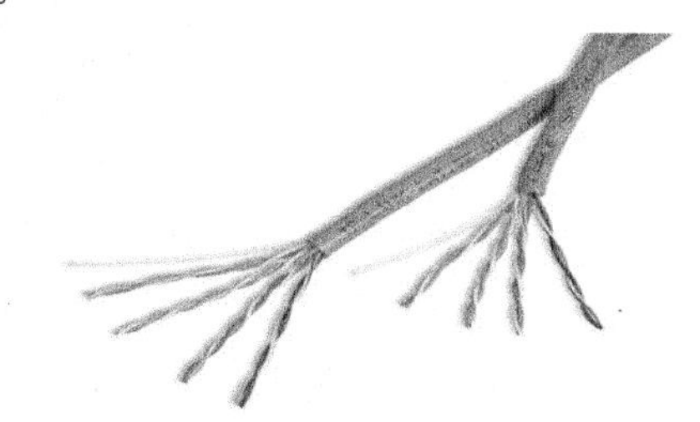

图2-8 双绞线的结构示意图

（1）物理特性。双绞线芯一般是铜质的，能提供良好的传导率。

（2）传输特性。双绞线既可以用于传输模拟信号，也可以用于传输数字信号。

双绞线上也可直接传送数字信号，使用 T1 线路的总数据传输速率可达 1.544Mbit/s。达到更高数据传输率也是可能的，但与距离有关。

要点提示

双绞线也可用于局域网，如 10Base-T 和 100Base-T 总线，可分别提供 10Mbit/s 和 100Mbit/s 的数据传输速率。通常将多对双绞线封装于一个绝缘套里组成双绞线电缆，局域网中常用的 3 类双绞线和 5 类双绞线电缆均由 4 对双绞线组成，其中 3 类双绞线通常用于 10Base-T 总线局域网，5 类双绞线通常用于 100Base-T 总线局域网。

（3）连通性。双绞线普遍用于点到点的连接，也可以用于多点的连接。作为多点媒体使用时，双绞线比同轴电缆的价格低，但性能较差，而且只能支持很少的几个站。

（4）地理范围。双绞线可以很容易地在 15km 或更大范围内提供数据传输。局域网的双绞线主要用于一个建筑物内或几个建筑物间的通信，10Mbit/s 和 100Mbit/s 传输速率的 10Base-T 和 100Base-T 总线传输距离均不超过 100m。

（5）抗干扰性。在低频传输时，双绞线的抗干扰性相当于或高于同轴电缆，但在超过 10kHz～100kHz 时，同轴电缆的抗干扰性就比双绞线明显优越。

2. 同轴电缆

同轴电缆也像双绞线一样由一对导体组成，但它们是按“同轴”形式构成线对。最里层是内芯，向外依次为绝缘层、屏蔽层，最外层则是起保护作用的塑料外套，内芯和屏蔽层构成一对导体。同轴电缆结构如图 2-9 所示。

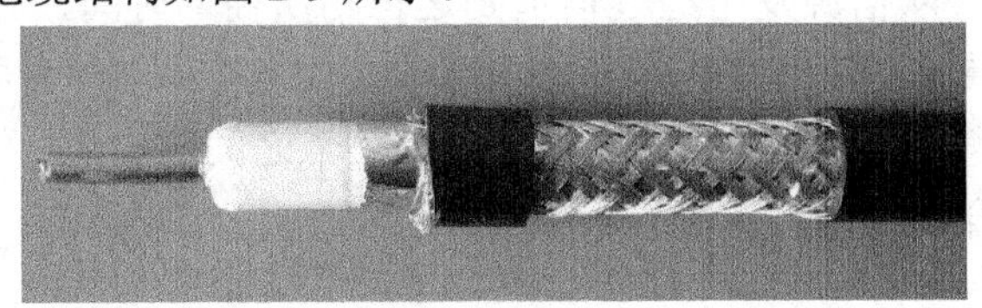

图2-9 同轴电缆

要点提示

同轴电缆分为基带同轴电缆（阻抗 500Ω）和宽带同轴电缆（阻抗 750Ω）。基带同轴电缆又可分为粗缆和细缆两种，都用于直接传输数字信号；宽带同轴电缆用于频分多路复用的模拟信号传输，也可用于不使用频分多路复用的高速数字信号和模拟信号传输。闭路电视所使用的 CATV 电缆就是宽带同轴电缆。

（1）物理特性。单根同轴电缆的直径约为 1.02cm～2.54cm，可在较宽的频率范围内工作。

（2）传输特性。同轴电缆具有高带宽和极好的噪声抑制特性。同轴电缆的带宽取决于电缆长度。1km 的电缆可以达到 1Gbit/s~2Gbit/s 的数据传输速率。还可以使用更长的电缆，但是传输率要降低或可使用中间放大器。

要点提示

目前，同轴电缆大量被光纤取代，但仍广泛应用于有线和无线电视和某些局域网。通常，在 CATV（Community Antenna Television，社区公共电视天线系统）（有线电视系统）电缆上，每个电视通道只需分配 6MHz 带宽，每个广播通道需要的带宽还要窄得多，因此在同轴电缆上使用频分多路复用技术可以支持大量的视频、音频通道。

（3）连通性。同轴电缆适用于点到点和多点连接。基带 50Ω 电缆每段可支持几百台设备，在大系统中还可以用转接器将各段连接起来；宽带 75Ω 电缆可以支持数千台设备，但在高数据传输率下使用宽带电缆时，设备数目相对较少。

（4）地理范围。传输距离取决于传输的信号形式和传输的速率，典型基带电缆的最大距离限制在几千米，在同样的数据传输速率条件下，粗缆的传输距离较细缆的长。宽带电缆的传输距离可达几十千米。

（5）抗干扰性。同轴电缆的抗干扰性能比双绞线强。

3．光纤

光纤是光导纤维的简称，它由能传导光波的石英玻璃纤维外加保护层构成。相对于金属导线来说具有重量轻、线径细的特点。用光纤传输电信号时，在发送端先要将其转换成光信号，而在接收端又要由光检测器还原成电信号。光纤结构如图 2-10 所示。

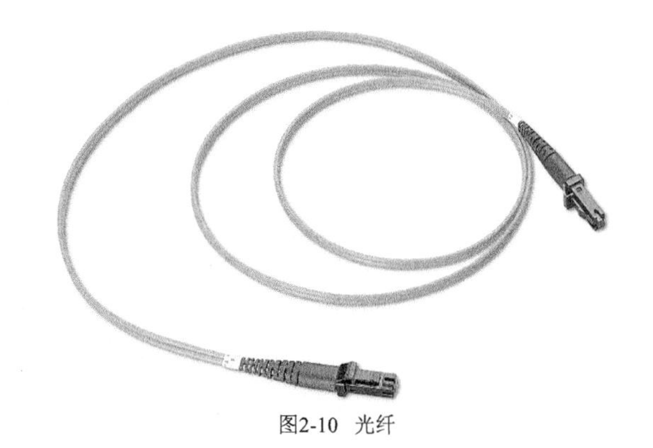

图2-10 光纤

（1）物理特性。在计算机网络中均采用两根光纤（一来一去）组成传输系统。按波长范围（近红外范围内）光纤可分为 3 种：0.85μm 波长区（0.8μm～0.9μm）、1.3μm 波长区（1.25μm～1.35μm）和 1.55μm 波长区（1.53μm～1.58μm）。

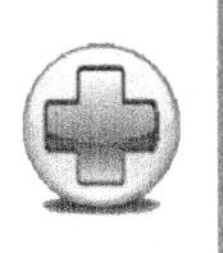

要点提示

不同的波长范围光纤损耗特性也不同，其中 0.85μm 波长区为多模光纤通信方式，1.55μm 波长区为单模光纤通信方式，1.31μm 波长区有多模和单模两种方式。

（2）传输特性。光纤通过内部的全反射来传输一束经过编码的光信号，内部的全反射可以在任何折射指数高于包层媒体折射指数的透明媒体中进行。实际上，光纤作为频率范围 1014Hz～1015Hz 的波导管，这一范围覆盖了可见光谱和部分红外光谱。光纤的数据传输率可达 Gbit/s 级，传输距离达数十千米。

（3）连通性。光纤普遍用于点到点的链路。总线型拓扑结构的实验性多点系统已经建成，但是价格颇高。原则上讲，由于光纤功率损失小、衰减少的特性以及有较大的带宽潜力，因此一段光纤能够支持的分接头数比双绞线或同轴电缆多得多。

（4）地理范围。从目前的技术来看，可以在 6km～8km 的距离内不用中继器传输，因此光纤适合于在几个建筑物之间通过点到点的链路连接局域网络。

（5）抗干扰性。光纤具有不受电磁干扰或噪声影响的独有特征，适宜在长距离内保持高数据传输率，而且能够提供很好的安全性。

要点提示

由于光纤通信具有损耗低、频带宽、数据传输率高、抗电磁干扰强等特点，所以其对高速率、距离较远的局域网也是很适用的。目前采用一种波分技术，可以在一条光纤上复用多路传输，每路使用不同的波长。

第 4 章将会详细介绍以上 3 种传输介质在网络中的具体应用。

2.2.2 无线传输介质

无线电通信、微波通信、红外通信以及激光通信的信息载体都属于无线传输介质。

无线传输介质通过空间传输，不需要架设或铺埋电缆或光纤，目前常用的技术有：无线电波、微波、红外线和激光。便携式计算机的出现，以及在军事、野外等特殊场合下移动式通信连网的需要，促进了数字化无线移动通信的发展，现在又出现了无线局域网产品。

各通信介质使用的电磁波谱范围如图 2-11 所示。

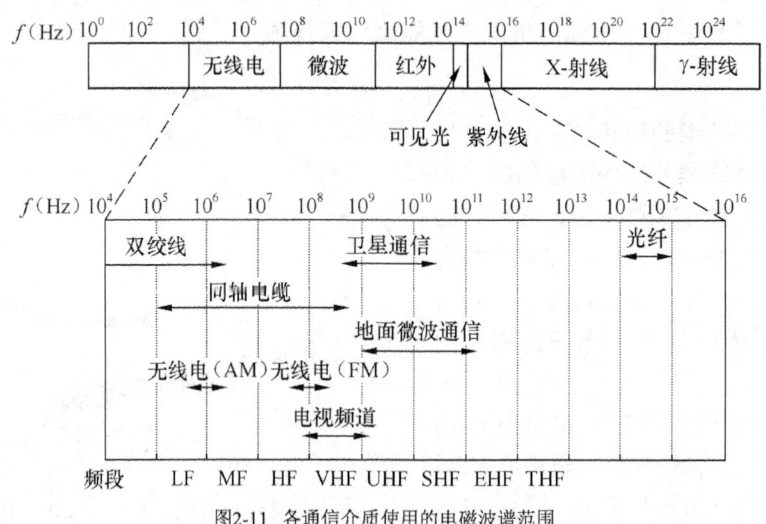

图2-11 各通信介质使用的电磁波谱范围

微波通信的载波频率为 2GHz～40GHz。因为频率很高，所以可同时传送大量信息，如一个带宽为 2MHz 的频段可容纳 500 条话音线路，用来传输数字数据，速率可达数兆比特每秒。微波通信的工作频率很高，与通常的无线电波不同，是沿直线传播的。

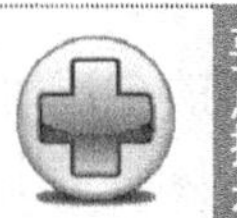

要点提示 由于地球表面是曲面，微波在地面的传播距离有限。直接传播的距离与天线的高度有关，天线越高传播距离越远，超过一定距离后就要用中继站来接力。红外通信和激光通信也像微波通信一样，有很强的方向性，都是沿直线传播的。

这 3 种技术都需要在发送方和接收方之间有一条视线（Line of Sight）通路，故它们统称为视线媒体。所不同的是，红外通信和激光通信把要传输的信号分别转换为红外光信号和激光信号直接在空间传播。

这 3 种视线媒体由于都不需要铺设电缆，对于连接不同建筑物内的局域网特别有用。这 3 种技术对环境气候较为敏感，例如雨、雾和雷电。相对来说，微波对一般雨和雾的敏感度较低。

在数据通信传输技术中，传输设备占有很重要的位置。数据通信的传输设备包括网卡、中继器、集线器、交换机和路由器等，对它们的介绍将包含在本书的各案例中。

2.3 数据传输及交换技术

本节将简要介绍数据通信的传输及交换技术。

2.3.1 数据传输技术

数据通信使用的几种主要的数据传输技术如下。

1．并行传输与串行传输

串行传输每次由源到目的传输的数据只有一位，如图 2-12（a）所示。由于线路成本等方面的因素，远距离通信一般采用串行通信技术。

并行传输主要用于局域网通信等距离比较近的情况，至少有 8bit 数据同时传输，如图

2-12（b）所示。计算机内部的数据多是并行传输，如用于连接磁盘的扁平电缆一次就可以传输 8bit 或 16bit 数据，外部的并行端口及其连线都利用并行传输。

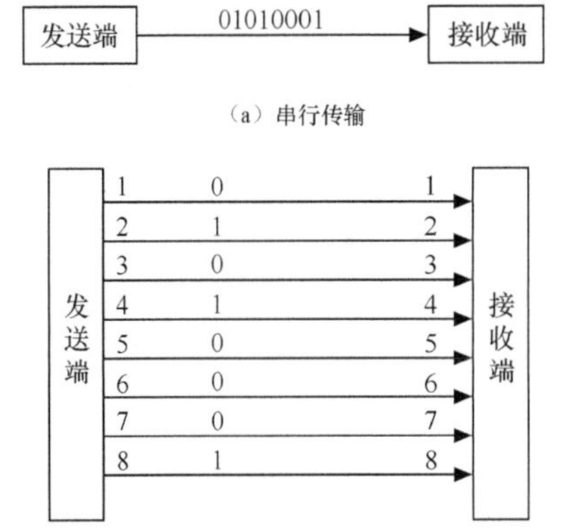

图2-12 串/并行传输

2. 异步传输与同步传输

同步问题在数据通信中非常重要。“同步”是指接收端要按照发送端所发送的信号的起止时刻和间隔时间接收数据，使得发送与接收在步调上一致，否则将会导致通信误码率增加，甚至完全不能通信。

按照通信双方协调方式的不同，目前的数据传输方式有同步和异步两种。

（1）同步传输。同步传输采用的是按位同步的同步技术，即位同步。在同步传输中，字符之间有一个固定的时间间隔，这个时间间隔由数字时钟确定，因此，各字符没有起始位和停止位。在通信过程中，接收端接收数据的序列与发送端发送数据的序列在时间上必须取得同步，为此目的有两种情况，即外同步和内同步。

外同步指由通信线路设备提供同步时钟信号，该同步信号与数据编码一同传输，以保证线路两端数据传输同步，如图 2-13 所示。

01111110	01111110	A	B	……	X	01111110

同步位模式（一个或多个）可变长度的位数据块

SYN	SYN	A	B	……	X	SYN

同步字符（一个或多个）可变长度的字符数据块

图2-13 同步传输

内同步指某些编码技术内含时钟信号，在每一位的中间有一个电平跳变，这一个跳变就可以提取出来用作位同步信号，如曼彻斯特码。

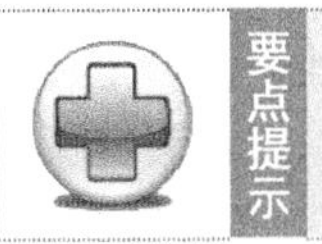

要点提示

同步传输适合于大的数据块的传输，这种方法开销小、效率高，缺点是控制比较复杂，如果传输中出现错误需要重新传送整个数据段。

（2）异步传输。有数据需要发送的终端设备可以在任何时刻向信道发送信号，而不管接收方是否知道它已开始发送操作。这种传输方式把每个字节作为一个单元独立传输，字节之间的传输间隔任意。为了标志字节的开始和结尾，在每个字符的开始加一位起始位，结尾加 1bit、1.5bit 或 2bit 停止位，构成一个个的“字符”。这里的“字符”指异步传输的数据单元，不同于“字节”，一般略大于一个字节，如图 2-14 所示。

这种传输方式的缺点是开销大、效率低、速度慢，优点是控制简单，如果传输有错只需要重新发送一个字符。

3. 数据传输方向

根据信号在信道上的传输方向与时间关系，信道可以分为 3 种：单工、半双工和全双工。

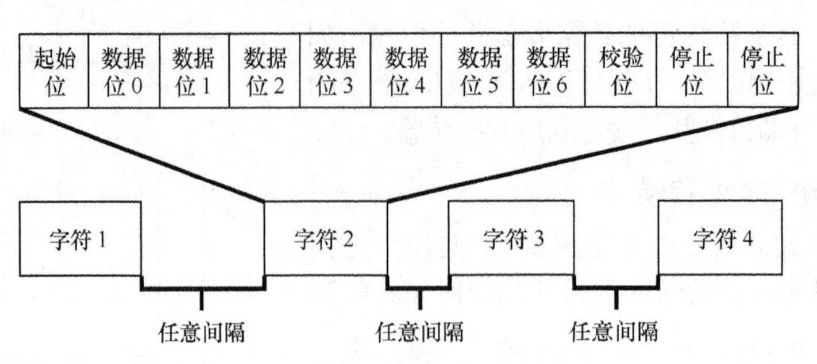

图2-14 异步传输

（1）单工。单工数据传输的数据只能在一个方向上流动，发送端使用发送设备，接收端使用接收设备，如图 2-15（a）所示。无线电广播和电视广播都属于单工信道。

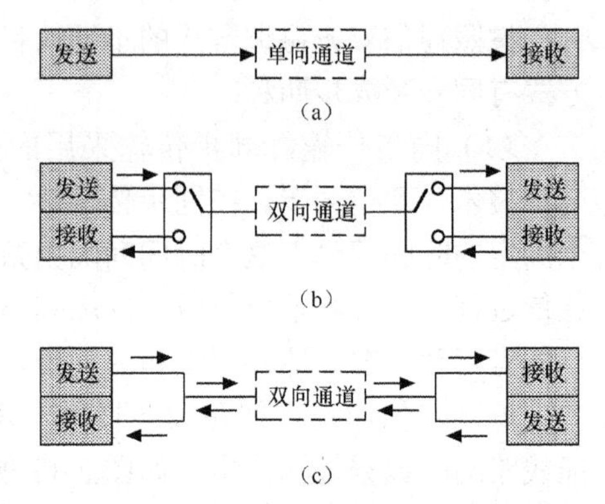

图2-15 单工、半双工与全双工通信

（2）半双工。半双工数据传输的数据在某一时刻向一个方向传输，在需要的时候，又可以向另外一个方向传输，它实质上是可切换方向的单工通信，如图 2-15（b）所示。半双工适合会话式通信。

（3）全双工。全双工数据通信允许数据在两个方向上同时传输，它在能力上相当于两个单工通信方式的结合，如图 2-15（c）所示。在全双工通信中，通信双方的设备既要充当发送设备，又要充当接收设备。

2.3.2 数据交换技术

通常数据通信有 3 种主要的交换方式：电路交换、报文交换和分组交换。

1. 电路交换

电路交换是指两台计算机或终端在相互通信时，使用同一条实际的物理链路，通信中自始至终使用该链路进行信息传输，且不允许其他计算机或终端同时共享该电路，如图 2-16 所示。

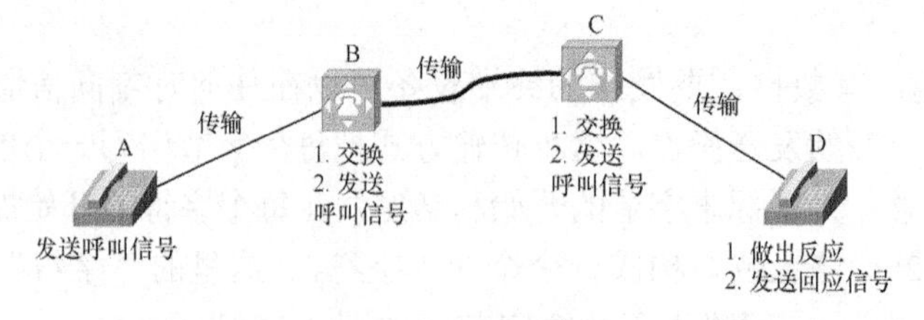

图2-16 电路交换示意图

电路交换的特点如下。

（1）有通话的建立过程。

（2）通话建立以后，源与目的间有一条专用的通路存在。

2. 报文交换

报文交换是将用户的报文存储在交换机的存储器中（内存或外存），当所需的输出电路空闲时，再将该报文发往需接收的交换机或终端。这种存储—转发的方式可以提高中继线和电路的利用率。报文交换过程如图 2-17 所示。

报文交换的特点如下。

（1）无呼叫建立和专用通路。

（2）存储—转发式的发送技术。

2．分组交换

分组交换是将用户发来的整份报文分割成若干个定长的数据块（称为分组或打包），将这些分组以存储—转发的方式在网内传输。第一个分组信息都连有接收地址和发送地址的标识。在分组交换网中，不同用户的分组数据均采用动态复用的技术传送，即网络具有路由选择，同一条路由可以有不同用户的分组在传送，所以线路利用率较高。分组交换过程如图 2-18 所示。

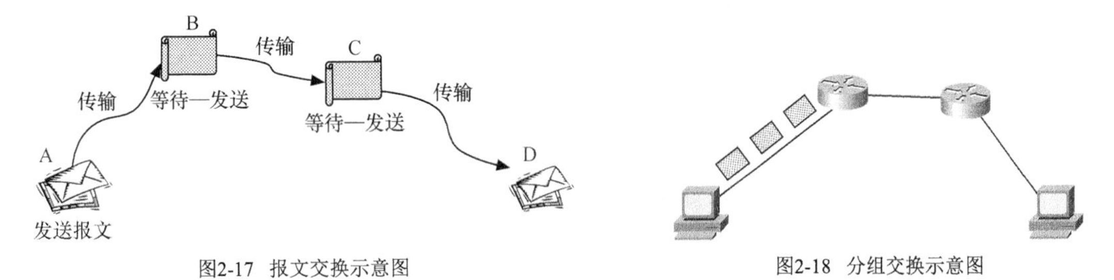

图2-17 报文交换示意图

图2-18 分组交换示意图

分组交换的特点如下。

（1）无呼叫建立和专用通路。

（2）存储—转发式的发送技术。

（3）将数据分成有大小限制的分组后发送。

2.4 数据通信的其他关键技术

本小节对数据通信中需要使用的其他关键技术，如数据编码调制、信道复用和差错控制技术做简单介绍。

2.4.1 数据编码调制

所谓编码是指用数字信号承载数字或模拟数据，而调制是指用模拟信号承载数字或模拟数据。模拟数据信号的编码主要包括移幅键控（Amplitude Shift Keying，ASK）、移频键控（Frequency-shift keying，FSK）和移相键控（Phase Shift Keying，PSK）技术。数字数据的编码是把数字数据转换成某种数字脉冲信号。常见的有不归零码、曼彻斯特编码和差分曼彻斯特编码。

1．不归零码（Non-Return to Zero，NRZ）

二进制数字 0、1 分别用两种电平来表示，常常用−5V 表示 1，+5V 表示 0。其缺点是：存在直流分量，传输中不能使用变压器；不具备自同步机制，传输时必须使用外同步，如图 2-19（a）所示。

2. 曼彻斯特编码（Manchester Code）

用电压的变化表示 0 和 1，规定在每个码元的中间发生跳变：高→低的跳变代表 0，低→高的跳变代表 1。每个码元中间都要发生跳变，接收端可将此变化提取出来作为同步信号。这种编码也称为自同步码（Self-Synchronizing Code）。其缺点是：需要双倍的传输带宽（即信号速率是数据速率的 2 倍），如图 2-19（b）所示。

3. 差分曼彻斯特编码（Differential Manchester Code）

每个码元的中间仍要发生跳变，用码元开始处有无跳变来表示 0 和 1，有跳变代表 0，无跳变代表 1，如图 2-19（c）所示。

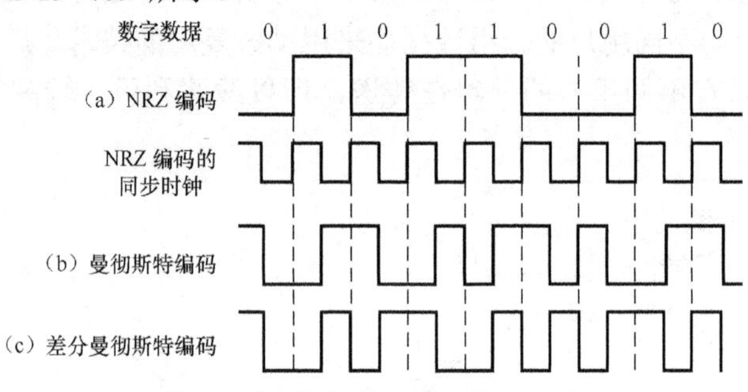

图2-19 数字数据到数字信号的编码方法

2.4.2 信道复用

所谓信道复用是指多个信息源共享一个公共信道。信道复用的目的是提高线路利用率。信道复用适用于信道的传输能力大于每个信源的平均传输需求的情形。

信道复用类型有以下 3 种。

1. 频分复用（Frequency Division Multiplexing，FDM）

在频分复用中，整个传输频带被划分为若干个频率通道，每路信号占用一个频率通道进行传输。频率通道之间留有防护频带以防相互干扰。

2. 波分复用（Wave Division Multiplexing，WDM）

波分复用——光的频分复用。整个波长频带被划分为若干个波长范围，每路信号占用一个波长范围来进行传输。

3. 时分复用（Time Division Multiplexing，TDM）

时分复用原理是把时间分割成小的时间片，每个时间片分为若干个时隙，每路数据占用一个时隙进行传输。由于每路数据总是使用每个时间片的固定时隙，所以这种时分复用也称为同步时分复用。

要点提示

时分复用的典型例子：PCM 信号的传输，把多个话路的 PCM 话音数据用 TDM 的方法装成帧（帧中还包括了帧同步信息和信令信息），每帧在一个时间片内发送，每个时隙承载一路 PCM 信号。

2.4.3 差错控制

与语音、图像传输不同，计算机通信要求极低的差错率。在数据通信中，由于信号衰减和热噪声，信道的电气特性引起信号幅度、频率、相位的畸变，信号反射、串扰和冲击噪声、闪电、大功率电机的启停等，容易产生差错。为此需要相应的差错控制技术。

差错控制的基本方法是接收方进行差错检测，并向发送方应答，告知是否正确接收。差错检测主要有两种方法。

1. 奇偶校验（Parity Checking）

在原始数据字节的最高位增加一个奇偶校验位，使结果中 1 的个数为奇数（奇校验）或偶数（偶校验）。例如，1100010 增加偶校验位后为 11100010，若接收方收到的字节奇偶校验结果不正确，就可以知道传输中发生了错误。此方法只能用于面向字符的通信协议，只能检测出奇数个比特位错。

2. 循环冗余校验（Cyclic Redundancy Check，CRC）

该差错检测原理是将传输的位串看成系数为 0 或 1 的多项式。收发双方约定一个生成多项式 $G(x)$，发送方在帧的末尾加上校验和，使带校验和帧的多项式能被 $G(x)$整除。接收方收到后，用 $G(x)$除多项式，若有余数，则传输有错。校验和是 16bit 或 32bit 的位串，CRC 校验的关键是如何计算校验和。

常用的差错控制技术包括自动请求重传（Automatic Repeat Request，ARQ）、停等 ARQ、Go-back-N ARQ 和选择重传 ARQ 等。

2.5 实训 3 安装网络接口卡

实训要求

在 PC 上正确安装网络接口卡。

实训环境

对于本实训项目，需要准备一块新的以太网 PCI（Physical Cell Identifier，物理小区标识）型网络接口卡以及随之附带的一张光盘和说明文档，还要求计算机已经安装了 Windows 操作系统。此外，还要备有 1 把十字形螺丝刀、1 根接地的导线和 1 个接地的垫子（用来防止静电放电）。

步骤解析

（1）在安装网卡之前，打开计算机电源，并注意 Windows 桌面上的图标。

（2）用鼠标右键单击【网络】图标，选中快捷菜单上的【属性】命令，此时网络连接窗口打开，在这里可以查看已经安装的网卡信息。

（3）为了确定这是第一次安装，删除全部已安装的网络接口卡。

（4）关闭全部打开的应用程序，关闭计算机。在安装网卡之前，通常都要先关掉工作站（除非是一块 PCMCIA 卡）。

（5）把接地的导线缠在自己的手腕上，并确保它与计算机的地线连通。

（6）打开机箱。机箱有几种不同的固定方式，最新式的计算机用 4 枚或 6 枚十字形螺钉把挡板固定在后面板上，但也有其他的方式。卸下所有必须卸掉的螺钉，打开机箱。

（7）在计算机的主板上选择一个用来插网络接口卡的插槽。要保证该插槽与网络接口卡的类型匹配。如果这台计算机有不止一种类型的插槽，应该使用最先进的那种（例如PCI）。移掉计算机后面板上该插槽的金属挡板。有些挡板是用十字形螺钉拧上的；另外一些只是金属边缘的金属部分有孔，但未上螺钉，用手就可以把它们拔出。

（8）把网络接口卡竖起，使其插接头与插槽垂直对应，插入插槽，用力按下网络接口卡使其与插槽结合牢固。如果插入正确的话，即使左右摇晃，它也不会松动。如果插得不牢固的话，有可能会造成连接问题。图2-20所示为一块正确插入的网络接口卡。

图2-20 安装网卡示意图

（9）网络接口卡边缘处的金属托架应该固定在先前插槽的金属挡板的位置。用1枚十字形螺钉固定好网络接口卡。

（10）检查是否弄松了计算机内的线缆或板卡，是否把螺钉或金属碎片遗留在计算机内。

（11）重新盖上机箱盖，并把取下的螺钉拧上。

（12）接通电源，打开计算机，系统此时会弹出“发现新硬件”对话框，表明网络接口卡安装成功。

要点提示

值得注意的是，只要未禁止即插即用功能，Windows 操作系统将会自动检测到新硬件。一旦检测出网络接口卡，系统就会提示用户选择正确的驱动程序，通常 Windows 7 操作系统能自动识别硬件并试图安装其自己的驱动程序。

习题

1. 什么是数据通信？在数据通信中采用模拟传输和数字传输各有什么优缺点？
2. 试举一个例子说明信息、数据与信号之间的关系。
3. 常用的网络传输介质有哪些？试对各种传输介质的特点进行比较。
4. 单工、半双工和全双工通信有何区别和联系？
5. 网络交换方式有哪些？各有什么特点？

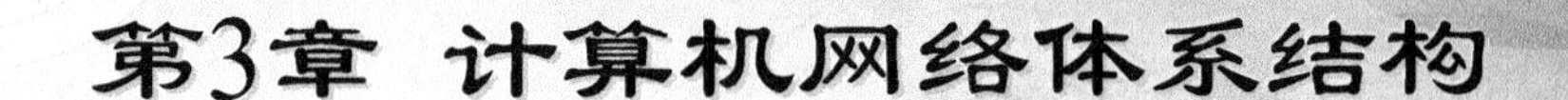

第3章 计算机网络体系结构

要想在两台计算机之间进行通信，这两台计算机必须采用相同的信息交换规则。本章将首先介绍计算机网络体系结构的基本概念，接着介绍 OSI 开放系统互连参考模型的七层协议，并将详细介绍目前网络协议中应用最广泛的 TCP/IP 参考模型，最后介绍其他常用的网络通信协议和 TCP/IP 的安装配置过程。

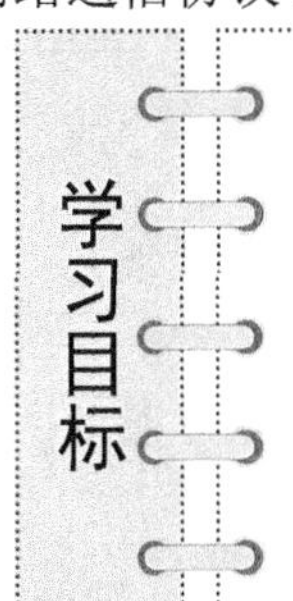

- 明确网络体系结构和网络协议的概念。
- 理解 OSI 参考模型的结构。
- 理解 TCP/IP 参考模型的结构。
- 掌握 IP 地址的分类原则。
- 掌握 IP 地址设置方法。
- 掌握 ping 命令的用法。

3.1 网络体系结构和网络协议

计算机网络是由若干台计算机和终端通过通信线路连接起来，彼此进行通信，达到共享资源目的的系统。该系统由多种不同类型（如大型计算机、台式计算机、笔记本电脑等）、不同型号的计算机和终端组成，结构复杂。

3.1.1 网络体系结构

在计算机网络中用于规定信息的格式以及如何发送和接收信息的一套规则称为网络协议（Network Protocol）或通信协议（Communication Protocol）。

网络的体系结构为不同的计算机之间互连和互操作提供相应的规范和标准，对计算机网络及其各个组成部分的功能特性作出精确的定义。

1. 网络层次模型

计算机网络系统是一个十分复杂的系统。将一个复杂系统分解为若干个容易处理的子系统，然后“分而治之”，这种结构化设计方法是工程设计中常见的手段。

图 3-1 所示的一般分层结构具有以下特点。

（1）第 n 层是第 n-1 层的用户。

（2）第 n 层又是第 n+1 层的服务提供者。

（3）第 n+1 层虽然只直接使用了第 n 层提供的服务，实际上它还通过第 n 层间接地使用了第 n-1 层以及以下所有各层的服务。

2. 网络层次结构

计算机网络的层次结构一般以垂直分层模型来表示，如图 3-2 所示。

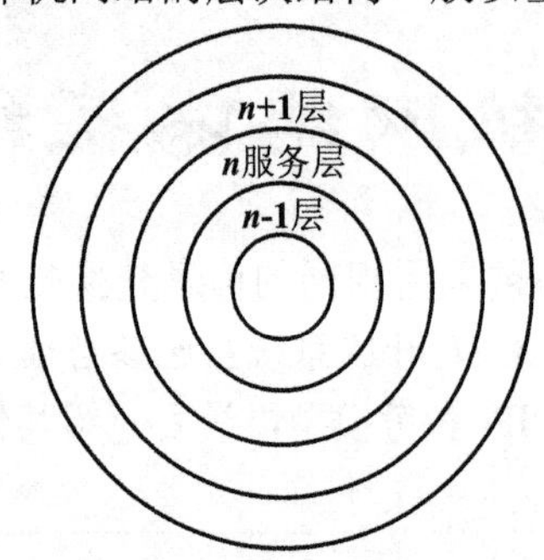

图3-1 网络层次模型

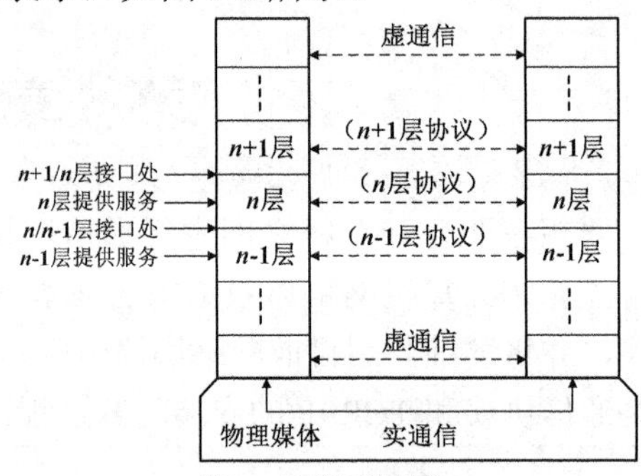

图3-2 网络层次结构

（1）网络层次结构的特点

- 除了在物理媒体上进行的是实通信之外，其余各对等实体间进行的都是虚通信。
- 对等层的虚通信必须遵循该层的协议。
- 第 *n* 层的虚通信是通过第 *n*/*n*-1 层间接口处第 *n*-1 层提供的服务以及第 *n*-1 层的通信（通常也是虚通信）来实现的。

（2）层次结构划分的原则

- 每层的功能明确，并且相互独立。当某一层的具体实现方法更新时，只要保持上下层的接口不变，便不会对邻居产生影响。
- 层间接口必须清晰，跨越接口的信息量应尽可能少。
- 层数应适中。若层数太少，则造成每一层的协议太复杂；若层数太多，则体系结构过于复杂，使描述和实现各层功能变得困难。

（3）网络的体系结构的特点

- 以功能作为划分层次的基础。
- 第 *n* 层的实体在实现自身定义的功能时，只能使用第 *n*-1 层提供的服务。
- 第 *n* 层在向第 *n*+1 层提供服务时，此服务不仅包含第 *n* 层本身的功能，还包含由下层服务提供的功能。
- 仅在相邻层间有接口，且所提供服务的具体实现细节对上一层完全屏蔽。

要点提示

接口是同一系统内相邻层之间交换信息的连接点。同一个系统的相邻层之间存在着明确规定的接口，低层向高层通过接口提供服务，只要接口不变，各层就是相互独立的。

3. 网络体系结构的概念

网络体系就是为了完成计算机间的通信合作，把每个计算机互连的功能划分成定义明确的层次，规定了同层次进程通信的协议及相邻层之间的接口及服务。

计算机网络体系结构是指计算机之间相互通信的层次，以及各层中的协议和层次之间接口的集合，表明了计算机网络的各个组成部分的功能特性，以及它们之间是如何配合、组织，如何相互联系、制约，从而构成一个计算机网络系统的。

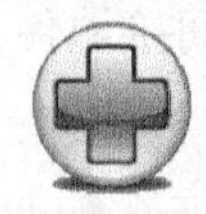

要点提示

既可以从数据处理的观点来看待网络体系结构，也可以从载体通信的观点来观察网络体系结构。前者类似于从上到下的过程调用，各个组成部分之间通过接口相互作用；后者涉及两个通信方之间的交互作用。

3.1.2 网络协议

在一个计算机网络通信系统中，除要求系统中的计算机、终端及网络用户能彼此连接和交换数据外，系统之间还应相互配合，两个系统的用户要共同遵守相同的规则，这样它们才能相互理解所传输信息的含义，并能为完成同一任务而合作。

1. 网络协议的概念

若想在两个系统之间进行通信，要求两个系统都必须具有相同的层次功能。通信是在系统间的对应层（同等的层）之间进行的。

一个功能完善的计算机网络是一个复杂的结构，网络上的多个节点间不断地交换着数据信息和控制信息，在交换信息时，网络中的每个节点都必须遵守一些事先约定好的共同的规则。为网络数据交换而制定的规则、约定和标准统称为网络协议。

2. 网络协议的基本要素

网络协议包括 3 个基本要素，如图 3-3 所示，各要素的功能如下。

- 语法：表明用户数据与控制信息的结构和格式。
- 语义：表明需要发出何种控制信息，以及完成的动作与做出的响应。
- 时序：对事件实现顺序的说明。

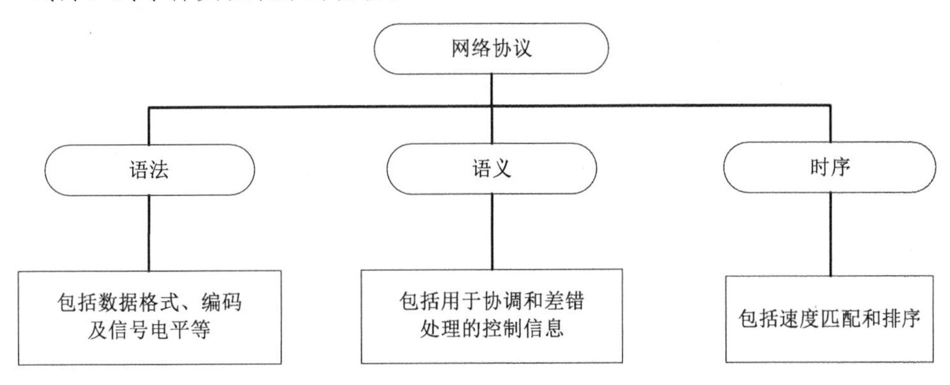

图3-3 网络协议要素

3.1.3 网络协议分层

为了减少网络设计的复杂性，绝大多数网络采用分层设计方法。分层设计方法就是按照信息的流动过程将网络的整体功能分解为一个个的功能层，不同机器上的同等功能层之间采用相同的协议，同一机器上的相邻功能层之间通过接口进行信息传递。

1. 邮政通信系统

为了便于理解协议分层的原理，下面以邮政通信系统为例进行说明。

（1）写信时必须采用双方都懂的语言文字和文体，开头是对方称谓，最后是落款等。这样，对方收到信后，才可以看懂信中的内容，知道是谁写的、什么时候写的等。

（2）信写好之后，必须将信封装并交由邮局寄发，这样寄信人和邮局之间也要有约定，这就要规定信封的写法并贴上邮票。在中国，寄信必须先写收信人的地址、姓名，然后才写寄信人的地址和姓名。邮局收到信后，首先进行信件的分拣和分类。

（3）邮局和运输部门也有约定，如到站地点、时间、包裹形式等。信件运送到目的地后进行相反的过程，最终将信件送到收信人手中，收信人依照约定的格式才能读懂信件。如图3-4所示，在整个过程中，主要涉及了3个子系统：用户子系统、邮政子系统和运输子系统。

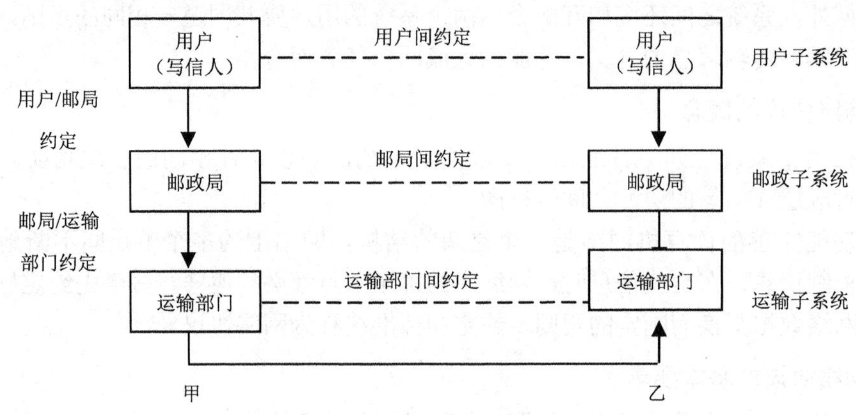

图3-4 邮政系统分层模型

要点提示 在计算机网络环境中，两台计算机之间进行通信的过程与邮政通信的过程十分相似。用户进程对应于用户，计算机中进行通信的进程（也可以是专门的通信处理机）对应于邮局，通信设施对应于运输部门。

2. 计算机网络中的分层结构

网络中同等层之间的通信规则就是该层使用的协议，如有关第 *N* 层的通信规则的集合，就是第 *N* 层的协议；而同一计算机的不同功能层之间的通信规则称为接口（Interface），在第 *N* 层和第（*N*+1）层之间的接口称为 *N* / (*N*+1) 层接口。

程序设计中的各模块相互独立，可任意拼装，而协议的层次则一定有层次之分。组成不同计算机同等层的实体称为对等进程（Peer Process）。对等进程不一定非是相同的程序不可，但其功能必须完全一致。计算机网络中的分层结构如图3-5所示。图3-5中的PDU为协议数据单元，全称为Protocol Data Unit。

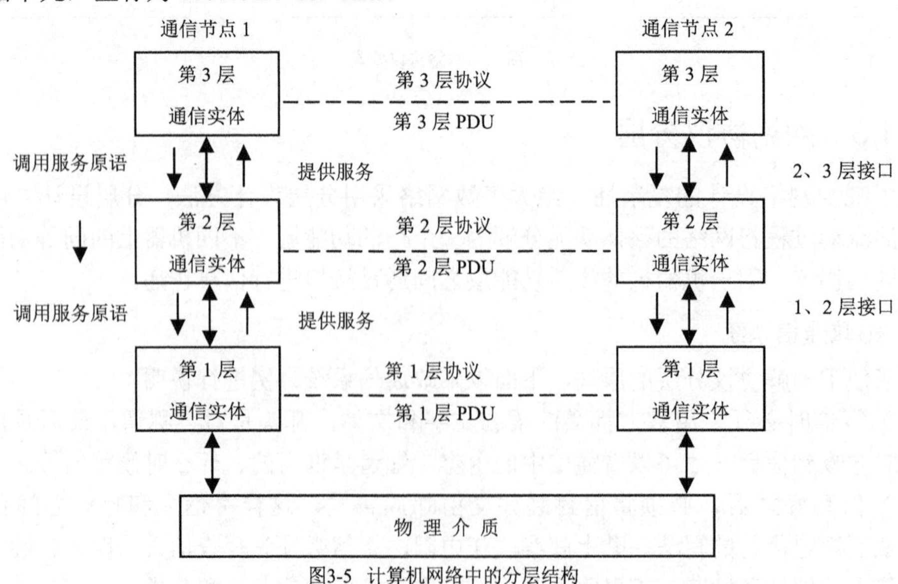

图3-5 计算机网络中的分层结构

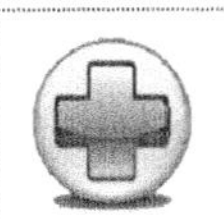

要点提示　协议是不同机器同等层之间的通信约定，而接口是同一机器相邻层之间的通信约定。不同的网络，分层数量、各层的名称和功能以及协议都各不相同。然而，在所有的网络中，每一层的目的都是向它的上一层提供一定的服务。

3.2 OSI 参考模型

在确定计算机网络体系结构时，各个生产厂商结合自己计算机硬件、软件和通信设备的配套情况，纷纷提出了不同的方案。1978 年，国际标准化组织（International Organization for Standardization，ISO）设立了一个分委员会，专门研究计算机网络通信的体系结构，提出了开放系统互连（Open System Interconnection，OSI）参考模式。

3.2.1 OSI 参考模型的层次模型

OSI 参考模型将整个网络的通信功能划分成 7 个层次，每层各自完成一定的功能。由低层至高层分别称为物理层、数据链路层、网络层、传输层、会话层、表示层和应用层，如图 3-6 所示。OSI 参考模型划分层次的原则如下。

- 网络中各节点都具有相同的层次。
- 不同节点的同等层具有相同的功能。
- 同一节点内相邻层之间通过接口通信。
- 每一层可以使用下层提供的服务，并向其上层提供服务。
- 不同节点的同等层通过协议来实现对等层之间的通信。

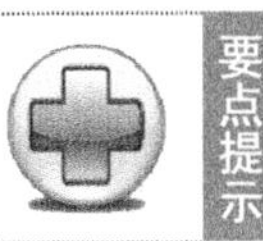

要点提示　OSI 参考模型中，低 3 层通常称为通信子网，高 4 层通常称为资源子网。

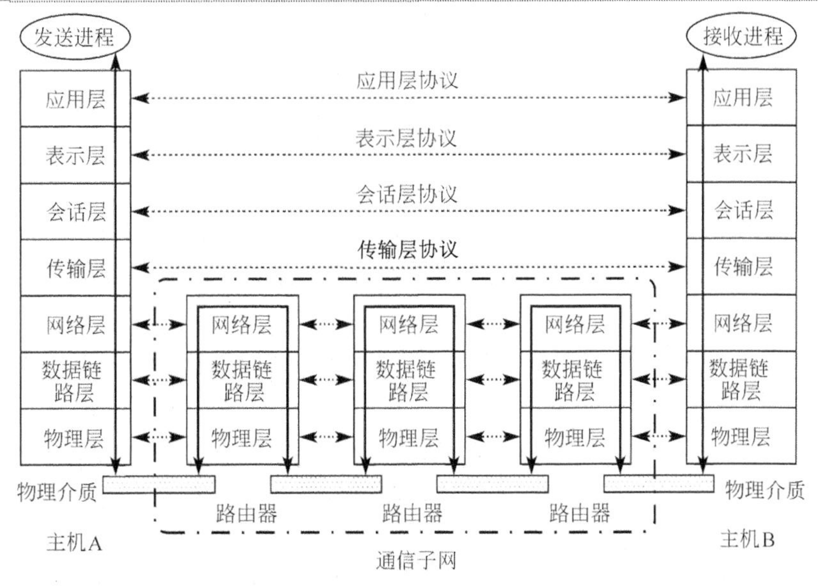

图3-6　OSI 参考模型层次结构

3.2.2 OSI 参考模型的组成

1. 物理层

物理层负责最后将信息编码成电流脉冲或其他信号用于网上传输。它由计算机和网络介质之间的实际界面组成，可定义电气信号、符号、线的状态和时钟要求、数据编码和数据传输用的连接器。

物理层涉及的问题比较多，包括通信在线路上传输的原始信号强度（如多大的电压代表“1”或“0”，以及当发送端发出“1”时，在接收端如何识别出是“1”或“0”等）、一个比特持续多少微秒、传输是否为双向、最初的连接如何建立、完成通信后连接如何终止、连接电缆的插头有多少根引脚以及各引脚如何连接等。

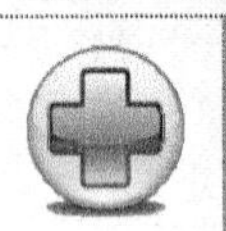

集线器是工作在物理层的典型设备。

2. 数据链路层

数据链路层提供物理链路上可靠的数据传输。这一层负责在两个相邻节点间的线路上，无差错地传送以帧（Frame）为单位的数据。不同的数据链路层定义了不同的网络和协议特征，其中包括物理编址、网络拓扑结构、错误校验、帧序列以及流控。

和物理层相似，数据链路层负责建立、维持和释放数据链路的连接。发送方把输入数据分装在数据帧（Data Frame）里，按顺序传送各帧，并处理接收方回送的确认帧（Acknowledgement Frame）。若接收方检测到所传数据中有差错，就要通知发送方重发这一帧，直到这一帧正确无误地到达接收方为止。

3. 网络层

网络层提供两个终端系统之间的连接和路径选择，负责在源和终点之间建立连接，一般包括网络寻径，还可能包括流量控制、错误检查等。

网络层关系到子网的运行控制，其中的一个关键问题是确定分组（Packet）从源端到目的端如何选择路由。路由既可以选用网络中固定的静态路由表，也可以在每一次会话开始时决定，还可以根据当前网络的负载状况，高度灵活地为每一个分组决定路由。

4. 传输层

传输层负责两端节点之间的可靠网络通信，向高层提供可靠的端到端的网络数据流服务。传输层的功能一般包括流量控制、多路传输、虚电路管理及差错校验和恢复。

信息的传送单位是数据报（Datagram）。传输层从会话层接收数据，并且在必要时把它分成较小的分组传递给网络层，同时确保到达对方的各段信息正确无误，高效率地完成传输。

5. 会话层

会话层建立、管理和终止应用程序会话，并管理表示层实体之间的数据交换。通信会话包括发生在不同网络应用层之间的服务请求和服务应答，这些请求与应答通过会话层的协议实现。会话层允许不同机器上的用户建立会话关系，允许进行类似传输层的普通数据的传输，在两个互相通信的应用进程之间建立、组织和协调其交互（Interaction）。

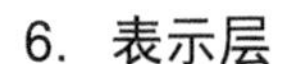

6. 表示层

表示层主要解决用户信息的语法表示问题，提供多种功能用于应用层数据编码和转化，以确保一个系统应用层发送的信息可以被另一个系统应用层识别。

表示层将要交换的数据从适合于某一用户的抽象语法，变换为适合于 OSI 系统内部使用的传送语法，保证某系统应用层发出的信息能被另一系统的应用层读懂。表示层与程序使用的数据结构有关，从而作为应用层处理数据传输句法，如信息的编码、加密、解密等。

7. 应用层

应用层是最接近终端用户的 OSI 层，这就意味着 OSI 应用层与用户之间是通过应用软件直接相互作用的。应用层包含大量人们普遍需要的协议，通过定义一个抽象的网络虚拟终端，编辑程序和其他所有的程序都面向该虚拟终端。

应用层为处于 OSI 模型之外的应用程序（如电子邮件、文件传输和终端仿真）提供服务。应用层识别并确认要通信合作伙伴的有效性（和连接它们所需要的资源），以及同步合作的应用程序，并建立关于差错恢复和数据完整性控制步骤的协议。

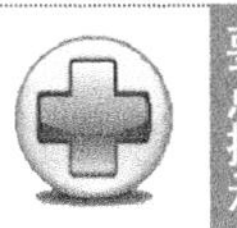

要点提示

应用层并非由计算机上运行的实际应用软件组成，而是由向应用程序提供访问网络资源的应用程序接口（Application Program Interface，API）组成。

3.3 TCP/IP 参考模型

TCP/IP 参考模型是计算机网络的始祖 ARPAnet 和其后继的 Internet 使用的参考模型。几乎所有的工作站和运行 Windows 操作系统的计算机都采用 TCP/IP，同时 TCP/IP 也融于了 UNIX 操作系统结构之中。在个人计算机及大型机上也有相应的 TCP/IP 网络及网关软件，从而使众多异型机互连成为可能，TCP/IP 也就成为最成功的网络体系结构和协议规程。

3.3.1 TCP/IP 的体系结构

TCP/IP 不是一个简单的协议，而是一组小的、专业化协议，包括 TCP/IP、UDP、ARP、ICMP 以及其他的一些子协议。大部分网络管理员将整组协议称为 TCP/IP。

TCP/IP 最大的优势之一是其可路由性，也就意味着它可以携带被路由器解释的网络编址信息。TCP/IP 还具有灵活性，可在多个网络操作系统或网络介质的联合系统中运行。然而由于它的灵活性，TCP/IP 需要更多的配置。TCP/IP 的体系结构如图 3-7 所示。

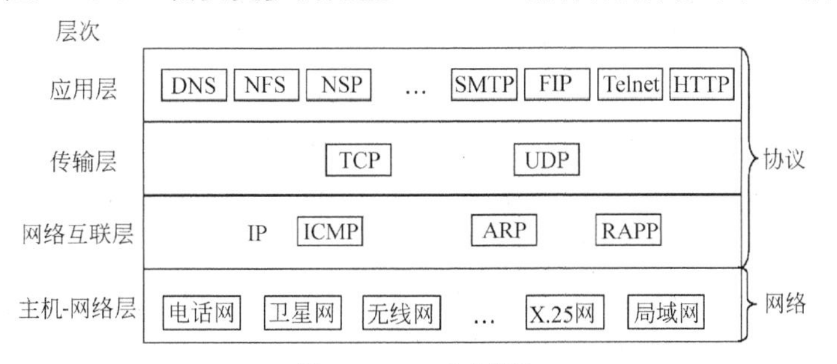

图3-7 TCP/IP 参考模型

TCP/IP 是一个 4 层模型，主要内容如下。

1. 主机—网络层

主机—网络层是 TCP/IP 参考模型的最底层，负责接收从 IP 层交来的 IP 数据报并将 IP 数据报通过低层物理网络发送出去，或者从低层物理网络上接收物理帧，抽出 IP 数据报，交给 IP 层。

2. 网络互联层

网络互联层的主要功能是负责相邻节点之间的数据传送。它的主要功能包括 3 个方面。

（1）处理来自传输层的分组发送请求：将分组装入 IP 数据报，填充报头，选择去往目的节点的路径，然后将数据报发往适当的网络接口。

（2）处理输入数据报：首先检查数据报的合法性，然后进行路由选择，假如该数据报已到达目的节点（本机），则去掉报头，将 IP 报文的数据部分交给相应的传输层协议；假如该数据报尚未到达目的节点，则转发该数据报。

（3）处理 ICMP（Internet Control Messages Protocal，网间控制报文协议）报文：即处理网络的路由选择、流量控制和拥塞控制等问题。TCP/IP 网络模型的互联网层在功能上非常类似于 OSI 参考模型中的网络层。

3. 传输层

TCP/IP 参考模型中传输层的作用与 OSI 参考模型中传输层的作用是一样的，即在源节点和目的节点的两个进程实体之间提供可靠的端到端数据传输。为保证数据传输的可靠性，传输层协议规定接收端必须发回确认。如果分组丢失，必须重新发送。

要点提示

传输层还要解决不同应用程序的标识问题，因为在一般的通用计算机中，常常是多个应用程序同时访问互联网。为区别各个应用程序，传输层在每一个分组中增加识别信源和信宿应用程序的标记。另外，传输层的每一个分组均附带校验和，以便接收节点检查接收到的分组的正确性。

TCP/IP 参考模型提供了两个传输层协议，即传输控制协议和用户数据报协议。

（1）传输控制协议（Transmission Control Protocal，TCP）。TCP 是一个可靠的面向连接的传输层协议，将数据以字节流形式无差错投递到互联网的任何一台机器上。发送方的 TCP 将用户交来的字节流划分成独立的报文并交给互联网层进行发送，接收方的 TCP 将接收的报文重新装配交给接收用户。TCP 同时处理有关流量控制的问题，防止快速的发送方淹没慢速的接收方。

（2）用户数据报协议（User Datagram Protocal，UDP）。用户数据报协议是一个不可靠的、无连接的传输层协议，UDP 将可靠性问题交给应用程序解决。UDP 也应用于那些对可靠性要求不高，但要求网络的延迟较小的场合，如语音和视频数据的传送。

4. 应用层

传输层的上一层是应用层，应用层包括所有的高层协议。早期的应用层有远程登录协议（Telnet）、文件传输协议（File Transfer Protocol，FTP）和简单邮件传输协议（Simple Mail Transfer Protocol，SMTP）等。

（1）远程登录协议：允许用户登录到远程系统并访问远程系统的资源，而且像远程机器的本地用户一样访问远程系统。

（2）文件传输协议：提供在两台机器之间进行有效数据传送的手段。

（3）简单邮件传输协议：最初只是文件传输的一种类型，后来慢慢发展成为一种特定的应用协议。

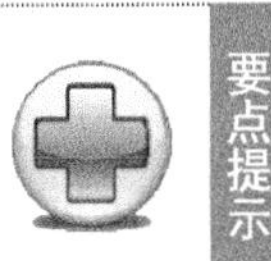

要点提示

最近几年出现了一些新的应用层协议：如用于将网络中主机的名字地址映射成网络地址的域名服务（Domain Name Service，DNS），用于传输网络新闻的网络新闻传输协议（Network News Transfer Protocol，NNTP）以及用于从 WWW 上读取页面信息的超文本传输协议（Hyper Text Transfer Protocol，HTTP）。

3.3.2 IP

网际协议（Internet Protocal，IP）属于 TCP/IP 参考模型和互联网层，提供关于数据应如何传输以及传输到何处的信息。IP 是一种使 TCP/IP 可用于网络连接的子协议，即使 TCP/IP 可跨越多个局域网段或通过路由器跨越多种类型的网络。

1. IP 的功能

IP 用于在一个个 IP 模块间传送数据报。网络中每个计算机和网关上都有 IP 模块。数据报在一个个模块间通过路由处理网络地址传送到目的地址，因此搜寻网络地址是 IP 十分重要的功能。

此外，由于各个网络上的数据报大小可能不同，所以数据报的分段也是 IP 不可或缺的功能，否则，对于一些网络带宽较窄的网络，大的数据报就无法正确传输了。

（1）IP 与 IP 层服务。IP 主要负责为计算机之间传输的数据报寻址，并管理这些数据报的分片过程。该协议对投递的数据报格式有规范、精确的定义。与此同时，IP 还负责数据报的路由，决定数据报发送到哪里，以及在路由出现问题时更换路由。总的来说，运行 IP 的网络层可以为其高层用户提供 3 种服务，如图 3-8 所示。

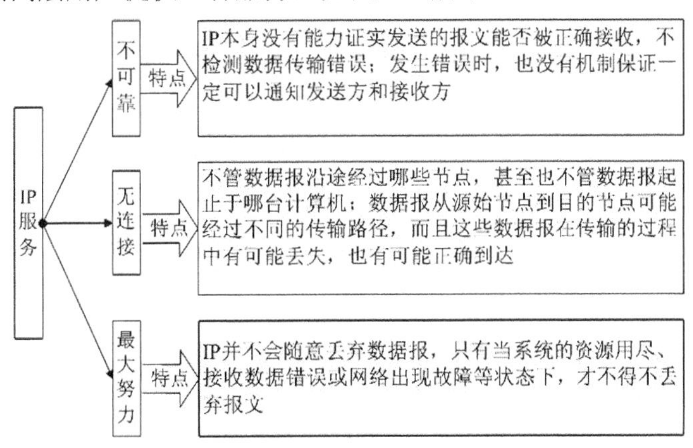

图3-8 IP 层提供的服务

IP 是 Internet 中的通信规则，连入 Internet 中的每台计算机与路由器都必须遵守。

- 发送数据的主机需要按 IP 装载数据。
- 路由器需要按 IP 转发数据包。
- 接收数据的主机需要按 IP 拆卸数据。
- IP 数据包携带着地址信息从发送数据的主机出发，在沿途各个路由器的转发下，到达目的主机。

（2）IP 地址。在介绍 IP 地址之前，首先看一看大家都非常熟悉的电话网。每部连入电话

网的电话机都有一个由电信公司分配的电话号码，只要知道某台电话机的电话号码，便可以拨通该电话。如果被呼叫的话机与发起呼叫的话机位于同一个国家（或地区）的不同城市，要在电话号码前加上被叫话机所在城市的区号；如果被呼叫的话机与发起呼叫的话机位于不同的国家（或地区），要在电话号码前加上被叫话机所在国家（或地区）的代码和城市的区号。

问题思考

人们打电话时，是怎样顺利接通所要拨打的用户而不会找错对象的？

连入 Internet 中的计算机与连入电话网的电话机非常相似，计算机的每个连接也有一个由授权单位分配的号码，称之为 IP 地址。IP 主要解决地址的问题，而名字和地址进行解析的工作是由其上层协议——TCP 完成。

IP 模块将地址和本地网络地址加以映射（和写信一样，IP 只负责写上收信人、发信人的地址，把信投进信箱就不管了），而将本地网络地址和路由进行映射则是低层协议（如路由协议）的任务，所以说 IP 是一个无连接的服务。

（3）IP 地址的组成。IP 地址由 32 位二进制数值组成（4 字节），但为了方便用户的理解和记忆，通常采用点分十进制标记法，即将 4 字节的二进制数值转换成 4 个十进制数值，每个数值小于等于 255，数值中间用“.”隔开，表示成 *w.x.y.z* 的形式，如图 3-9 所示。

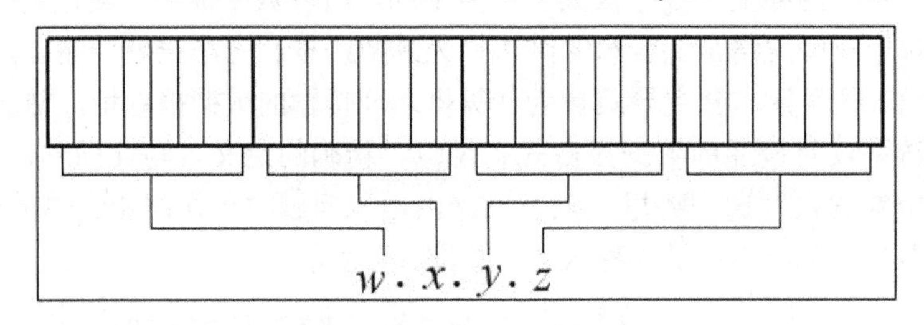

图3-9 IP 地址的点分十进制标记法

例如，二进制 IP 地址表示如下。

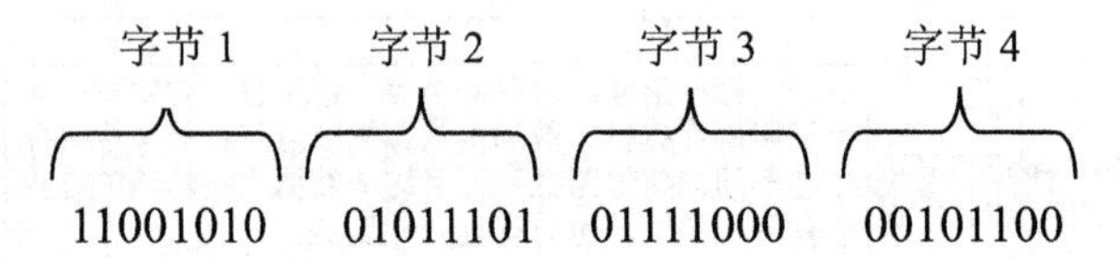

用点分十进制表示法表示成 202.93.120.44。

202.93.120.44 为一个 C 类 IP 地址，前 3 个字节为网络号，通常记为 202.93.120.0，而后 1 个字节为主机号 44。

（4）IP 地址的用途。根据 IP 地址，网络可以判定是否通过某个路由器将数据传递出去。通过分析要传递数据的目的 IP 地址，如果其网络地址与当前所在的网络相同，那么，该数据就可以直接传递，不需经过路由器。

相反，如果网络地址与当前所在的网络不同，那么，相关数据就必须传递给一个路由器，经路由器中转到达目的网络。负责中转数据的路由器必须根据数据中的目的 IP 地址决定如何将数据转发出去。

要点提示

Internet 中的每台主机至少有一个 IP 地址，而且这个 IP 地址必须是全网唯一的。在 Internet 中允许一台主机有两个或多个 IP 地址。如果一台主机有两个或多个 IP 地址，则该主机属于两个或多个逻辑网络。

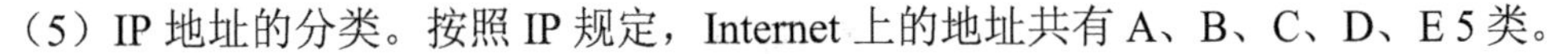

（5）IP 地址的分类。按照 IP 规定，Internet 上的地址共有 A、B、C、D、E 5 类。

① A 类 IP 地址。A 类 IP 地址的主要特点如下。

- A 类 IP 地址用前面 8 位来标识网络号，其中规定最前面 1 位为“0”。
- 24 位标识主机地址，即 A 类地址的第 1 段取值（也即网络号）可以是 00000001～01111111 之间的任意数字，转换为十进制后即为 1～128 之间的数。
- 主机号没有硬性规定，所以它的 IP 地址范围为 1.0.0.0～128.255.255.255。
- 因为 A 地址中的 10.0.0.0～10.255.255.254 和 127.0.0.0～127.255.255.254 这两段地址有专门用途，所以全世界总共只有 126 个可能的 A 类网络。
- 每个 A 类网络最多可以连接 16 777 214 台计算机，这类地址数是最少的，但这类网络所允许连接的计算机是最多的。
- A 类地址提供给大型政府网络使用。

② B 类 IP 地址。B 类 IP 地址的主要特点如下。

- B 类 IP 地址用前面 16 位来标识网络号，其中最前面两位规定为“10”。
- 16 位标识主机号，也就是说 B 类地址的第 1 段 10000000～10111111，转换成十进制后即为 128～191 之间，第 1 段和第 2 段合在一起表示网络地址，它的地址范围为 128.0.0.0～191.255.255.255。全世界大约有 16 000 个 B 类网络，每个 B 类网络最多可以连接 65 534 台计算机。
- B 类地址适用于中等规模的网络，其中 172.16.0.0～172.31.255.254 地址段有专门用途。

③ C 类 IP 地址。C 类 IP 地址的主要特点如下。

- C 类 IP 地址用前面 24 位来标识网络号，其中最前面 3 位规定为“110”。
- 8 位标识主机号。这样 C 类地址的第 1 段取值为 11000000～11011111 之间，转换成十进制后即为 192～223。第 1 段、第 2 段、第 3 段合在一起表示网络号，最后一段标识网络上的主机号，它的地址范围为 192.0.0.0～223.255.255.255。
- C 类地址是所有的地址类型中地址数最多的，但这类网络所允许连接的计算机是最少的。
- C 类地址适用于校园网等小型网络，每个 C 类网络最多可以有 254 台计算机。
- C 类地址可分配给任何有需要的人。其中 192.168.0.0～192.168.255.255 为企业局域网专用地址段。

④ D 类 IP 地址。D 类 IP 地址的主要特点如下。

- D 类地址用于多重广播组，一个多重广播组可能包括一台或更多主机，或根本没有。
- D 类地址的最高位为 1110，第 1 段 8 位为 11100000～11101111，转换成十进制即为 224～239，它的地址范围为 224.0.1.1～239.255.255.255。
- 在多重广播操作中没有网络或主机位，数据包将传送到网络中选定的主机子集中，只有注册了多重广播地址的主机才能接收到数据包。
- Microsoft 支持 D 类地址，用于应用程序将多重广播数据发送到网络间的主机上，包括 WINS 和 Microsoft NetShow。

⑤ E 类 IP 地址。E 类 IP 地址的主要特点如下。

- E 类地址是一个通常不用的实验性地址，保留作为以后使用。
- E 类地址的最高位为 11110，第 1 段 8 位为 11110000～11110111，转换成十进制即为 240～247。
- IP 中对首段为 248～254 的地址段暂无规定。

以上各类 IP 地址的结构如图 3-10 所示。

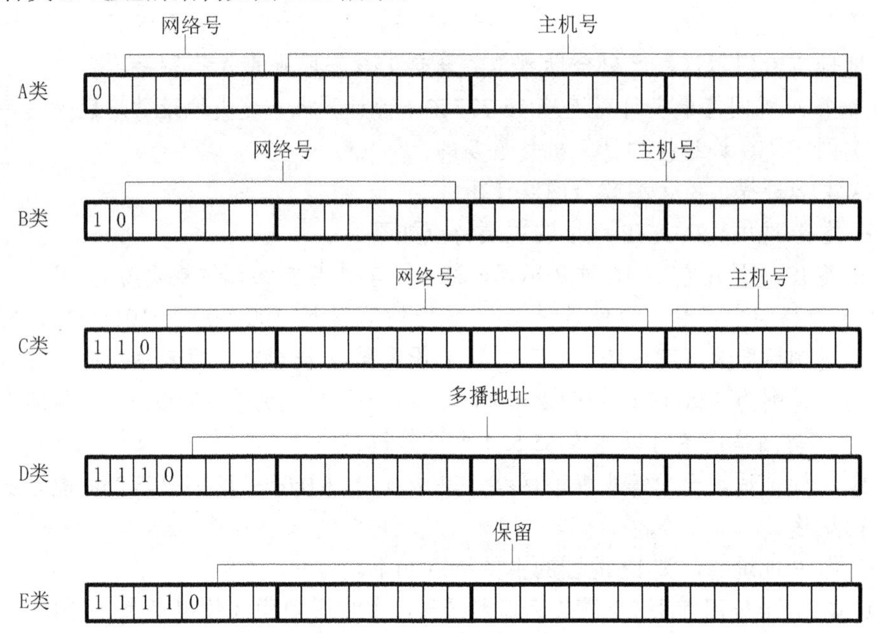

图3-10 IP 地址分类

要点提示 还有一类以“127”开头的 IP 地址属于保留使用地址。这类地址只能在本地计算机上用于测试使用，不能作为计算机的 IP 地址用，不能在网络上用来标识计算机的位置，更不能通过在浏览器或者其他搜索位置输入以 127 开头的 IP 地址，来搜索想要查找的计算机。

2. 子网地址和掩码

在 Internet 中，A 类、B 类和 C 类 IP 地址经常被使用，经过网络号和主机号的层次划分后，能适应不同的网络规模。使用 A 类 IP 地址的网络可以容纳超过 1 600 万台主机，而使用 C 类 IP 地址的网络最多仅可以容纳 256 台主机。

表 3-1 列出了 IP 地址的类别和对应的网络规模。

表 3-1　　IP 地址的类别与规模

网络地址长度	最大的主机数目	适用的网络规模
1 个字节	16 387 064	大型网络
2 个字节	64 516	中型网络
3 个字节	254	小型网络

（1）子网地址。随着计算机的发展和网络技术的进步，以及个人计算机应用迅速普及，小型网络（特别是小型局域网络）越来越多，这些网络中的计算机少则两三台，多则也不过上百台。对于这样一些小规模网络，即使使用一个仅可容纳 254 台主机的 C 类网络号

仍然是一种浪费。

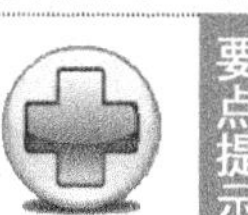

> **要点提示** 在实际应用中，需要对 IP 地址中的主机号部分进行再次划分，将其划分成子网号和主机号两部分。例如，可以对网络号 168.113.0.0 进行再次划分，使其第 3 个字节代表子网号，其余部分为主机号。

例如：对于 IP 地址为 168.113.81.1 的主机来说，它的网络号为 168.113.81.0，主机号为 1。

（2）子网掩码。再次划分后的 IP 地址的网络号部分和主机号部分用子网掩码来区分，子网掩码也为 32 位二进制数值，分别对应 IP 地址的 32 位二进制数值。对于 IP 地址中的网络号部分在子网掩码中用“1”表示，对于 IP 地址中的主机号部分在子网掩码中用“0”表示。

例如，对于网络号 168.113.81.0 的 IP 地址，其子网掩码如下。

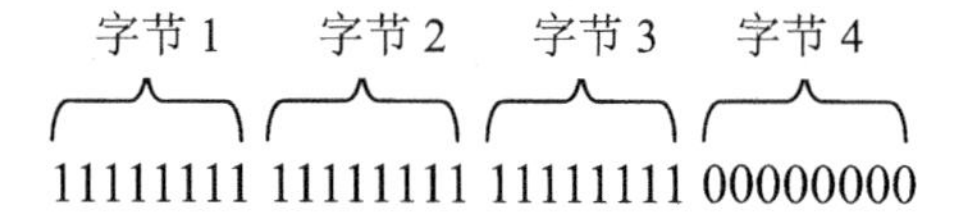

用十进制表示法表示成 255.255.255.0。

3. IP 数据报

需要进行传输的数据在 IP 层首先需要加上 IP 头信息，封装成 IP 数据报。IP 数据报的具体格式如图 3-11 所示。

0	4	8	16	19 — 31
版本	报头长度	服务类型	总长度	
标识			标志	片偏移
生存周期		协议	头部校验和	
源IP地址				
目的IP地址				
选项 + 填充				
数据				
...				

图3-11 IP 数据报格式

IP 数据报的格式可以分为报头区和数据区两大部分，其中数据区包括高层需要传输的数据，报头区是为了正确传输高层数据而增加的控制信息。

（1）版本与协议类型。在 IP 报头中，版本域表示该数据报对应的 IP 版本号，不同 IP 版本规定的数据报的格式稍有不同，目前的 IP 版本号为“4”。协议域表示数据报的数据区中数据的高级协议类型（如 TCP），指明数据区数据的格式。

（2）长度。报头中有两个表示长度的域，一个为报头长度，一个为总长度。报头长度以 32 位字节为单位，指出该报头的长度。在没有选项和填充的情况下，该值为“5”。总长度以 8 位字节为单位，指出整个 IP 数据报的长度，其中包含头部长度和数据区长度。

（3）服务类型。服务类型域规定对本数据报的处理方式。例如，发送端可以利用该域要求中途转发该数据报的路由器使用低延迟、高吞吐率或高可靠性的线路发送。

（4）报文的分片和重组控制。由于利用 IP 进行互连的各个物理网络所能处理的最大报

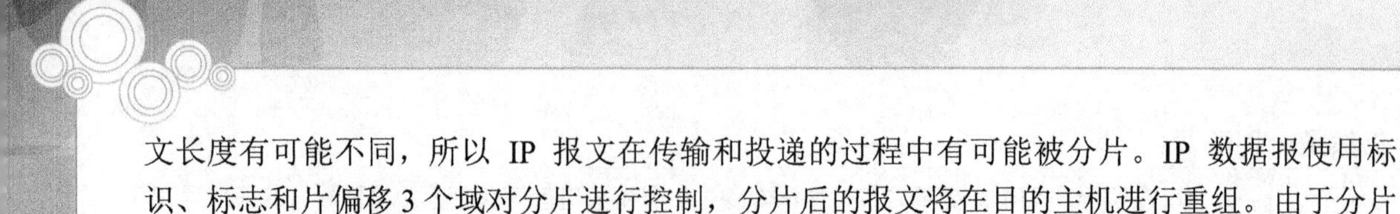

文长度有可能不同，所以 IP 报文在传输和投递的过程中有可能被分片。IP 数据报使用标识、标志和片偏移 3 个域对分片进行控制，分片后的报文将在目的主机进行重组。由于分片后的报文独立地选择路径传送，所以报文在投递途中将不会（也不可能）重组。

（5）生存周期。IP 数据报的路由选择具有独立性，因此从源主机到目的主机的传输延迟也具有随机性。如果路由表发生错误，数据报有可能进入一条循环路径，无休止地在网络中流动。利用 IP 报头中的生存周期域，可以控制这一情况的发生。在网络中，“生存周期”域随时间而递减，在该域为“0”时，报文将被删除，避免死循环的发生。

（6）头部校验和。头部校验和用于保证 IP 头数据的完整性。

（7）地址。在 IP 数据报头中，源 IP 地址和目的 IP 地址分别表示本 IP 数据报发送者和接收者的地址。在整个数据报传输过程中，无论经过什么路由，无论如何分片，此两域均保持不变。

（8）数据报选项和填充。IP 选项主要用于控制和测试两大目的。作为选项，IP 选项域是任选的，但作为 IP 的组成部分，在所有 IP 的实现中，选项处理都不可或缺。在使用选项的过程中，有可能造成数据报的头部不是 32 位整数倍的情况，如果这种情况发生，就需要使用填充域凑齐。

4. 路由器和路由选择

路由器是计算机网络中的重要设备。

（1）路由器的用途。路由器在 Internet 中起着重要的作用，它连接两个或多个物理网络，负责将从一个网络接收来的 IP 数据报，经过路由选择，转发到另一个合适的网络中。

在 Internet 中，需要进行路由选择的设备一般采用表驱动的路由选择算法。每台需要路由选择的设备保存有一张 IP 路由表，当需要传送 IP 数据报时，它就查询该表，决定把数据报发往何处。

（2）路由表。一个路由表通常包含许多（N，R）对序偶，其中 N 指目的网络的 IP 地址，R 是到网络 N 路径上的“下一个”路由器的 IP 地址。因此，在路由器 R 中的路由表仅仅指定了从 R 到目的网络路径上的一步，而路由器并不知道到目的地的完整路径。

要点提示

为了减小路由设备中路由表的长度，提高路由算法的效率，路由表中的 N 常常使用目的网络的网络地址，而不是目的主机地址（尽管可以将目的主机地址存入路由表中）。

图 3-12 所示为一个简单的网络互连图与其路由器 R 的路由表。

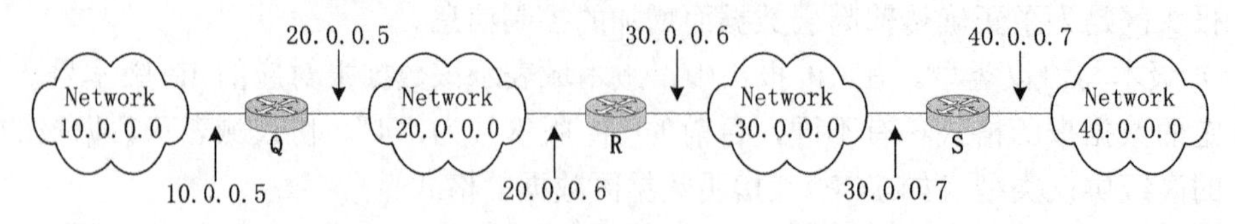

要到达的网络	下一路由器
20.0.0.0	直接投递
30.0.0.0	直接投递
10.0.0.0	20.0.0.5
40.0.0.0	30.0.0.7

图3-12 网络互连图与其路由器 R 的路由表

（3）路由选择。在图 3-12 中，网络 20.0.0.0 和网络 30.0.0.0 都与路由器 R 直接相连。

路由器 R 收到一个 IP 数据报，如果其目的 IP 地址的网络号为 20.0.0.0 或 30.0.0.0，那么，R 就可以将该报文直接传送给目的主机；如果接收报文的目的地网络号为 10.0.0.0，那么，R 就需要将该报文传送给与其直接相连的另一路由器 Q，由路由器 Q 再次投递该报文。同理，如果接收报文的目的地网络号为 40.0.0.0，那么，R 就需要将报文传送给路由器 S。

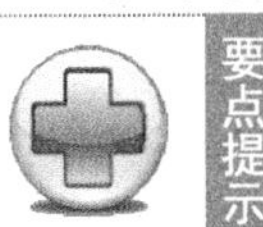

要点提示 路由表除了可以包含到某一网络的路由和到某一特定的主机路由外，还可以包含一个非常特殊的路由，即默认路由。如果路由表中没有包含到某一特定网络或特定主机的路由，在使用默认路由的情况下，路由选择例程就可以将数据报发送到这个默认路由上。

一个基本的路由选择算法如图 3-13 所示。

```
RouteDatagram（Datagram，RoutingTable）                    //Datagram: 数据报
                                                            //RoutingTable: 路由表
{
从 Datagram 中提取目的 IP 地址 D，计算网络前缀 N;
If N 与路由器直接连接的网络地址匹配
Then 在该网络上直接投递（封装、物理地址绑定、发送等）
ElseIf RoutingTable 中包含到 D 的路由
Then 将 Datagram 发送到 RoutingTable 中指定的下一站
ElseIf RoutingTable 中包含到 N 的路由
Then 将 Datagram 发送到 RoutingTable 中指定的下一站
ElseIf RoutingTable 中包含默认路由
Then 将 Datagram 发送到 RoutingTable 中指定的默认路由器
Else 路由选择错误;
}
```

图3-13 基本的路由选择算法

5. IP 数据报的传输

在 Internet 中，IP 数据报根据其目的地的不同，经过的路径和投递次数也不同。

图 3-14 所示为一个源主机 A（10.0.0.1）发送一个 IP 数据报给目的主机 B（40.0.0.1）的过程。

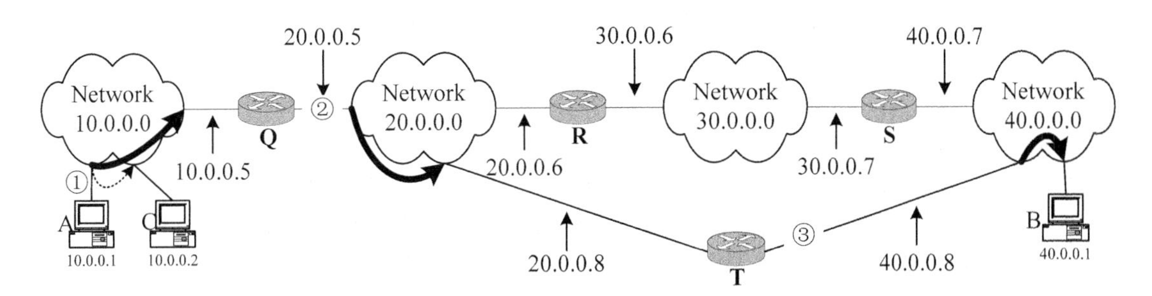

图3-14 IP 数据报传输

从主机 A 发送一个数据报至主机 B 大致需要如下几步。

（1）主机 A 形成原始数据并按照 IP 在 IP 层封装成 IP 数据报。

（2）根据主机 B 的 IP 地址判断 B 是否与自己在同一网络中。如果 A 和 B 在同一网络中，则 A 直接将报文投递给 B；如果 A 和 B 不在同一网络中，则需要经过某一路由器再次投递。显然，图 3-14 中的 A 和 B 不在同一网络中，因此，A 将 IP 数据报投递给路由器 Q。

（3）路由器 Q 接收该数据报，并判断 B 是否与自己同属一网络。如果 Q 和 B 在同一网络中，则 Q 直接将报文投递给 B；如果 Q 和 B 不在同一网络，则需要经过下一路由器再次

投递。因为 Q 和 B 不在同一网络中，因此，Q 必须将 IP 数据报投递给另一路由器。从图 3-14 中可以看到，路由器 Q 通过 20.0.0.0 网络与路由器 R 和 T 相连。至于 Q 将数据报传送给哪个路由器，要看 Q 的路由表中到目的网络 40.0.0.0 一项的下一跳指向哪个路由器。假定 Q 的路由表将到 40.0.0.0 网络的下一跳指向路由器 T，则 Q 就将数据报传送给 T。

（4）最后，路由器 T 接收该报文，由于 T 的另一端与 B 在同一网络中，T 直接将数据报传送给目的主机 B。

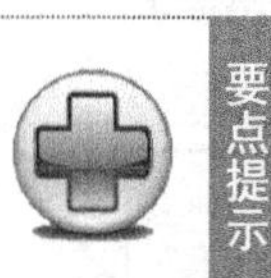

要点提示 源主机在发出数据报时只需指明第一个路由器，而后数据报在 Internet 中如何传输以及沿着哪一条路径传输，源主机则不必关心。由于独立对待每一个 IP 数据报，所以源主机两次发往同一目的主机的数据可能会因为中途路由器路由选择的不同而沿着不同的路径到达目的主机。

3.3.3 TCP

在 TCP/IP 中，传输控制协议和用户数据报协议运行于传输层，它利用 IP 层提供的服务，提供端到端的可靠的（TCP）和不可靠的（UDP）服务。下面我们讲解 TCP 服务。

1. TCP 服务

TCP 提供一种面向连接的、可靠的字节流服务。

面向连接意味着两个使用 TCP 的应用（通常是一个客户和一个服务器）在彼此交换数据之前必须先建立一个 TCP 连接。这一过程与打电话很相似，先拨号振铃，等待对方接听并说话，然后才知道是谁。

（1）TCP 的用途

TCP 是非常重要的一个协议，在将数据从一端发送到另一端时，运行于传输层的 TCP 能够为应用层提供一个可靠的（保证传输的数据不重复、不丢失）、面向连接的、全双工的数据流传输服务。TCP 允许运行于不同主机上的两个应用程序建立连接，在两个方向上同时发送和接收数据，任务完成后关闭连接。

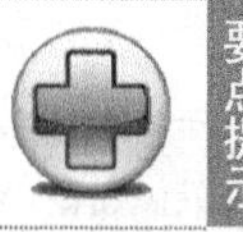

要点提示 每一个 TCP 连接都以可靠地建立连接开始，以友好地拆除连接结束。在拆除连接开始之前，保证所有的数据都已成功投递。

（2）TCP 的特点

TCP 是一个端到端的传输协议，可以提供一条从一台主机的一个应用程序到远程主机的另一个应用程序的直接连接。TCP 建立的连接常常叫作虚拟连接，其下层互联网系统并不对该连接提供硬件或软件支持。这条连接是由运行于两台主机上相互交换信息的两个 TCP 软件模块虚拟建立起来的。

（3）TCP 的工作过程

TCP 使用 IP 传递信息。每一个 TCP 信息被封装在一个 IP 数据报中并通过互联网传送。当数据报到达目的主机时，IP 将先前封装的 TCP 信息再送交给 TCP。

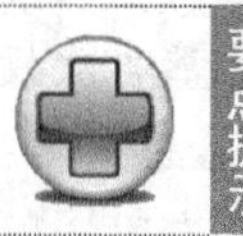

要点提示 尽管 TCP 使用 IP 传送其信息，但是 IP 并不解释或读取其信息。TCP 将 IP 看成一个连接两个终端主机的报文投递通信系统，IP 将 TCP 信息看成它要传送的数据。

图 3-15 所示为两个主机通过互联网连接的例子，从中可以看出 TCP 软件和 IP 软件之间的关系。TCP 软件位于虚拟连接两端的主机上，中间路由器并不具有该软件。从 TCP 的

角度看，整个互联网是一个大的通信系统，它负责接收和投递 TCP 信息，但是并不修改或解释该信息内容。

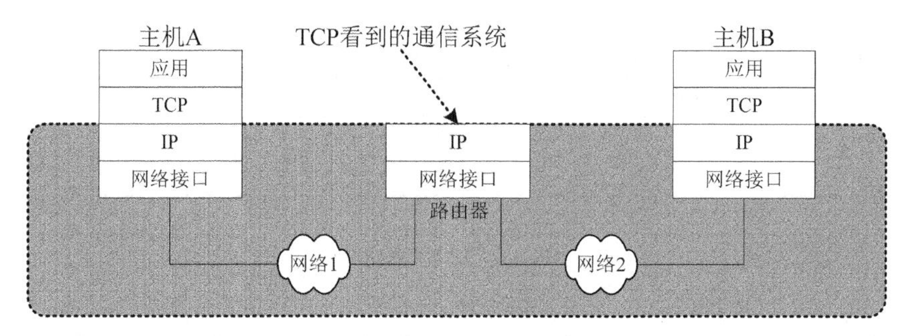

图3-15 主机通过互联网连接示意图

2. TCP 流量控制和阻塞机制

TCP 工作时，必须解决好流量控制和阻塞两个基本问题。

（1）TCP 流量控制

TCP 采用活动窗口机制进行流量控制。建立一个连接时，每端都为该连接分配一块接收缓冲区，数据到达时先放到缓冲区中，然后在适当的时候由 TCP 实体交给应用程序处理。由于每个连接的接收缓冲区大小是固定的，如果发送方发送过快，就会导致缓存区溢出造成数据丢失，所以接收方必须随时通知发送方缓冲区的剩余空间，以便发送方调整流量。

接收方将缓冲区的剩余空间大小告知发送方，发送方每次发送的数据量不能超过缓冲区的剩余空间大小对应的字节数。当该值为 0 时，发送方必须停止发送。

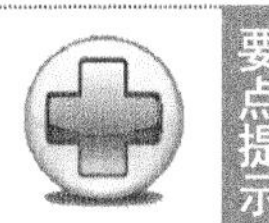

要点提示 为了避免发送太短的数据段，TCP 可以不马上发送应用程序的输出，而是收集够一定数量的数据后再发送。例如，当收集的数据可以构成一个最大长度的段或达到接收窗口一半大小时再发送，这样可以大大减少额外开销。

（2）阻塞机制

过多的数据经过网络时会导致网络阻塞，Internet 也不例外。阻塞发生时会引起发送方超时，虽然超时也有可能是由数据传输出错引起的，但在当前的网络环境中，由于传输介质的可靠性越来越高，数据传输出错的可能性越来越小，所以导致超时的绝大多数原因都是网络阻塞，TCP 实体就是根据超时来判断是否发生了网络阻塞。

考虑到网络的处理能力，仅有一个接收窗口是不够的，发送方还必须维持一个阻塞窗口，发送窗口必须是接收窗口和阻塞窗口中较小的那一个。和接收窗口一样，阻塞窗口也是动态可变的。

连接建立时，阻塞窗口被初始化成该连接支持的最大长度，然后 TCP 实体发送一个最大长度的段；如果这个段没有超时，则将阻塞窗口调整成两个最大段长度，然后发送两个最大长度的段；每当发送出去的段都及时得到应答，就将该窗口的大小加倍，直至最终达到接收窗口的大小或发生超时，这种算法称为慢开始。

采用以上的流量控制和阻塞控制机制后，发送方可以随时根据接收方的处理能力和网络的处理能力来选择一个最合适的发送速率，从而充分有效地利用网络资源。

3. TCP 数据报

TCP 段的头结构如图 3-16 所示，它由固定头和选项头（如果有的话）组成。

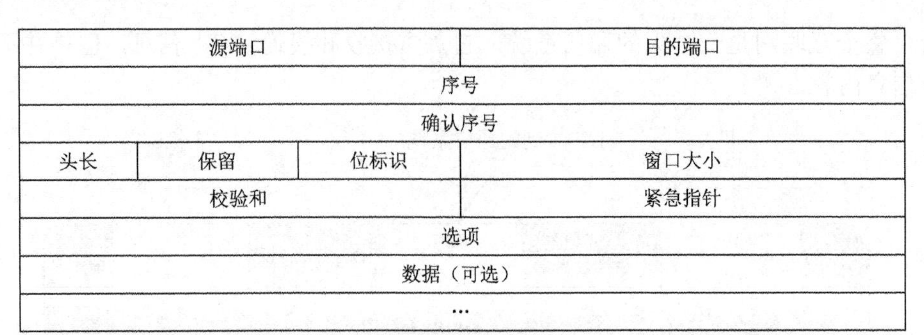

源端口			目的端口
序号			
确认序号			
头长	保留	位标识	窗口大小
校验和			紧急指针
选项			
数据（可选）			
…			

图3-16 TCP 数据报结构

下面简要介绍各个组成部分的含义和用途。

- 源端口和目的端口：分别与源 IP 地址和目的 IP 地址一起标识 TCP 连接的两个端点。
- 序号：TCP 段中第一个字节的序号。
- 确认序号：准备接收的下一个字节序号。
- 头长：包括固定头和选项头。
- 窗口大小：TCP 使用可变长度的滑动窗口进行流量控制，窗口大小表明发送方可以发送的字节数（从确认序号开始）；该域为 0 表示要求发送方停止发送，过后可以用一个该域不为 0 的段恢复发送。
- 校验和：对 TCP 头、数据及伪头结构进行校验。
- 紧急指针：指出紧急数据的位置（距当前序号的偏移值）。
- 选项：选项可用来提供一些额外的功能，其中最重要的一个选项是允许主机说明自己可以接受的最大 TCP 载荷。

4. TCP 建立连接

通信双方建立 TCP 连接是通过“三方握手”过程实现的。

（1）“三方握手”原理

“三方握手”是指在每次发送数据前，通信的双方先进行协商使数据段的发送和接收能够同步进行，并建立虚连接。为了提供可靠的传送，TCP 在发送新的数据之前，以特定的顺序对数据包编号，并要求这些包传达到目标主机后回复一个确认消息。当应用程序在收到数据后要做出确认时也要用到 TCP。

例如，A、B 两个主机要建立连接，如图 3-17 所示。

方向	消息	含义	握手
1 A→B	SYN	我的序号是X	1
2 A←B	ACK	知道了，你的序号是X	2
3 A←B	SYN	我的序号是Y	
4 A→B	ACK	知道了，你的序号是Y	3

图3-17 TCP 三方握手机制

其中，序号用于跟踪通信顺序，确保多个包传输时无数据丢失。通信双方在建立连接时必须互相交换各自的初始序号。

（2）TCP 连接过程

TCP 通过三方握手建立连接序号来达到同步，如图 3-18 所示。

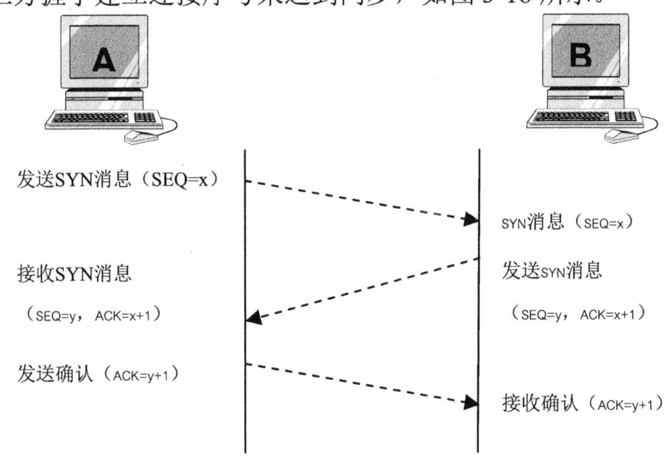

图3-18 TCP 连接示意图

3.4 实训 4 安装 TCP/IP

在老师的指导下，填写表 3-2 中的内容，完成准备工作。

表 3-2 TCP/IP 参数设置

项目	内容
网络中有无 DHCP 服务器	
网络中可用的 DNS 服务器的 IP 地址	
本地默认网关的 IP 地址	
已分配的本机 IP 地址	
已分配的本机子网掩码	

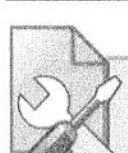

操作步骤

（1）删除本机中已安装的 TCP/IP

① 用鼠标右键单击桌面上的【网络】图标，在弹出的快捷菜单中选择【属性】命令，打开【网络和共享中心】窗口，如图 3-19 所示。

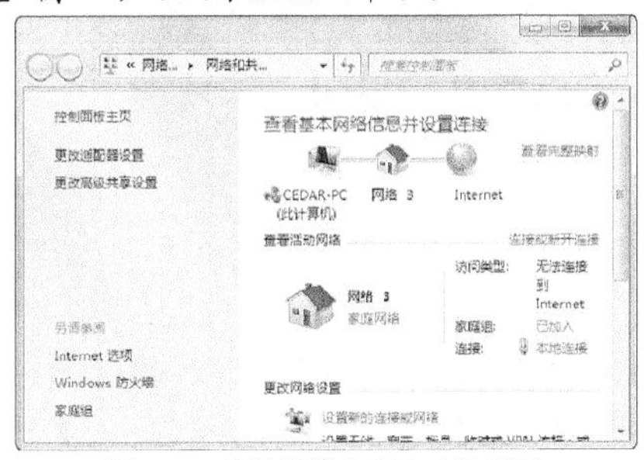

图3-19 【网络和共享中心】窗口

② 单击左侧【更改适配器设置】选项，可以查看当前的适配器和网络连接，如图 3-20

所示。

③ 用鼠标右键单击【本地连接】图标，在弹出的快捷菜单中选择【属性】命令，弹出【本地连接 属性】对话框，如图 3-21 所示。

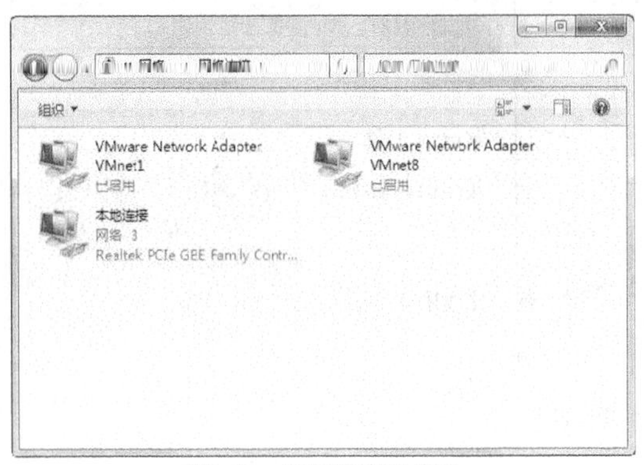

图3-20 【网络连接】窗口

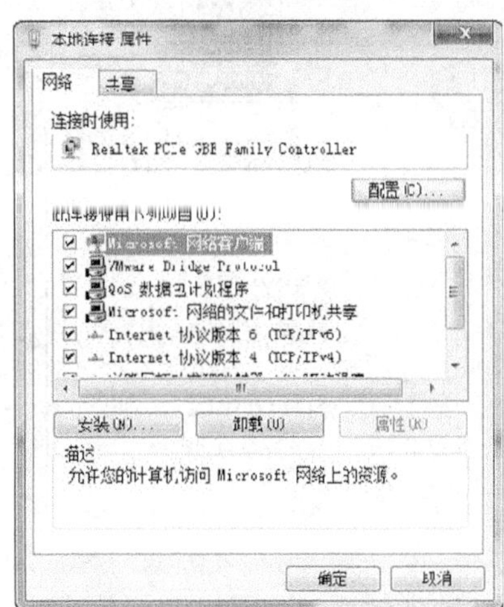

图3-21 【本地连接 属性】对话框

（2）安装 TCP/IP

① 单击图 3-21 所示对话框中的 安装(N)... 按钮，在弹出的【选择网络功能类型】对话框中选择【协议】选项，如图 3-22 所示。

② 单击 添加(A)... 按钮，在弹出的【选择网络协议】对话框中，接受默认选项，如图 3-23 所示。

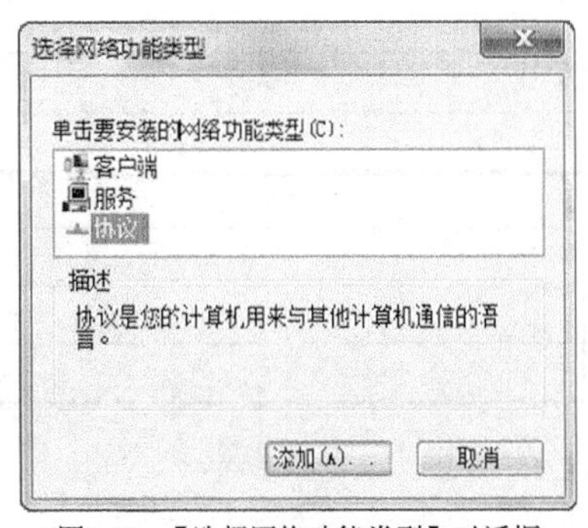

图3-22 【选择网络功能类型】对话框

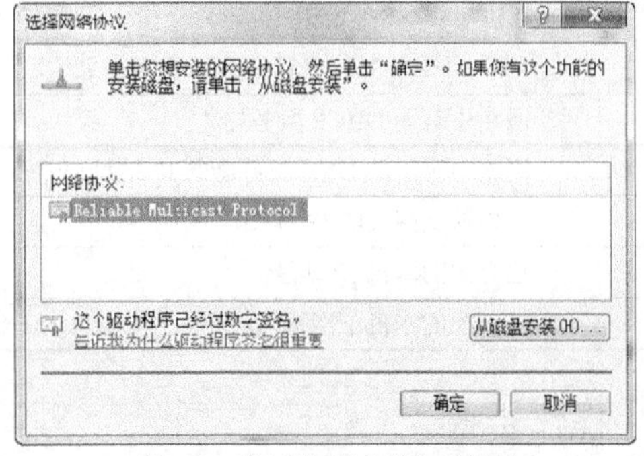

图3-23 【选择网络协议】对话框

③ 单击 确定 按钮，从系统复制所需文件，开始正式安装 TCP/IP。

3.5 实训 5 配置 IP 地址

操作步骤

（1）参照实训 1 讲述的方法，进入图 3-21 所示的【本地连接 属性】对话框，首先选中【Internet 协议版本 4（TCP/IPv4）】选项，然后单击 属性(R) 按钮，弹出【Internet 协议版本 4（TCP/IPv4）属性】对话框，如图 3-24 所示。

（2）此时，如果网络中存在 DHCP 服务器，可以使用自动获得 IP 地址，即在【常规】选项卡中选中【自动获得 IP 地址】单选钮，同时选中【自动获得 DNS 服务器地址】单选钮，如图 3-24 所示。

（3）如果不存在 DHCP 服务器，则选中【使用下面的 IP 地址】单选钮，对 IP 地址和子网掩码、首选 DNS 服务器等进行设置，如图 3-25 所示。

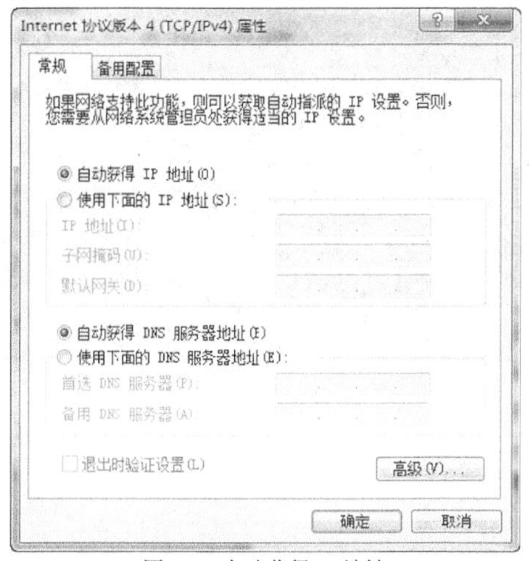

图3-24　自动获得 IP 地址

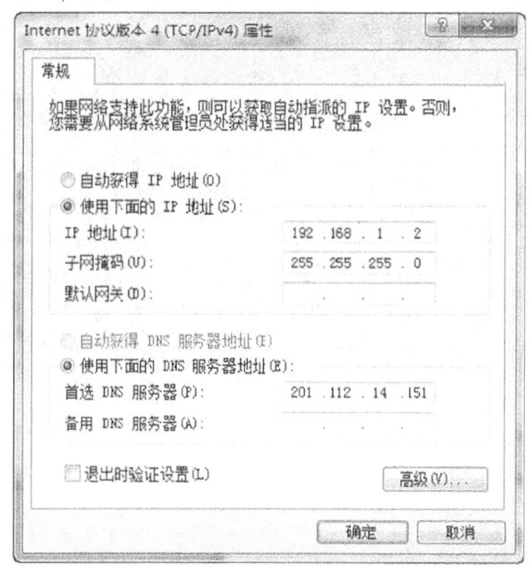

图3-25　手动配置 IP 地址

3.6 实训 6　使用 ping 命令

操作步骤

（1）选择【开始】/【运行】命令，在弹出的对话框中输入“cmd”打开 Windows 系统命令提示符窗口，退回到 C 盘根目录（连续两次输入“cd..”，按 Enter 键），如图 3-26 所示。

（2）输入 ping 127.0.0.1，命令被送到本地计算机的 IP 软件。如果 ping 不通，就表示 TCP/IP 的安装或运行存在某些最基本的问题，需要重新安装 TCP/IP。Ping 的效果如图 3-27 所示。

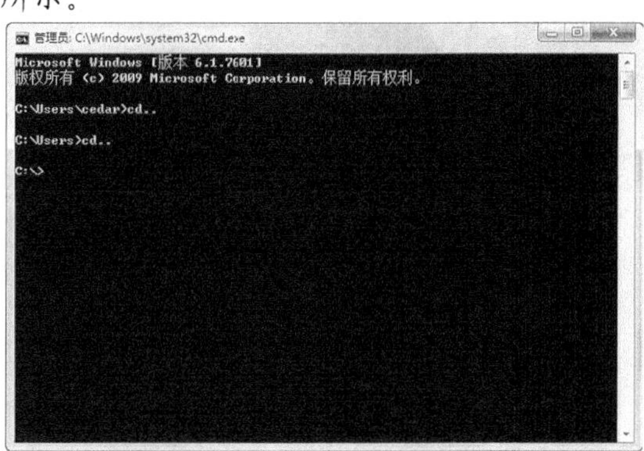

图3-26　命令提示符窗口

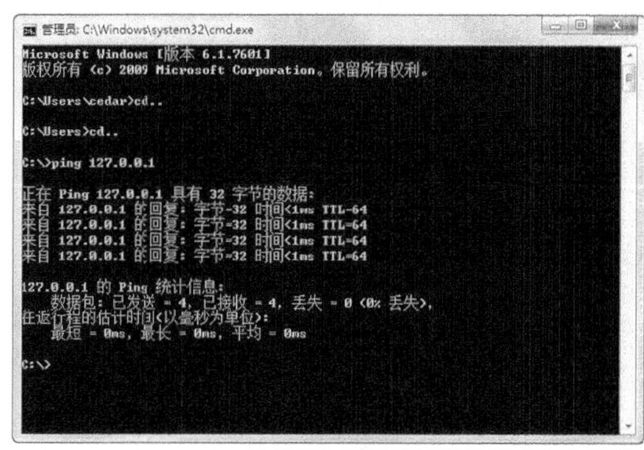

图3-27　ping 本地 IP 软件

（3）ping 局域网内的 IP：该命令经过网卡及网络电缆到达其他计算机，再返回（本例 ping 192.168.18.1，本地主机 IP 为 192.168.18.2）。但如果收到 0 个回送应答，表示子网掩码不正确、网卡配置错误或电缆系统有问题，如图 3-28 所示。

（4）ping 网址：ping www.baidu.com，对这个域名执行 ping 命令。如果出现故障，则表示 DNS 服务器的 IP 地址配置不正确或 DNS 服务器有故障。此外，也可以利用该命令实现域名对 IP 地址的转换功能，如图 3-29 所示。

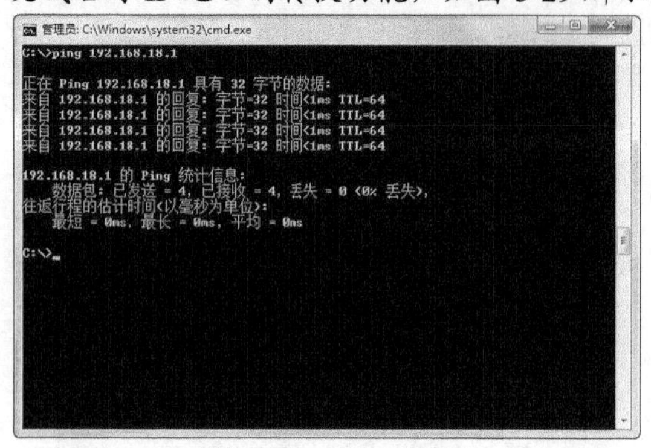

图3-28 ping 本机 IP 地址

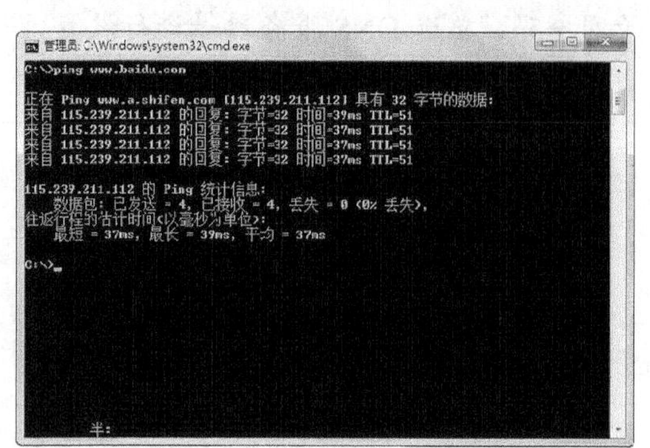

图3-29 ping 网址

习题

1. 网络层次结构的特点及其优点是什么？
2. ISO/OSI 参考模型包括哪些层？简要说明各层的功能。
3. TCP/IP 包括哪些层？简要说明各层的功能。
4. TCP/IP 协议簇包括哪些主要协议？简要说明这些协议的功能。
5. A、B、C 类 IP 地址的特征各是什么？

第4章 计算机网络硬件

网络硬件设备是组建计算机网络的基础，选择符合要求的硬件设备才能组成畅通的网络，才能充分发挥网络的性能。本章主要介绍看得见、摸得到的网络硬件，重点介绍服务器和工作站的结构，网卡的外观、用途和安装方法，传输设备中的交换机和集线器的功能、用途及两者的区别，路由器的应用与简单配置以及其他相关的网络硬件等。

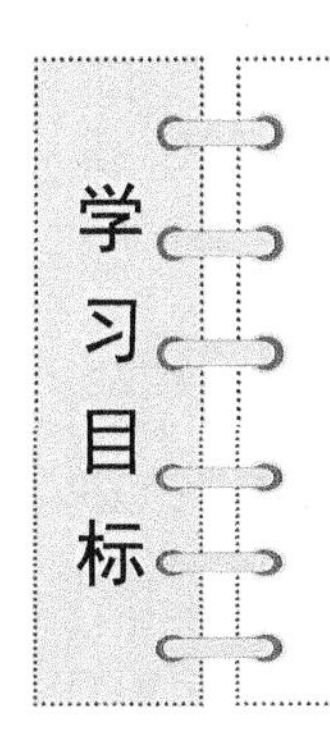

- 了解服务器和工作站的区别和用途。
- 掌握网卡的分类和安装方法。
- 明确双绞线的结构和用途。
- 了解光纤和同轴电缆的用途。
- 明确交换机和集线器的区别。
- 了解路由器的简单配置。

4.1 服务器和工作站

服务器和工作站是网络中最重要的硬件设备。网络如果没有服务器，就像人没有大脑一样，既不能接收信息，也不能发送信息。要组建一个计算机网络，至少需要一台服务器。工作站是网络的终端，也是组成网络的基本部件。两者缺一不可。

4.1.1 网络服务器

服务器（Server）就是为网络上的用户提供服务的节点，在服务器上装有网络操作系统和网络驱动器，而使用这个服务器的称为该服务器的客户（Clients）或用户。

图 4-1 所示为某类型服务器的实物图；图 4-2 所示为服务器的内部结构图。

图4-1 服务器的外形

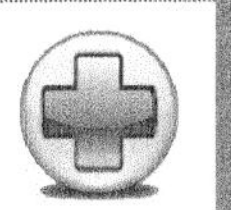

要点提示

一般来讲，任何一台计算机都可以作为服务器。服务器内部结构也和普通计算机差不多，也有 CPU（Central Processing Unint，中央处理器）、主板控制芯片、内存条、硬盘、PCI 插槽等。与普通计算机不同的是，服务器的各种性能指标要高得多。

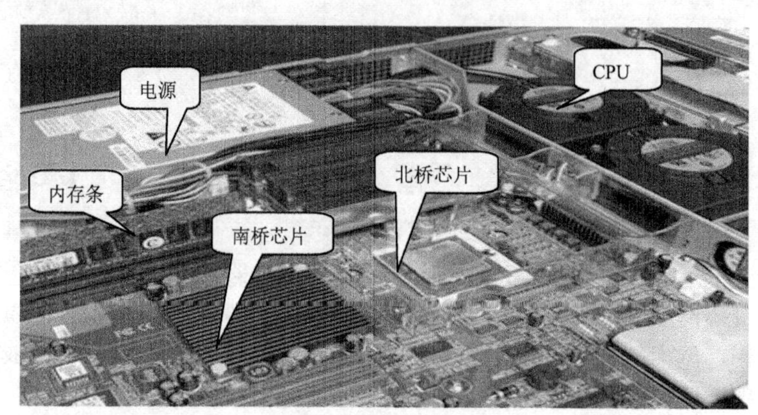

图4-2 服务器内部结构

服务器内部的重要部件如下。

- CPU：CPU 是主板上最重要的部件，一般的服务器主板都具有多个 CPU 插槽，可以安装多个 CPU，并多为双核或四核。
- 北桥芯片：主要控制和配合 CPU 工作。
- 南桥芯片：控制主板上的各个接口、插槽及其外围芯片的工作。
- 内存条：内存条是服务器工作性能好坏的重要部件，一般的主板会提供 6～24 个插槽。
- 电源：主板的供电设备，要求输出电压稳定、噪声小、功率大等。

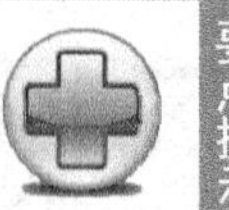

要点提示 购买服务器时，只要能满足使用要求，尽量选用性价比较高的产品。现在市场上的产品内存容量在 2GB～64GB 不等；处理器主频一般为 2GHz 以上；CPU 数量为 2 个～32 个不等。数字越大，性能越好，价格也越高。图 4-3 所示为服务器性能指标要求。

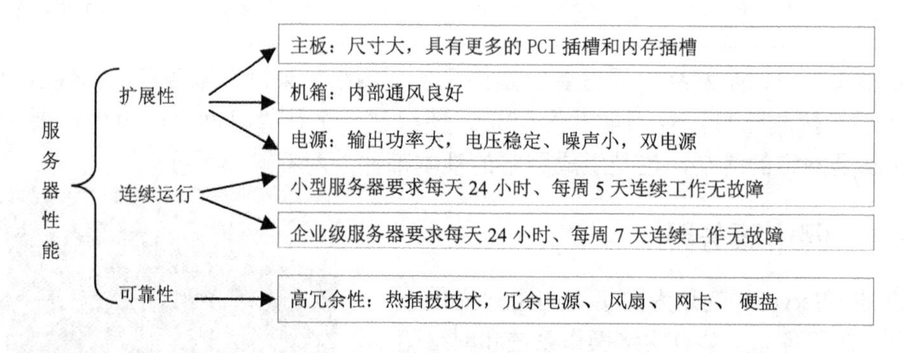

图4-3 服务器性能指标

4.1.2 网络工作站

工作站（也称客户机）是用户使用的普通计算机，可根据具体情况对计算机进行配置。

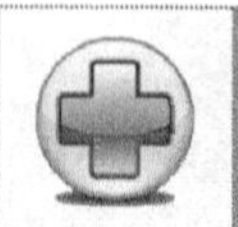

要点提示 服务器和工作站的差别主要表现在硬件和软件两个方面。在硬件方面，服务器要比工作站配置更好、性能更优良；在软件方面，服务器安装的是专用的服务器网络操作系统，而工作站安装的是普通的操作系统。

表 4-1 为服务器和工作站的性能对比。

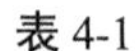

表 4-1　　服务器/工作站性能对比

部件名称	服务器配置	工作站配置
CPU	服务器专用，2～8 路对称多处理器系统，一般 2 个以上（内置双核或四核）	单 CPU 系统（或内置双核）
内存	4～12 个插槽，DDR 内存条	DDR ECC 自动纠错内存，可多达 48 个插槽
硬盘	SATA、SAS 机械硬盘或 SSD 企业级固态硬盘，可安装几块甚至几十块硬盘	SATA 接口，一般为 1 块硬盘，500GB～2TB
显卡	无须强大功能	要求较高
显示器	无性能要求	21 英寸以上纯平或液晶显示器
声卡	一般不需要（一般应用集成声卡即可）	独立高效声卡或集成声卡
网卡	4*GE 以太网卡	自适应网卡或集成网卡
插槽	具有多种扩展插槽，一般 4～12 个 PCI 插槽和 2 个 ISA 插槽	一般 4～6 个 PCI 插槽和 1 个 AGP 插槽
电源	两个以上可热插拔、功率 300W 以上电源	1 个电源，一般 250W 或 300W
操作系统	服务器专用，一般为 Windows Server 2012/2016	Windows 7/ Windows 10 等

下面以网吧服务器和计算机设置为例，进一步说明网络服务器和工作站的概念。在网吧里经常能够看到客户区的计算机，而服务器和其他交换设备则一般不易被察觉到，这是因为服务器和交换设备比较贵重，为避免和用户接触，一般都安置在单独房间里或者安置在比较偏僻的地方。图 4-4 所示为网吧的设备安置结构图。

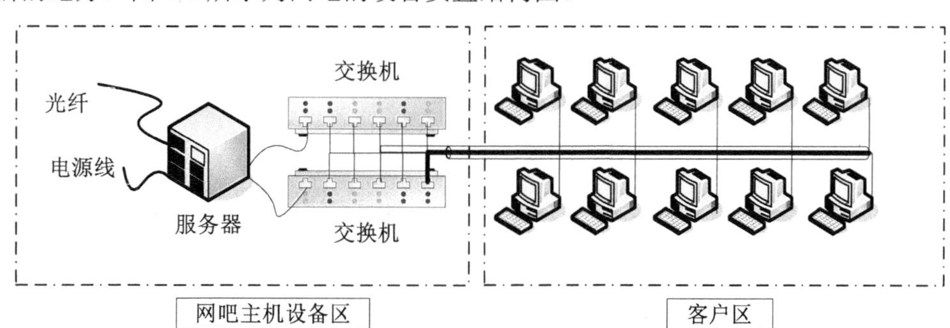

图4-4　网吧的设备安置结构

例如，一个具有 300 台计算机的网吧服务器，可以选择 DDR3 ECC 8G*4 内存，1.8GHz 左右 CPU 主频。若网络扩充，则可根据需要进行升级，添加 CPU 和内存条数量。

4.2 网络传输介质

在当前的网络架设中，传输介质主要有双绞线、同轴电缆和光纤。以太网大部分使用双绞线，令牌环网络主要采用同轴电缆和光纤，高速宽带网络主要使用光纤。

4.2.1 双绞线

双绞线已成为目前网络组网中使用最广泛的传输介质，占据了较大的市场份额。

1. 双绞线的结构

双绞线是局域网最基本的传输介质，由不同颜色的 4 对 8 芯线组成，每两条按一定规则缠绕在一起，成为 1 个线对，如图 4-5 所示。

2. 双绞线的分类

双绞线的分类方法有两种。

（1）按照线缆是否屏蔽分类。分为屏蔽双绞线（Shielded Twisted Pair，STP）和非屏蔽双绞线（Unshielded Twisted Pair，UTP）两种，屏蔽双绞线在电磁屏蔽性能方面比非屏蔽双绞线要好些，但价格略高。

① 屏蔽双绞线

屏蔽双绞线又分为两类，即 STP 和 FTP（Foiled Twisted Pair，铝箔屏蔽双绞线）。STP 是指每条线都有各自屏蔽层的屏蔽双绞线，FTP 则是采用整体屏蔽的屏蔽双绞线。图 4-6 所示为 FTP 屏蔽双绞线的截面结构图。

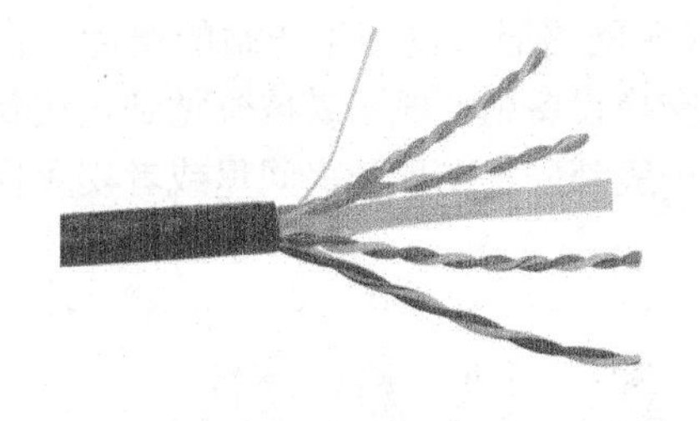

图4-5 双绞线

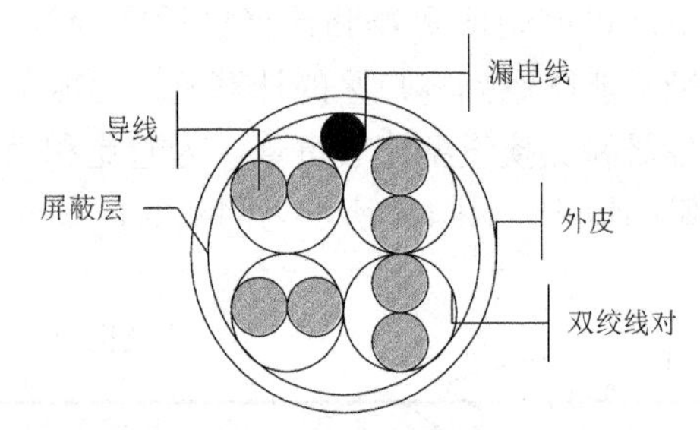

图4-6 FTP 屏蔽双绞线截面结构图

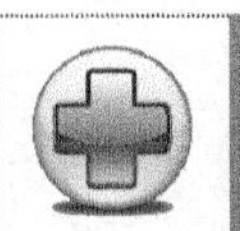

要点提示

屏蔽双绞线在数据传输时可以减少电磁干扰，因此其工作稳定性好，通常用于很多线路装在一个较小空间内或附近有其他用电设备的环境。

② 非屏蔽双绞线

由于价格原因（除非有特殊需要），通常在综合布线系统中只采用非屏蔽双绞线，图 4-7 列出了该类双绞线的优点。

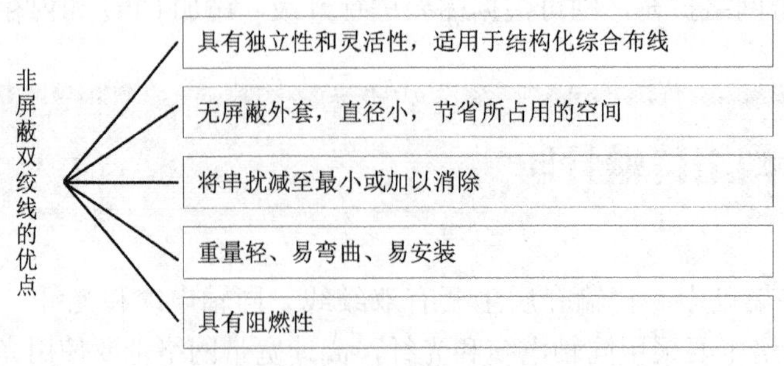

图4-7 非屏蔽双绞线优点示意图

（2）按照电气特性分类。按照电气特性可将双绞线分为 3 类、4 类、5 类、超 5 类、6

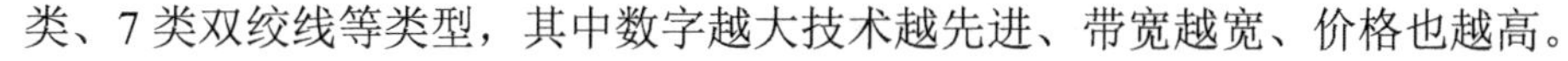
类、7类双绞线等类型，其中数字越大技术越先进、带宽越宽、价格也越高。

目前在局域网中常用的是5类、超5类或者6类非屏蔽双绞线。

5类非屏蔽双绞线由4对相互扭绞的线对组成，这8根线外面有保护层包裹，如图4-8所示。

- 橙色、白橙色线对是1、2线对。
- 绿色、白绿色线对是6、3线对。
- 蓝色、白蓝色线对为4、5线对。
- 白棕色、棕色线对为7、8线对。

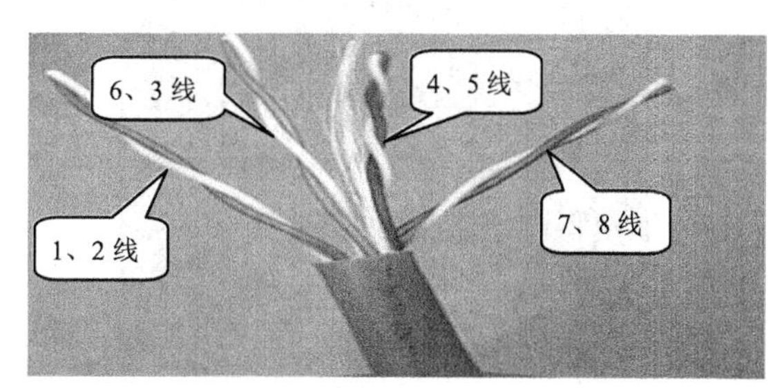

图4-8 5类非屏蔽双绞线结构图

4对线对通常只使用两对（1、2线对发送数据，3、6线对接收数据），另外两对通常不使用。

6类、7类双绞线是新型的网线类型，且价格昂贵，因此目前较少在综合布线工程中采用。

3. 分辨双绞线的优劣

双绞线质量的优劣是决定局域网带宽的关键因素之一，劣质双绞线对网络的信息传输将起到很大的制约作用。下面将分别介绍几种比较有效的识别劣质双绞线的方法。

（1）确认5类双绞线的线对数。快速以太网中存在着3个标准：100Base-TX、100Base-T2和100Base-T4。其中，100Base-T4标准要求使用全部的4对线进行信号传输，另外两个标准只要求使用两对线。在购买100Mbit/s网络中使用的双绞线时，不要为贪图便宜而使用只有两个线对的双绞线。

（2）查看电缆表面的说明信息。在双绞线电缆的外皮上应该印有“AMP SYSTEMS CABLE……24AWG……CAT5”的字样，如图4-9所示。这些标识表示该双绞线是AMP公司（最具声誉的双绞线品牌公司）的5类双绞线，其中24AWG表示为局域网中所使用的双绞线，CAT5表示为5类。

还有一种NORDX/CDT公司的IBDN标准5类网线，上面的字样是“IBDN PLUS NORDX/CDX……24AWG……CATEGORY 5”，这里的“CATEGORY 5”也表示是5类线。

AMP SYSTEMS CABLE.....24AWG.....CAT5

图4-9 双绞线标识

（3）气味辨别。优质双绞线应当无任何异味，而劣质双绞线则有一种塑料味道。点燃双绞线的外皮，正品线采用聚乙烯，应当基本无味，而劣质线采用聚氯乙烯，味道刺鼻。

（4）手感度。优质双绞线手感舒适，外皮光滑，线缆还可以随意弯曲，以方便布线。为了使双绞线在移动中不至于断线，除外皮保护层外，内部的铜芯还要具有一定的韧性。同时，为便于接头的制作和连接可靠，铜芯既不能太软，也不能太硬。

（5）导线颜色。与橙色线缠绕在一起的是白橙色相间的线，与绿色线缠绕在一起的是白绿色相间的线，与蓝色线缠绕在一起的是白蓝色相间的线，与棕色线缠绕在一起的则是白棕色相间的线。注意，这些颜色绝对不是后来用染料染上去的，而是使用相应的塑料制成的。

（6）是否具有阻燃性。双绞线最外面的一层包皮除应具有很好的抗拉特性外，还应具有阻燃性。可以用火烧一下测试，如果是优质线，胶皮会受热松软，不会起火，如图 4-10 所示；如果是劣质产品，则容易点燃，如图 4-11 所示。

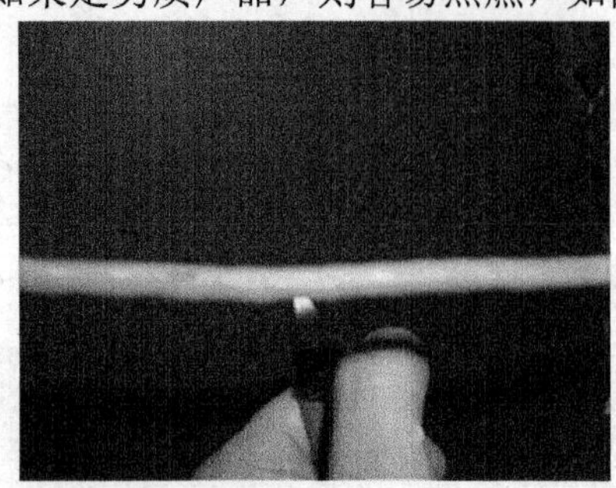
图4-10 优质双绞线

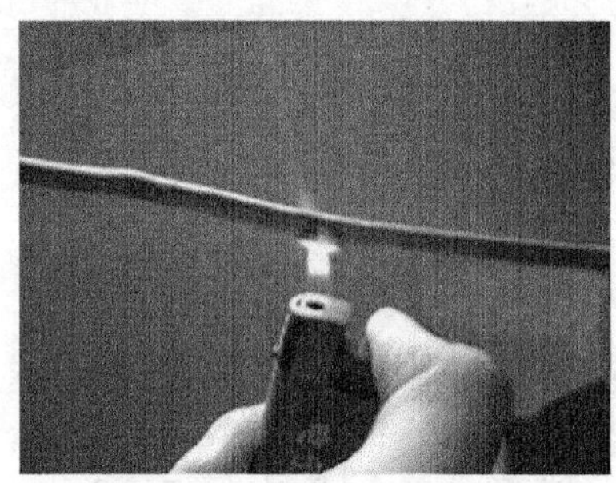
图4-11 劣质双绞线

4. 选购双绞线

双绞线作为一种价格低廉、性能优良的传输介质，不仅可以传输数据，还可以传输语音和多媒体信息。目前的超 5 类和 6 类非屏蔽双绞线可以提供 155Mbit/s 带宽，并具有升级到千兆带宽的潜力，是水平布线时的首要选择，其选购要点如表 4-2 所示。

表 4-2 双绞线的选购要点

注意事项	要点
包装	包装完整，避免购买包装粗糙的产品
标识	线体上应印有厂商、线长以及产品规格等标识
绞合密度	优先选用绞合密度高的双绞线
韧性	优质产品能自由弯曲，铜芯软硬适中
阻燃性	优质产品具有阻燃性

5. 选购水晶头

双绞线是通过水晶头（又称 RJ-45 接口）与网卡和路由器上的端口相连的。

水晶头前端有 8 个凹槽，简称 8P（Position），每个凹槽内都有金属片，简称 8C（Contact）。

双绞线中共有 8 根芯线，与水晶头的 8C 相接时，其排列顺序应与水晶头的脚位相对应。将水晶头带有金属片的一面朝上，从左至右的脚位依次为 1～8，如图 4-12 所示。

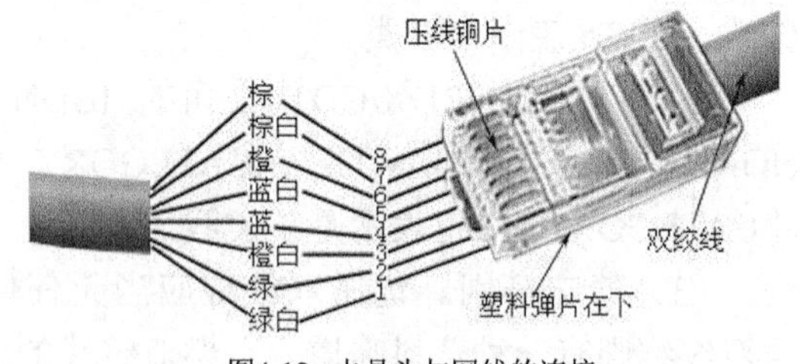

图4-12 水晶头与网线的连接

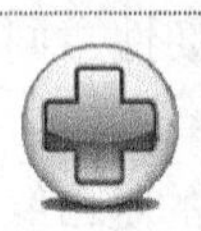
要点提示 水晶头的 8 个脚位在实际工作中只用到 4 个，也就是双绞线的 8 根芯线只用到 4 根。其中，1 和 2 必须是 1 对，用于发送数据；3 和 6 必须是 1 对，用于接收数据。其余的芯线在连接时虽然也插入水晶头中，但是实际并没有使用。

水晶头虽小，但是一定不能忽视其在网络中的重要性，许多网络故障就是由于水晶头质量不好造成的，选购时不能贪图便宜，主要选购要点如表 4-3 所示。

表 4-3　水晶头的选购要点

注意事项	要点
标识	大厂商生产的水晶头在塑料弹片上都有厂商的标识（如 AMP 等）
透明度	优质水晶头透明度较好，晶莹透亮
可塑性	用线钳压制时，容易成型，不易发生脆裂
弹片弹性	优质水晶头用手指拨动弹片时会听到清脆的声音，将弹片弯曲 90° 都不会断裂，且能恢复原状。将做好的水晶头插入设备或网卡时会听到清脆的“咔”的响声

4.2.2　光纤

光纤是一种以玻璃纤维为载体对光进行传输的介质，它具有重量轻、频带宽、不耗电、抗干扰能力强以及传输距离远等特点，目前在通信市场得到广泛应用。

1. 光纤的发展

光纤技术至今已有 100 多年历史了，其发展大致可分为如下 4 个阶段。

- 第一阶段（1880 年～1966 年）：技术探索时期。
- 第二阶段（1966 年～1976 年）：从基础研究到商业应用的开发时期。
- 第三阶段（1976 年～1988 年）：以提高传输速率、增加传输距离为研究目标和大力推广应用的发展时期。
- 第四阶段（1988 年至今）：以超大容量、超长距离为目标，全面深入开展新技术研究的时期。

2. 光纤内部结构

光纤一般为圆柱状，是由纤芯、包层、涂覆层组成。图 4-13 所示为 16 芯光缆图。

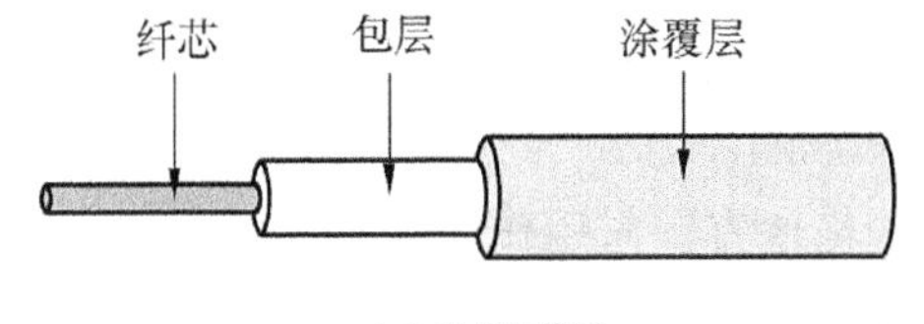

（a）光纤结构图

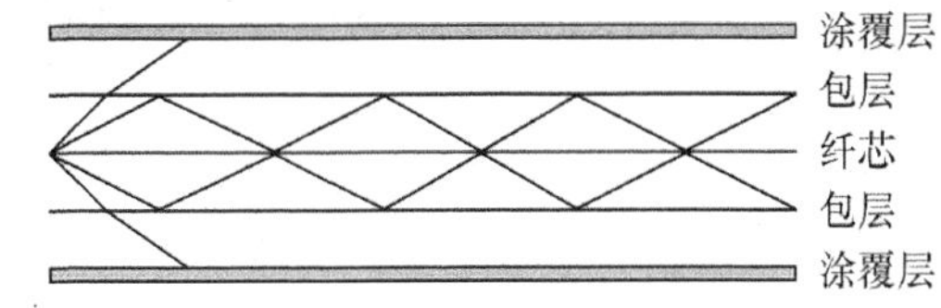

（b）光纤纵截面图

图4-13　光纤内部结构

纤芯是最内层部分，它由一根或多根非常细的、由玻璃或塑料制成的光纤组成。每一根纤芯都有各自的涂层，最外层是保护层，由分层的塑料和其附属材料制成，用来防止潮气、擦伤、压伤和其他外界带来的危害，如图 4-14 所示。

图4-14　光纤实物图

3. 光纤的分类

光纤主要分为两种类型，即单模光纤（Single Mode Fiber，SMF）和多模光纤（Multi Mode Fiber，MMF）。1 000Mbit/s 单模光纤的传输距离为 550m～100km，常用于远程网络或建筑物间的连接和邮电通信中的长距离主干线路。1 000Mbit/s 多模光纤的传输距离为 220m～550m，常用于中、短距离的数据传输网络和局域网络。

4. 光纤传输的优点

与其他传输介质相比，光纤传输具有以下优点。

（1）频带宽。频带的宽窄代表传输容量的大小。载波的频率越高，可以传输信号的频带宽度就越大。目前多模光纤的频带约几百兆赫，好的单模光纤可达 10GHz 以上。

（2）损耗小。光纤传输不但损耗小，而且损耗随着传输范围的扩展不会显著增强，同时损耗几乎不随温度而变，不用担心因环境温度变化而造成干线电平的波动。

（3）重量轻。单模光纤芯线直径一般为 4μm～10μm，外径也只有 125μm，加上防水层、加强筋、护套等，用 4～48 根光纤组成的光缆直径不到 13mm。光纤是玻璃纤维，比重小，重量轻，安装十分方便。

（4）抗干扰能力强。光纤的基本成分是石英，只传光，不导电，不受电磁场的作用，在其中传输的光信号不受电磁场的影响，故光纤传输对电磁干扰、工业干扰有很强的抵御能力。也正因为如此，在光纤中传输的信号不易被窃听，因而利于保密。

（5）保真度高。光纤传输一般不需要中继放大，也不会因为放大引入新的非线性而失真。

4.2.3 同轴电缆

同轴电缆是由一根空心的外圆柱导体（铜网）和一根位于中心轴线的内导线（电缆铜芯）组成，内导线与圆柱导体以及圆柱导体与外界之间都由绝缘体隔开，如图 4-15 所示。

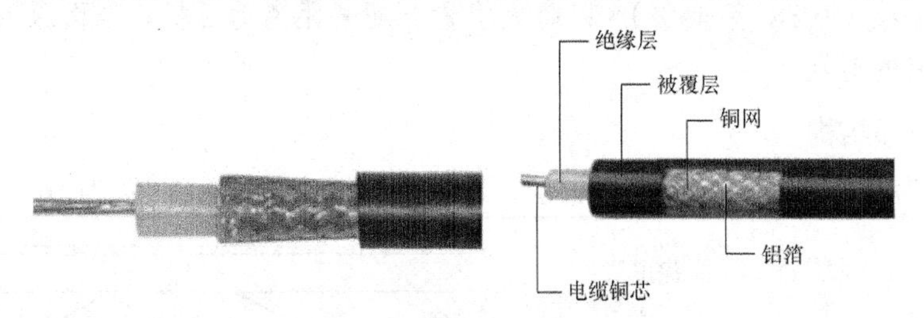

图4-15 同轴电缆及其结构

同轴电缆的抗干扰能力强，数据传输稳定、价格便宜，常用作闭路电视线。

根据直径的不同，同轴电缆可以分为粗缆和细缆两种类型，二者的对比如表 4-4 所示。

表 4-4 同轴电缆的分类

注意事项	特点
粗缆	（1）适合于大型局域网的网络干线 （2）布线距离长、可靠性高 （3）安装和维护较困难，造价较高
细缆	（1）电子特性精确、符合 IEEE 标准 （2）易于安装、造价低 （3）日常维护不方便 （4）一个用户出故障会影响其他用户的使用 （5）适合于组建局域网时的布线

4.3 网卡

网卡是连接计算机和网络的硬件设备。实际上，网卡就像邮局，主要负责将信息打包，按照地址发送出去，同时也负责接收包裹，解包后再将信件分别发给相应的收信人。

4.3.1 网卡的功能、分类和选购

网卡（Network Interface Card，NICN）又叫网络接口卡，也叫网络适配器，主要用于服务器与网络的连接，是计算机和传输介质（即网线）的接口。

1. 网卡的功能

网卡整理计算机上要向网络发送的数据，将其分解为适当大小的数据包，然后将其向网络发送。网卡的基本功能有以下几种。

（1）准备数据

网卡将较高层数据放置在以太网帧内，接收数据的网卡一方从帧中取出数据并将其传到上一层。

（2）传送数据

网卡以脉冲方式通过电缆传送信号。

（3）控制数据流量

网卡根据需要控制数据流量，并负责检查数据碰撞。

2. 网卡的分类

网卡有不同的分类方法，通常按传输速率、接口类型、总线插口类型、传输介质等进行分类。

（1）按照传输速率分类

可分为 150Mbit/s、600Mbit/s、1Gbit/s 以及 1.9Gbit/以上网卡。图 4-16 所示为两种不同类型的网卡实物图。

连网方式如果是高速宽带网或者光纤接入，则应考虑 1Gbit/s 网卡或者光纤接口网卡。图 4-17 所示是两种 1Gbit/s 网卡的实物图，图 4-18 所示是光纤接口网卡的实物图。

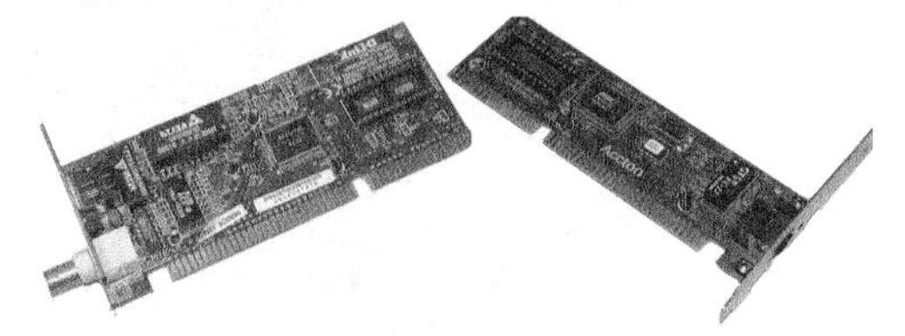

图4-16 网卡

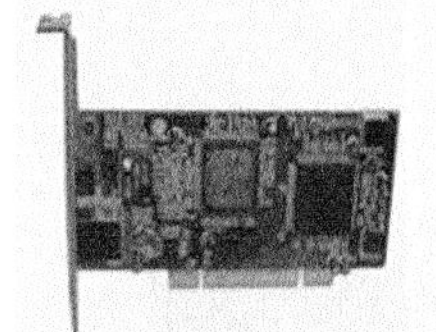

图4-17 吉比特网卡

要点提示

无线网卡是无线局域网在无线覆盖下通过无线连接网络进行上网使用的无线终端设备，如图 4-19 所示。相对于有线网卡，无线网卡传输速率较慢。

（2）按照接口类型分类

网卡接口可分为 RJ45 接口（俗称方口）、BNC 细缆接口（俗称圆口）、AUI 粗缆口、光

纤接口 4 类，以及综合了前 3 种插口类型于一身的 TP 口（BNC＋AUI）、IPC 口（RJ45＋BNC）、Combo 口（RJ45＋AUI＋BNC）等。图 4-20 所示为各种网卡接口实物图。

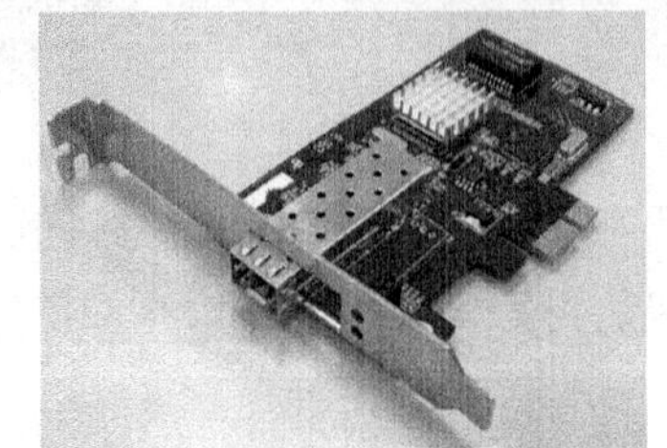

图4-18 光纤接口网卡

图4-19 无线网卡

AUI 接口

BNC 接口

RJ45 接口

二合一接口

图4-20 各类网卡接口

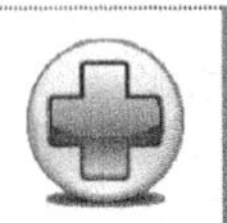

要点提示

连网的传输线如果是细同轴电缆，要选用 BNC 接口类型的网卡；以粗同轴电缆为传输线的选用 AUI 接口类型的网卡；以双绞线为传输线的选用 RJ45 接口类型的网卡。

（3）按照总线插口类型分类

网卡可分为 PCI 网卡、PCI-E 接口、USB 网卡及服务器 PCI-X 总线网卡。PCI 网卡如图 4-21 所示。

USB 总线的网卡一般是外置式的，具有热插拔和不占用计算机扩展槽的优点，安装更为方便，用于满足没有内置网卡的笔记本电脑用户以及无线网卡，如图 4-22 所示。

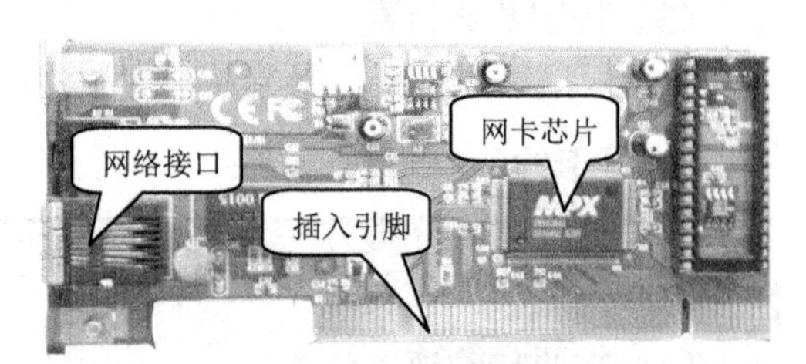

图4-21 PCI 总线网卡

要点提示

服务器上经常采用的是 PCI-X 类型网卡，它比 PCI 接口具有更快的数据传输速率，图 4-23 所示为 PCI-X 插口 4 接口输出的服务器专用网卡。

图4-22 USB 总线网卡

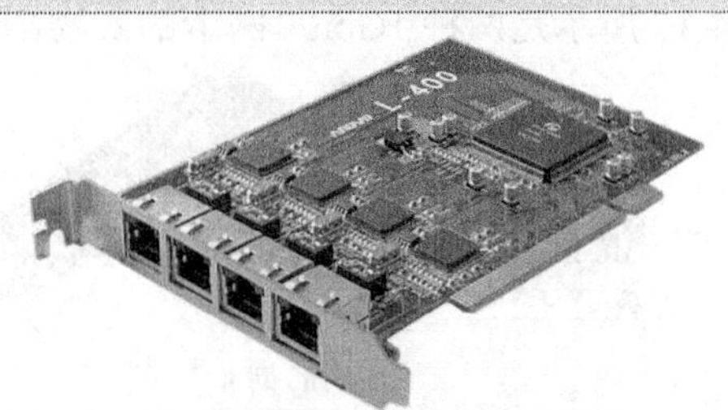

图4-23 PCI-X 总线 4 接口网卡

（4）按照传输介质分类

网卡可分为有线网卡和无线网卡两类。

3. 网卡的选购

选购网卡时，主要从网卡的接口类型、总线类型、传输速率等方面综合考虑，以适应

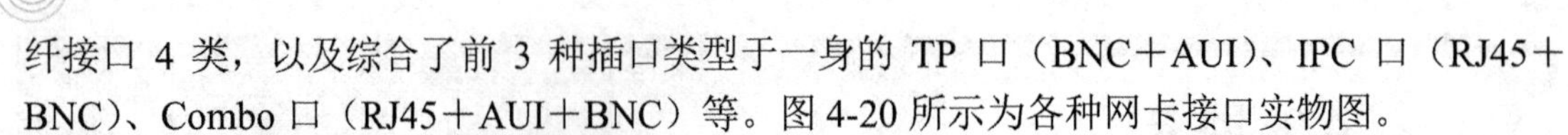

所组建的网络，其选购要点如表 4-5 所示。

表 4-5　　网卡的选购要点

性能指标	要　点
传输速率	（1）网卡的速度直接决定了网络中计算机接收和发送数据的快慢程度 （2）传输速度低的网卡价格虽低，但是仅能满足普通小型共享式局域网传输数据的需要 （3）如果传输频带较宽的信号或处于交换式局域网中，应使用传输速度较快的网卡 （4）考虑网络的可扩展性，可以使用自适应网卡
总线类型	（1）使用台式机接入网络时，推荐使用 PCI 或 USB 接口网卡 （2）使用笔记本电脑接入网络时，推荐使用 PCMCIA 接口或 USB 接口网卡
接口	（1）若接入无线网路，则使用无线接口类型的网卡 （2）若接入使用双绞线网线的网络，则使用 RJ-45 接口类型的网卡 （3）若接入使用同轴电缆的网络，则使用 BNC 接口类型的网卡
无线网卡支持的网络标准	（1）支持 802.11b 标准的网卡最高速率较低 （2）支持 802.11g 标准的网卡最高速率较高，并且还能兼容 802.11b 标准 （3）若用户移动办公频繁，还可以选用支持 GPRS 或 CDMA1×无线标准网卡
其他因素	网卡价格、驱动程序所支持的操作系统、交换机路由器的传输速率等因素

要点提示

一般插入引脚都是镀银或镀金的，所以又叫作“金手指”。通常情况下，新产品引脚光亮，无摩擦痕迹。如果购买时发现有摩擦痕迹，则说明是以旧翻新的产品，千万不要购买。另外，如果网卡使用时间过长，可以将其拔下，用干净柔软的布轻擦，除去氧化物，以保证信号传输无干扰。

4.3.2　安装网卡

网卡的安装过程主要分两步操作，一个是网卡硬件的安装，一个是网卡软件的安装。硬件安装指将网卡顺利地装到计算机的主板上，软件安装则是将网卡安装到主板上后，通过计算机安装网卡的驱动程序。

网卡分为集成网卡和独立网卡两种。集成网卡集成在主板上，不需要单独安装；独立网卡需要安装到主板上，另外还需要安装网卡驱动程序。下面介绍独立网卡的安装过程。

操作步骤

（1）识别网卡

查看自己的计算机网卡接口是哪种类型。

（2）安插网卡

① 将网卡从包装盒中取出，准备安装，如图 4-24 所示。

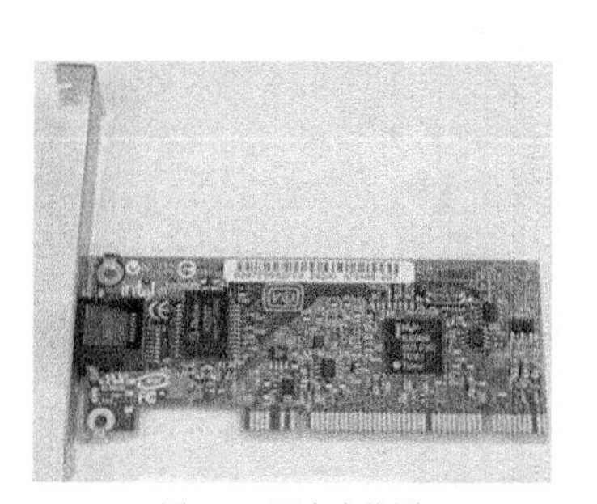

图4-24　网卡实物图

② 关掉计算机电源。卸下机箱盖，找到一个空闲的 PCI 插槽，将网卡插入插槽中，如图 4-25 所示。

③ 用螺丝刀上好螺丝，固定好网卡，如图 4-26 所示。

④ 装好机箱盖，查看机箱后部的网卡接口，在 RJ45 接口上接上网线，如图 4-27 所示。

图4-25 网卡安装

图4-26 固定网卡

图4-27 接上网线

要点提示　安装网卡时，要注意插入引脚时用力要适度，不要过于用力地向下压，以免造成主板损坏。固定螺丝一定要拧紧，以防机箱移动时损坏网卡。网卡驱动程序安装成功与否是网卡能否正常工作的关键，驱动程序安装不好，计算机就无法识别网卡，当然也就不能顺利上网。

（3）安装网卡驱动程序

① 网卡安装完毕，启动计算机，会看到计算机自动检测到新硬件，弹出图 4-28 所示的【硬件更新向导】对话框。选择【从列表或指定位置安装（高级）】单选钮。

② 单击 下一步(N) > 按钮，弹出图 4-29 所示的【硬件更新向导】对话框。

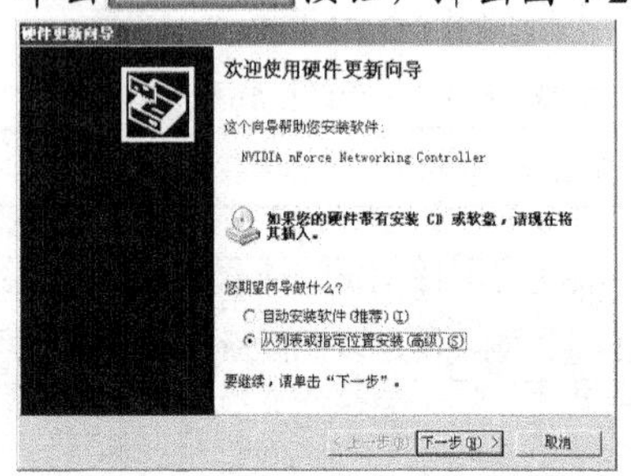

图4-28 安装网卡驱动程序（1）

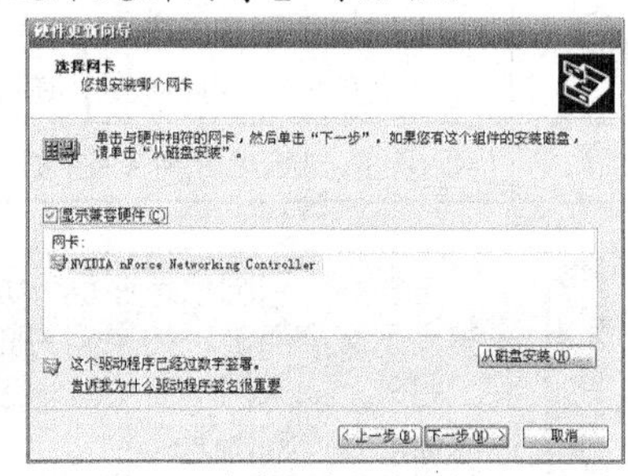

图4-29 安装网卡驱动程序（2）

③ 单击 从磁盘安装(H)... 按钮，在弹出的【从磁盘安装】对话框中，单击 浏览(B)... 按钮，选择安装程序所在的路径，单击 确定 按钮进行安装，如图 4-30 所示。

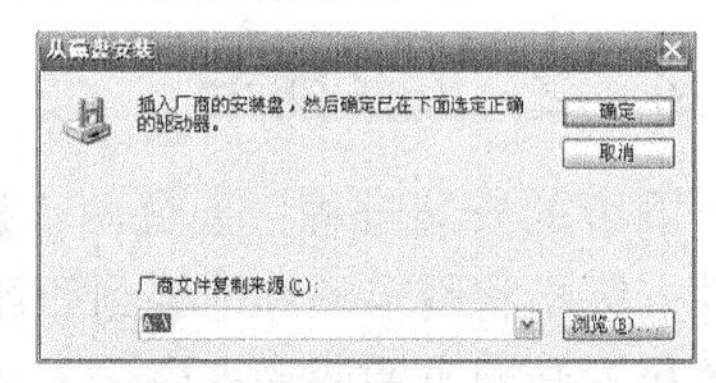

图4-30 安装网卡驱动程序（3）

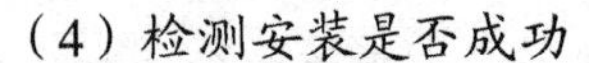

（4）检测安装是否成功

① 用鼠标右键单击桌面上的【计算机】图标，在弹出的快捷菜单中选择【属性】命令，弹出【系统】窗口，如图 4-31 所示。

② 在【系统】窗口左侧单击【设备管理器】选项，弹出图 4-32 所示的【设备管理器】窗口。

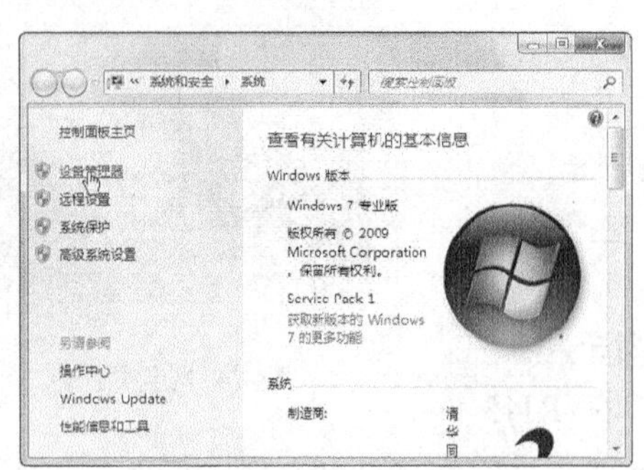

图4-31 检测网卡驱动程序（1）

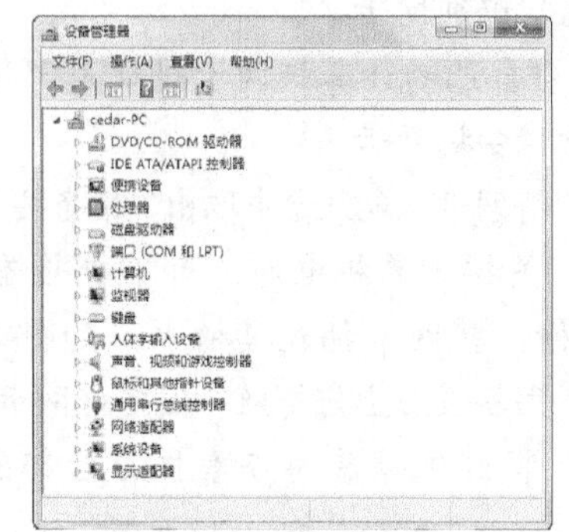

图4-32 检测网卡驱动程序（2）

③ 双击【网络适配器】选项，可以看到【网络适配器】选项下面已经增加了软件列表，说明安装成功，如图 4-33 所示。

图4-33 检测网卡驱动程序（3）

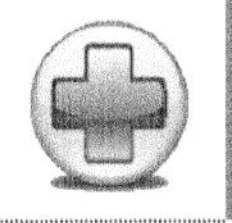

要点提示

对于集成网卡，在主板的驱动程序包中一般都带有网卡驱动程序，在安装完主板驱动程序后再安装网卡驱动即可。对于客户机 Windows 7 系统，大部分都带有主流网卡的驱动程序，安装上网卡后启动计算机，系统会自动识别，并自动安装驱动程序，不需要人工安装。

4.4 集线器和交换机

集线器（Hub）在 OSI 模型中属于物理层，英文“Hub”是“交汇点”的意思。集线器与网卡、网线等传输设备一样，属于局域网中的基础设备，其实物图如图 4-34 所示。

交换机和集线器的功能差不多，也是一种计算机级联设备，不同的是交换机比集线器性能更好，所以也可以将交换机称为“高级集线器”，如图 4-35 所示。

图4-34 集线器

图4-35 交换机

4.4.1 交换机与集线器的区别

交换机与集线器的最大差别就是在数据传输上，主要表现在两个方面，一个是“共享”和“交换”的不同，另一个是数据传递方式的不同。

1. “共享”和“交换”的区别

集线器采用“共享”方式传输数据，而交换机则采用“交换”方式传输数据。数据传输原理与道路交通相似，“共享”方式采用单行车道，而“交换”方式则是来回车辆各用一个车道的双行车道公路，如图4-36所示。

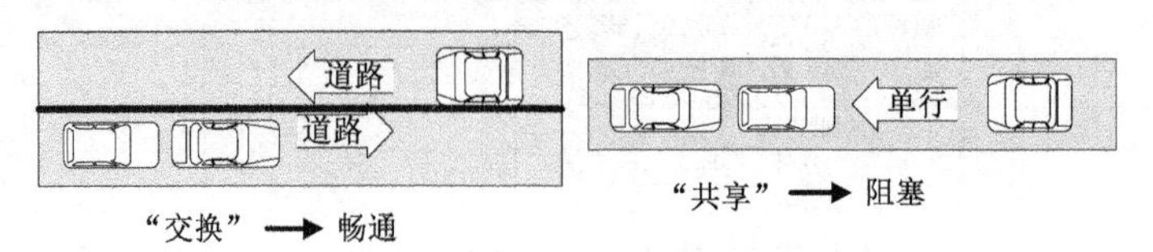

图4-36 交换机与集线器特征图

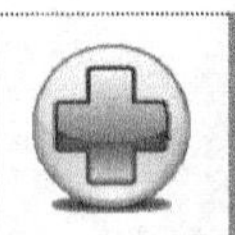
要点提示

双车道往来的车辆可以在不同的车道上单独行走，不会出现长时间的拥塞现象，而单车道上的车辆很容易出现塞车现象。采用“交换”方式时，在发送数据的同时可以接收数据；而采用“共享”方式时，在同一时间只能接收或发送数据。

2. 数据传递方式的区别

集线器的数据包传输采用广播方式，同一时刻只能有 1 个数据包在传输，数据传输的利用率较低，如图4-37所示。

交换机能够识别与自己相连的每一台计算机，可以把数据直接发送到目的计算机上，是一种“点对点”传输方式，从而减少了带宽占用量，如图4-38所示。

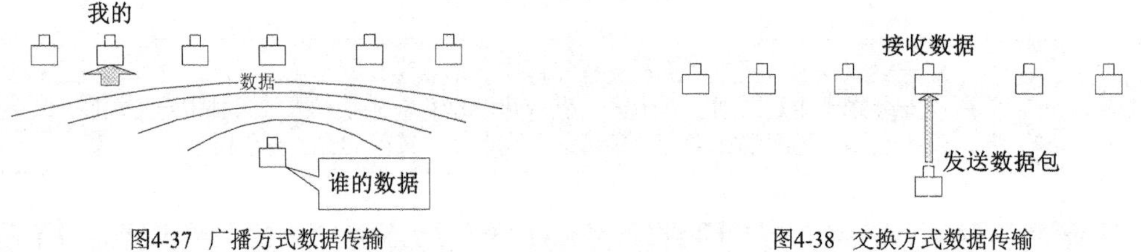

图4-37 广播方式数据传输　　图4-38 交换方式数据传输

要点提示

交换机是如何知道要发送的目的计算机的呢？这是因为交换机具有物理地址学习功能，能记住与自己相连的每台计算机的物理地址，形成一个节点与物理地址对应表。

4.4.2 选购集线器和交换机

网络组建中，选购集线器和交换机非常重要，如果购置不当，不但会造成经济上的损失，还可能使网络性能降低甚至完全破坏网络的连通性。下面将分别从传输带宽、端口、级联集线器选择、品牌等几个方面来介绍怎样选购交换机或集线器。

1. 根据所需传输带宽选择

现在一般都是宽带网络，选择集线设备时也应选择带宽较宽的产品，选择时应尽量做到物尽所用，并充分考虑网络今后一定时期的可持续发展性，图4-39所示为某星型网络结构图。

选择集线器或交换机时应尽量考虑以下几个方面。

- 10 台以上的计算机连接不要选择纯 10Mbit/s 带宽的集线器，这类只提供 10Mbit/s 带宽的集线器目前在市面上也比较少见了。
- 如果上连设备带宽允许 100Mbit/s 速率传输，可以选择 100Mbit/s 带宽的集线器或交换机，这样可以更好地利用现有设备的带宽性能，也可保持网络的可持续发展性。
- 如果对网络带宽需求比较高，而原来在网络中存在许多较低档的网络设备（例如，存在很多 10Mbit/s 或以下的设备），为了充分利用、保护原有的设备投资，最好选择 10/100Mbit/s 自适应集线器或交换机。

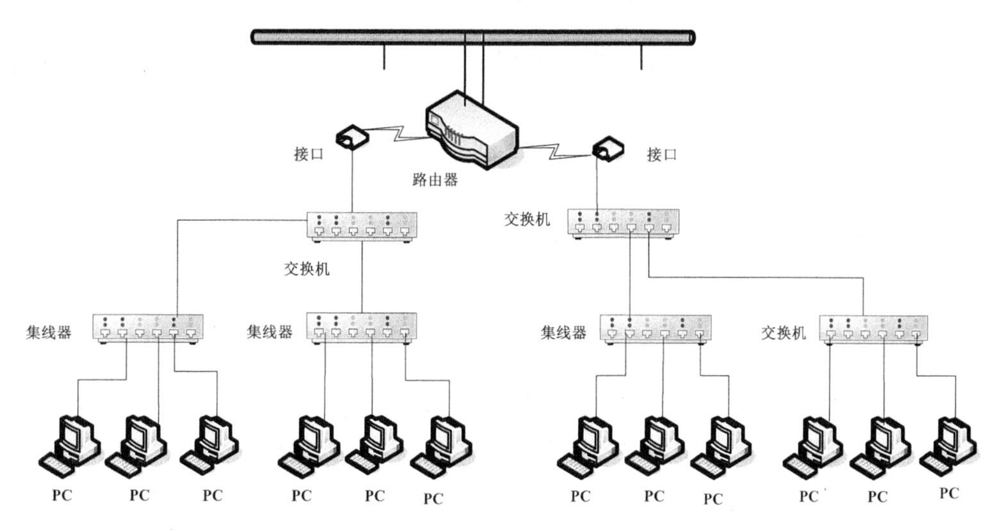

图4-39 集线器配置结构图

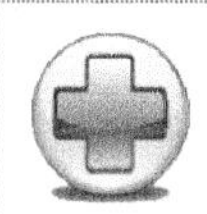

要点提示 10/100Mbit/s 自适应集线器或交换机能自动选择 10Mbit/s 或 100Mbit/s 带宽，这样既可以保留原来较低档次的设备，又可以与较高档次的设备保持高性能连接，充分发挥高档次设备的带宽优势。

- 不要选择纯 100Mbit/s 集线器，当前市场上 100Mbit/s 集线器与 10/100Mbit/s 交换机价格上基本持平，但性能却远逊于后者，所以应避免使用这类产品。

2. 根据端口数量选择不同端口的集线器或交换机

集线设备的最大特点就是能提供多个端口，所以在端口的选择上也需要充分考虑网络的实际需要及发展需求。端口的选择应充分考虑到网络的发展，如果确定网络上还要增加计算机，则最好选择端口数较多的集线设备，以免造成网络设备投资的浪费。

例如，现在有 4 台计算机要连网，但今后可能要增加计算机数量，则购买集线器或交换机时最好选择 8 端口或者 12 端口的，如图 4-40 所示。

3. 级联集线器选择

如果要对集线器进行级联，一定要注意级联的端口数，因为集线器级联时，上级集线器有两个端口是不能接计算机的，所以一定要考虑好购买多少端口的集线器最合适，如图 4-41 所示。

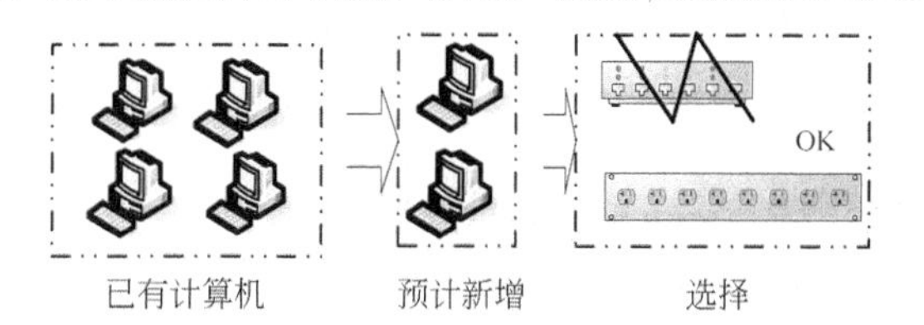

图4-40 集线器选购配置图

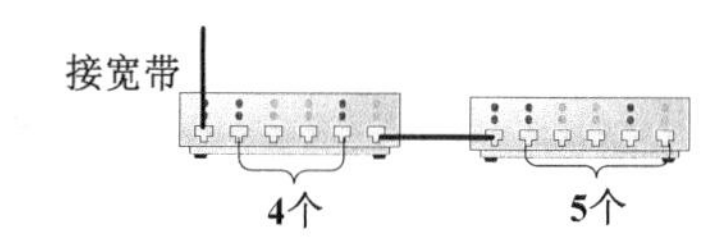

图4-41 集线器级联端口图

4. 品牌差别

各个品牌的质量差距不会太大，国产产品相对便宜。选购集线设备还应注意选择经销商，最好选择有实力、信誉好的经销商，便于以后的运行维护。

当然，在实际选购中要注意的方面远不止这些，还有如价格、外形等。如果是用于较大型的网络中，需安装在专用机柜中，则一定要选择机架式集线设备；如果是用于小型网络中，通常只需选择桌面型结构即可。

4.5 路由器

在互联网日益发展的今天，是什么把网络相互连接起来的？答案是路由器。路由器在互联网中扮演着十分重要的角色。

4.5.1 路由器的功能

路由器是一种连接多个网络或网段的网络设备，能将不同网络或网段之间的数据信息进行“翻译”，使得各网络设备能相互读懂对方的数据，从而组成一个更大的网络。

路由器是互联网的主要节点设备，通过路由决定数据的转发，转发策略称为路由选择（Routing），这也是路由器名称（Router，转发者）的由来。路由器的主要工作就是为经过路由器的每个数据帧寻找一条最佳传输路径。

路由器的主要功能如表 4-6 所示。

表 4-6 路由器的主要功能

功能	说明
网络互联	路由器支持各种局域网和广域网接口，用于互联局域网和广域网，实现不同网络间的通信
数据处理	路由器可以提供分组过滤、分组转发、优先级、复用、加密、压缩和防火墙等功能
网络管理	路由器提供包括配置管理、性能管理、容错管理和流量控制等功能

4.5.2 路径表

为了完成网络互联工作，在路由器中保存着各种传输路径的相关数据——路径表（Routing Table）供路由选择时使用。路径表中保存着子网的标志信息、网上路由器的个数和下一个路由器的名字等内容。图 4-42 所示为路由器路由选择的结构图。

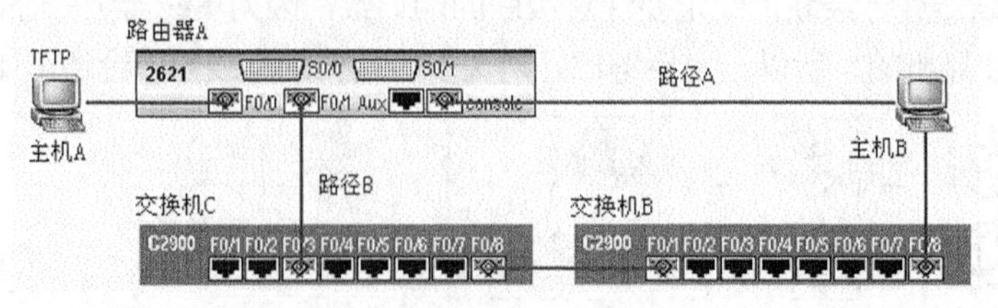

图4-42 路由器路由选择结构图

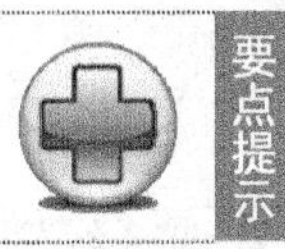

要点提示

路由选择就是选择要走的道路，对于路由器来说，就是要选择一台计算机到另一台计算机传送数据的最短、最方便、最有效的路径，并且路由器将该条路径记录在路径表中，下一次两台计算机再通信，就直接调用路径表里的路径。

路径表（也叫路由表）可分为以下两种。

（1）静态路径表。由系统管理员事先设置好的固定路径表称为静态（Static）路径表，一般在系统安装时就根据网络的配置情况预先设定，它不会随未来网络结构的改变而改变。

（2）动态路径表。动态（Dynamic）路径表是路由器根据网络系统的运行情况而自动调整的路径表。路由器根据路由选择协议（Routing Protocol）提供的功能，自动学习和记忆网络的运行情况，在需要时自动计算数据传输的最佳路径。

4.5.3 路由器的配置

路由器和交换机差不多，也具有输入接口、输出接口、电源接口、指示灯等。但是，由于路由器的功能通常要比交换机复杂，所以路由器需要进行配置后才能使用。

不同厂家的路由器设备，设置方法是不一样的，但基本上都包括硬件连接、软件配置、IP 地址设置、命令设置等。下面结合实例说明局域网中路由器简单的软硬件配置和 IP 设置方法和步骤。

操作步骤

（1）硬件连接

① 将网线连接到局域网中每台计算机的网卡，另一端连接到路由器后面板中的 LAN 端口（输出端口，图 4-43 中的端口 1～4）。

② 将小区宽带的网线与路由器后面的 WAN 端口（输入端口，图 4-43 中的端口 WLAN）相连。

③ 为路由器后面的电源端口接上电源（图 4-43 中的端口 POWER）。

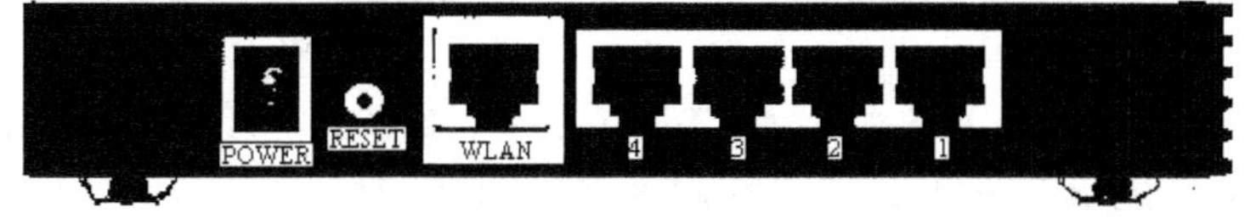

图4-43 路由器接口

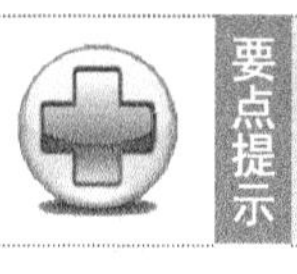

要点提示

有些路由器还有一个 Uplink 口，供级联用，注意不要插入此口。

（2）软件配置

① 启动计算机。

② 双击桌面上的【IE 浏览器】图标，打开 IE 浏览器。在地址栏中输入该路由器的默认 IP 地址，本例为 192.168.1.1，如图 4-44 所示，输入完毕按 Enter 键。

图4-44 路由器 IP 设置

要点提示

不同品牌的宽带路由器设置有所不同，在配置路由器前一定要详细阅读该型号的说明书，严格按照说明书介绍的方法进行设置。目前市场上比较著名的品牌有普联（TP-Link）、华为、腾达、思科等品牌，具体配置可到相关网站上下载详细配置指南。一般使用时需要特别关注路由器配置的 IP 地址、子网掩码、用户名和密码。

③ 在弹出的输入用户名和密码对话框中，在用户名一栏输入“admin”，在密码一栏输入“admin”，单击 确定 按钮，如图 4-45 所示。

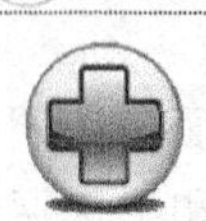

要点提示

如果路由器禁用 DHCP 功能，则网卡需要设置与路由器在同一个网段的 IP 地址，网关设置为路由器的 IP 地址，填入 DNS 服务器参数。

（3）设置计算机网卡的 IP 地址与路由器的 IP 地址在同一网段

① 在【网络】图标上单击鼠标右键，在弹出的快捷菜单中选择【属性】选项，打开【网络连接】对话框，切换到【本地连接】窗口。

② 在【本地连接】图标上单击鼠标右键，在弹出的菜单中选择【属性】命令，如图 4-46 所示，弹出【本地连接 属性】对话框，双击【Internet 协议版本 4（TCP/IPv4）】选项，如图 4-47 所示。

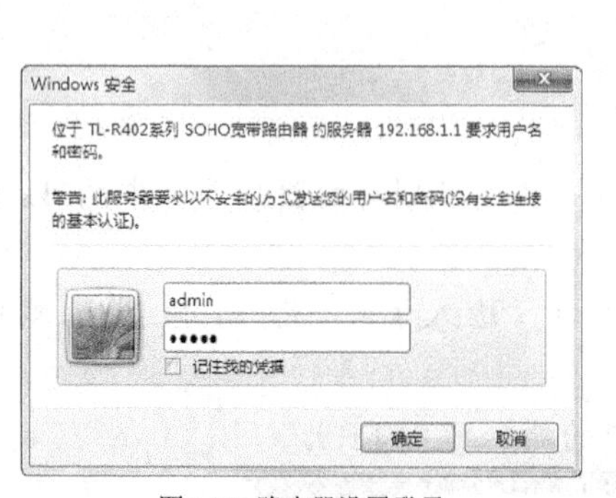

图4-45 路由器设置登录

图4-46 设置 TCP/IP

③ 在弹出的【Internet 协议版本 4（TCP / IPv4）属性】对话框中的【IP 地址】文本框中输入与路由器 IP 地址同一网段的地址项，如图 4-48 所示。

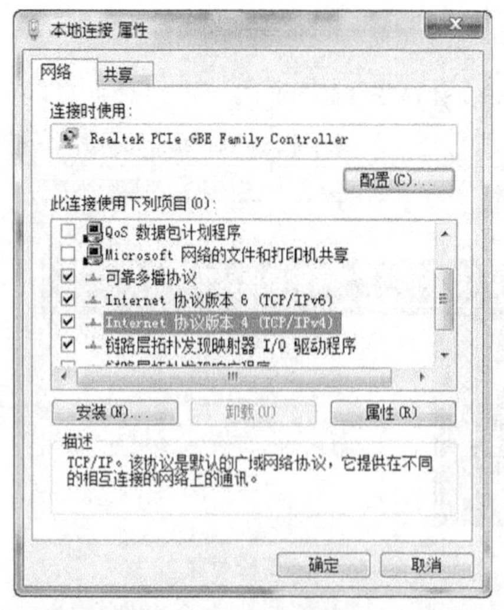

图4-47 路由器设置登录

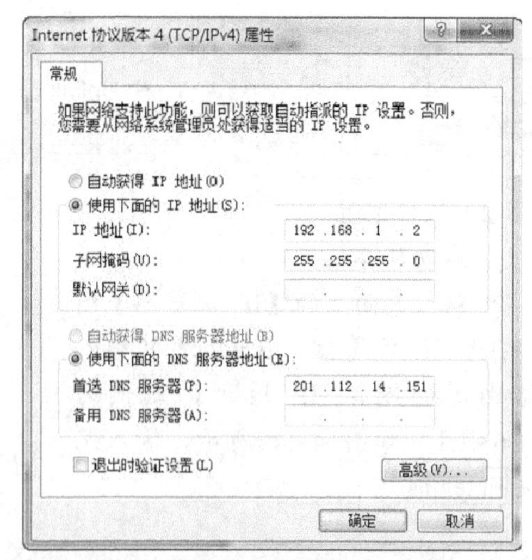

图4-48 设置 TCP/IP

④ 设置完毕就可以利用路由器上网了，同时也能够利用路由器的 DHCP 功能管理和共享局域网网络。

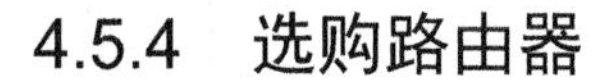

4.5.4 选购路由器

路由器的主要性能指标包括背板能力、吞吐量、丢包率、转发时延、路由表容量以及可靠性等。由于路由器是网络中比较关键的设备，所以购买时除考虑相关性能指标外，还要考虑相关安全指标，选购要点如表 4-7 所示。

表 4-7　路由器的选购要点

项目	选购要点
管理方式	（1）用户通过哪些方式对路由器进行管理设置 （2）路由器最基本的管理方式是利用终端专门配置线连接到路由器配置口进行设置。购买路由器后常用这种方式进行最初设置
多协议支持	（1）路由器支持哪些广域网协议 （2）选购路由器时要注意其支持的广域网协议，目前中国电信提供的广域网线路包括 X.25、帧中继、DDN 专线以及 ADSL 等类型
安全性	（1）用户使用了路由器后能否确保局域网内部的安全 （2）目前许多厂家的路由器可以设置访问权限列表，从而控制进出路由器的数据，防止非法数据的入侵，实现防火墙功能
地址转换功能	（1）路由器对外连接和上网时，能够屏蔽公司内部局域网的网络地址，利用地址转换功能统一转换为电信局提供的广域网地址，以防止外部用户获得网络内部地址，防止非法的用户入侵 （2）使用这种方法还可以实现局域网用户共享一个 IP 地址访问 Internet 资源的功能
宽带接入方式	（1）有些路由器只支持专线方式的路由，没有内置虚拟拨号协议 PPPoE（Point to Point Protocol Over Ethernet，基于以太网的点对点通讯协议），无法为虚拟拨号的 ADSL 用户服务 （2）有的路由器还只支持某一种或某几种宽带接入方式，例如多数路由器只支持 ADSL/Cable Modem 方式，不支持小区宽带接入方式
局域网端口数	局域网端口用于连接交换机和终端设备，其数量多少与用户网络的规模有关
局域网端口的带宽占有方式	（1）某些质量不好的路由器采用共享带宽方式，其带宽为共享的 10Mbit/s，而不是 100Mbit/s （2）这类路由器对网络通信速率影响较大，特别是对有高带宽互联网需求的用户，例如视频点播、实时 3D 游戏等

4.6 实训 7　网卡的安装过程

实训要求

- 了解网卡的功能。
- 掌握网卡的硬件安装方法。

操作步骤

（1）打开主机箱，查看网卡的安装位置（如果是集成网卡，查看网卡在主板上的安装位置）和外部接口。

（2）将网卡从主机上取下（注意不要带电操作）。

（3）重新安装网卡。

（4）安装网卡驱动程序。

4.7 实训 8 识别双绞线

实训要求

- 了解双绞线在当前局域网组网中的地位。
- 掌握双绞线的内部结构。
- 掌握双绞线的识别方法。

操作步骤

（1）找一条双绞线。

（2）剥除外皮，查看内部结构。

（3）根据本章 4.2.1 节中介绍的识别双绞线的方法，辨别该双绞线是优质产品还是劣质品。

（4）点燃双绞线外皮，观察其是否燃烧，是否有刺鼻气味（注意防火）。

习题

1. 简要描述服务器和个人计算机配置的差别。
2. 简要叙述网卡的安装过程。
3. 什么是“金手指”？
4. 简要叙述辨别双绞线真伪的几种方法。
5. 简要说明交换机和集线器的异同点。

第5章 安装和设置网络操作系统

在计算机网络中，有一种重要的系统软件，它们具备高效、可靠的网络通信能力和网络数据处理能力，如远程打印服务、文件传输服务、Web 服务、远程登录服务以及远程进程调用等。这种系统软件叫作网络操作系统。网络操作系统可以实现操作系统的所有功能，还能对网络中各种资源进行管理和共享。选择一款合适的网络操作系统可以方便用户更好地管理网络，并提升网络的运行性能。

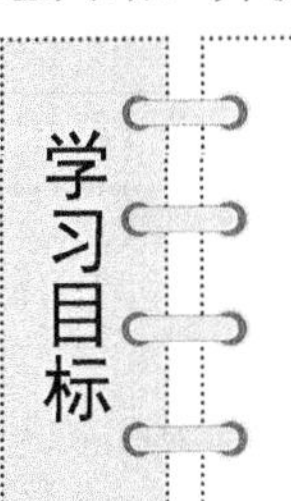

- 了解网络操作系统的分类和用途。
- 掌握 Windows Server 2012 的安装方法。
- 掌握如 Windows Server 2012 的网络配置方法。
- 掌握 DHCP 的设置方法。
- 掌握网络安全的设置方法。

5.1 网络操作系统概述

网络操作系统（Network Operating System，NOS）是指能使网络上各台计算机方便而有效地共享网络资源，并为用户提供所需的各种服务的操作系统软件。

5.1.1 网络操作系统的功能

网络操作系统的基本任务是：屏蔽本地资源与网络资源的差异性，为用户提供各种基本网络服务功能，完成网络共享系统资源的管理，并提供网络系统的安全性服务。

网络操作系统除具有单机操作系统的基本功能外，还应该具备网络管理功能，这些功能如表 5-1 所示。

表 5-1　　**网络操作系统的功能**

功能	要点
网络功能	这是网络操作系统最基本的功能，实现在网络上各计算机之间无差错的数据传输
资源管理	对网络中的共享资源（包括软件和硬件）实施有效的管理，协调各用户对共享资源的使用，保证数据的安全性和一致性
网络服务	包括电子邮件服务、文件传输服务、文件存取与管理服务、共享硬盘服务、共享打印服务等
网络管理	其核心是安全管理。一般通过“存取控制”来确保存取数据的安全性，并通过“容错技术”来保证系统故障时数据的安全性
互操作能力	互操作是指在客户机/服务器模式的 LAN 环境下，连接到服务器上的多种客户机和主机，不仅能与服务器通信，还能以透明的方式访问服务器上的文件系统

5.1.2 网络操作系统的特点

网络操作系统作为网络用户和计算机之间的接口，通常具有复杂性、并行性、高效性和安全性等特点。与单机操作系统相比，网络操作系统还具有表5-2所示的特点。

表5-2 网络操作系统的特点

特点	要点
支持多任务	网络操作系统能够在同一时间内处理多个应用程序，每个应用程序在不同的内存空间中运行
支持大内存	网络操作系统支持较大的物理内存，以便应用程序能更好地运行
支持对称多处理	网络操作系统支持多个CPU，减少事务处理时间，提升系统性能
支持网络负载平衡	网络操作系统能够与其他计算机一起构成一个虚拟系统，满足多用户访问时的需要
支持远程管理	网络操作系统能够支持用户通过Internet实施远程管理和维护

5.1.3 网络操作系统的分类

随着计算机网络技术的快速发展，网络操作系统的种类也日益丰富。这为用户构建计算机网络提供了更多的选择。目前，主流的网络操作系统主要有以下几种。

- Microsoft公司的Windows NT Server操作系统。
- Novell公司的NetWare操作系统。
- IBM公司的LAN Server操作系统。
- UNIX操作系统。
- Linux操作系统。

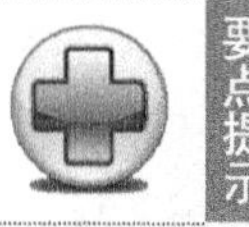

要点提示

一般来说，人们经常说的“NT网”实际上是指采用Windows NT Server操作系统的局域网；同样，“Novell网”是指采用NetWare操作系统的局域网系统。

1. UNIX

UNIX是一个多用户、多任务的网络操作系统。它不仅可以作为网络操作系统，也可以用作单机操作系统；不仅可以在个人计算机上运行，也可以在大、中、小型计算机上运行。

目前UNIX有多个版本，这些版本都起源于两个系统：系统V和伯克利软件发行版本（BSD）。UNIX系统V是由UNIX的创始者AT&T的贝尔实验室开发的（也就是创始人开发的），BSD版本是由加利福尼亚大学伯克利分校开发并推广的版本。

图5-1列出了UNIX操作系统当前版本的主要特点、适用情况和优缺点等。

图5-1 UNIX操作系统概况

要点提示 UNIX 的功能主要体现在：实现网络内点对点的邮件传送、文件管理以及用户程序的分配和执行。由于 UNIX 系统强大的功能和稳定性，所以在邮政、铁路、军工等行业应用广泛。

2. Linux

Linux 源自 UNIX，由芬兰赫尔辛基大学的研究生 Linus Torvalds 模仿 UNIX 开发而成。

Linux 是一款免费软件，用户可以自由安装并任意修改软件的源代码。Linux 操作系统与主流的 UNIX 系统兼容，并且支持几乎所有硬件平台与各种周边设备。

Linux 由研究人员及工程师不断改进并反映到原始程序上，以此保持持续发展。全球的志愿者都在积极进行 Linux 的完善和改进，包括程序中缺陷的修正以及易用性的提高等，可以说 Linux 每时每刻都在进步。图 5-2 所示为 Linux 操作系统的相关特征。

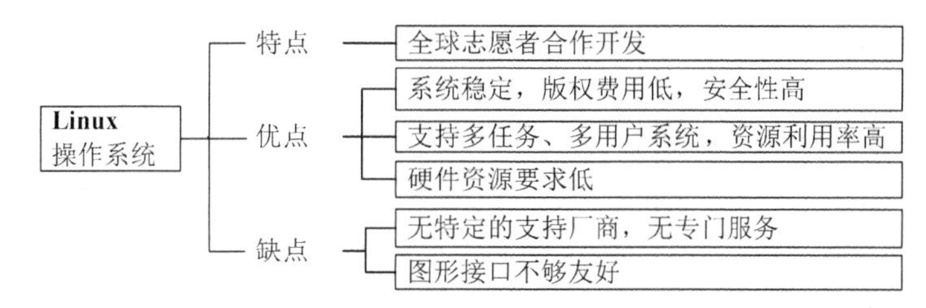

图5-2 Linux 操作系统概况

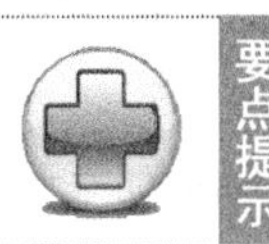

要点提示 Linux 的名称取自开发者姓名中的“Linus”。顺便提一下，Linux 的 logo（标志）是一个名为“Tux”的小企鹅，其名字由 Torvalds 的第一个字母“T”、UNIX 的“U”和“X”组合而成。

3. Netware

Netware 是具有多任务、多用户的网络操作系统，支持开放协议技术，允许不同类型的工作站与公共服务器通信，满足了广大用户在不同种类网络间实现相互通信的需要，实现了各种不同网络的无缝通信。

Novell 局域网使用网络操作系统 Netware，基于与其他操作系统（如 DOS 操作系统、OS/2 操作系统）交互工作来设计、控制着网络上文件传输的方式以及文件处理的效率，并且作为整个网络与使用者之间的接口。

Netware 操作系统是比单机操作系统更优秀的一种操作系统。图 5-3 所示为 Netware 操作系统的相关特征。

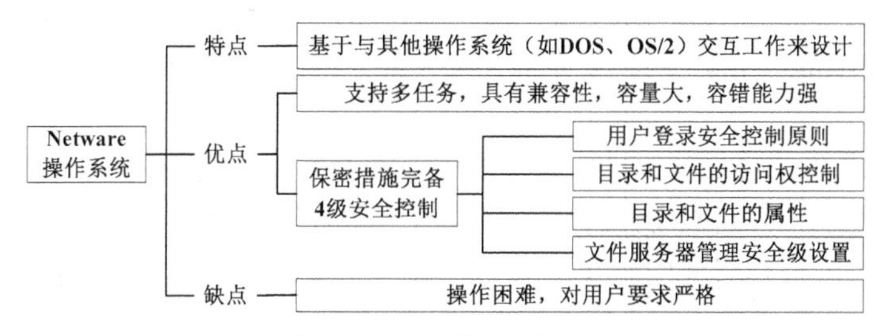

图5-3 Netware 操作系统概况

要点提示 Netware 操作系统可以把各种网络协议紧密地连接起来，能够方便地与各种小型机和大中型机连接并通信。Netware 可以不用专门的服务器，可使用任何一台个人计算机作为服务器，能很好支持无盘站和游戏，常用于教学网和网吧。

4. Windows 系列

在网络操作系统市场中，Windows 系列占有很大的份额。

首先，Windows NT 4.0 是 Microsoft 公司推出的基于网络的操作系统。该操作系统一经问世，就以其配置方便、安全稳定以及界面友好赢得了市场的认可。

Windows NT Server 企业版是 Windows NT Server 家族的新成员，建立在 Windows NT Server 强大和广泛的功能之上，并扩展了可伸缩性、易用性和可管理性。它还为编译和部署大规模的分布式应用程序提供了平台。

Microsoft 先后推出了 Windows Server 2000、Windows Server 2003、Windows Server 2008、Windows Server 2012 以及 Windows Server 2016 等版本。本书将重点介绍目前使用较为广泛的 Windows Server 2012 版本。

2012 年，Microsoft 推出了 Windows Server 2012 操作系统，这是专门用于网络或服务器的操作系统。该系统具有高性能、高可靠性和高安全性三大特色，能够满足日趋复杂的企业应用和 Internet 应用中网络管理的需求。

Windows Server 2012 有四个版本：Foundation、Essentials、Standard 和 Datacenter。

- Windows Server 2012 Essentials 面向中小企业，用户限定在 25 位以内，该版本简化了界面，预先配置云服务连接，不支持虚拟化。
- Windows Server 2012 Standard（标准版）提供完整的 Windows Server 功能，限制使用两台虚拟主机。
- Windows Server 2012 Datacenter（数据中心版）提供完整的 Windows Server 功能，不限制虚拟主机数量。
- Windows Server 2012 Foundation 版本仅提供给 OEM（Original Equipment Manufacturer，原始设备制造商）厂商，限定用户 15 位，提供通用服务器功能，不支持虚拟化。

视野拓展

Windows 7 操作系统

Windows 7 是由微软公司（Microsoft）开发的操作系统，内核版本号为 Windows NT 6.1。Windows 7 可供家庭及商业工作环境使用，可用于笔记本电脑 、平板电脑和多媒体中心等。Windows 7 继承了包括 Aero 风格等多项功能，并且在此基础上增添了一些新功能。

Windows 7 可供选择的版本有：入门版（Starter）、家庭普通版（Home Basic）、家庭高级版（Home Premium）、专业版（Professional）、企业版（Enterprise）（非零售）、旗舰版（Ultimate）。

Windows 7 是继 Windows XP 以后微软应用最广泛的系统。相比于 Windows XP，Windows 7 无论是安全性还是用户体验、性能方面都进行了很大的提升，可以说 Windows 7 无论是商用还是个人消费者使用都是主流的系统。现在许多企业的计算机系统已经能够基于 Windows 7 系统来实现运行。

2009 年 7 月 14 日，Windows 7 正式开发完成，并于同年 10 月 22 日正式发布。同年 10 月 23 日，微软在中国正式发布 Windows 7。2015 年 1 月 13 日，微软正式终止了对 Windows 7 的主流支持，但仍然继续为 Windows 7 提供安全补丁支持，直到 2020 年 1 月 14 日正式结束对 Windows 7 的所有技术支持。

要点提示

Windows NT 是一种多目标、易于管理和易于实现各种网络服务的操作系统，但是其稳定性和可靠性不及 UNIX 和 Linux；UNIX 以其高效和稳定的特点，适合于运行重大应用程序的平台，由专业化的网络管理人员进行管理；Linux 作为 UNIX 的一个变体，继承了 UNIX 的全部优点并向桌面系统发展，大有挑战 Windows NT 的趋势；Netware 在局域网的文件、打印共享等方面具有良好的性能，是局域网操作系统的理想选择。

5.1.4 选择网络操作系统

网络操作系统能使网络上的个人计算机方便而有效地共享网络资源，为用户提供所需的各种服务。该系统除了具备单机操作系统所需的功能，如内存管理、CPU 管理、输入/输出管理、文件管理等，还应具有下列功能。

- 提供高效可靠的网络通信能力。
- 提供多项网络服务功能，如远程管理、文件传输、电子邮件、远程打印等。

作为网络用户和计算机网络之间的接口，选择网络操作系统时，一般要从以下几个方面进行考虑，如图 5-4 所示。

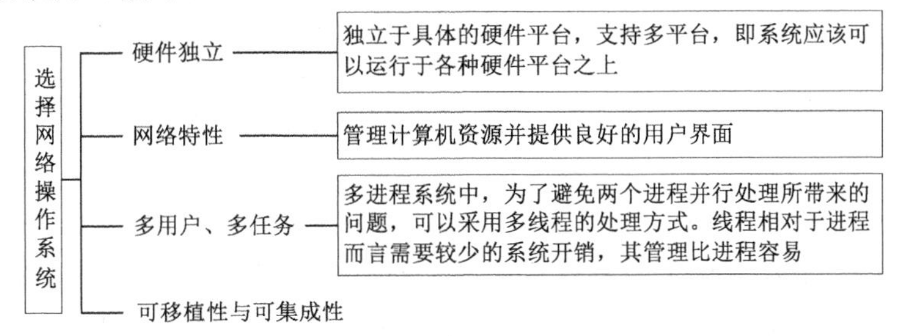

图5-4 如何选择网络操作系统

表 5-3 列出了选择网络操作系统的主要注意事项。

表 5-3 选择网络操作系统的主要注意事项

事项	要点
界面	操作系统的界面应该友好，直观、易操作、交互性强的界面能够大幅度提升用户的工作效率
安全性	操作系统能够抵抗病毒以及其他非法入侵行为
可靠性	操作系统能够长时间稳定、正常运行。对于办公网络和其他商务网络，可靠性极为重要，不稳定的系统可能给企业造成巨大的损失
易于维护和管理	操作系统的易于维护和管理是系统安全性和可靠性的保障；否则，当系统出现各种问题时不易及时解决
软硬件兼容性	不同的网络用户拥有不同的软硬件环境，具有良好软硬件兼容性的网络操作系统才能适用于各种不同网络环境，满足不同用户的需求

5.2 安装和配置 Windows Server 2012

5.2.1 安装 Windows Server 2012

下面先介绍安装 Windows Server 2012 的方法。

操作步骤

Windows Server 2012 的安装过程与 Windows 7 类似。从光盘加载文件稍后便进入了视窗界面，这时就正式进入了系统的安装过程。

（1）打开 VMware Workstation，选择【创建新的虚拟机】选项，如图 5-5 所示。

（2）在弹出的【新建虚拟机向导】对话框中，选择【典型（推荐）】选项，如图 5-6 所示，然后单击 下一步(N) > 按钮。

图5-5 用户管理

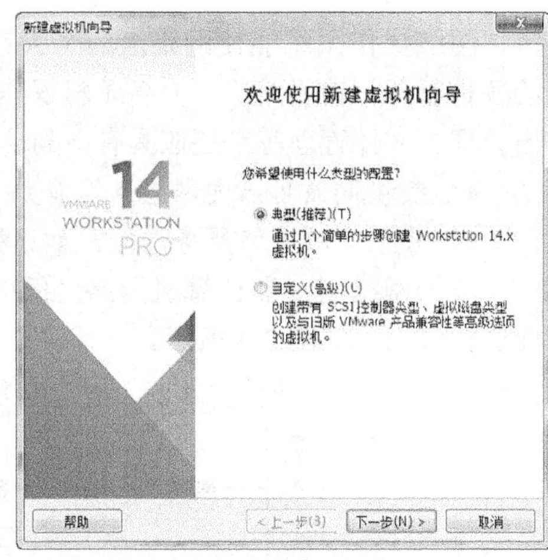

图5-6 【新建虚拟机向导】对话框 1

（3）在弹出的【安装客户机操作系统】页面中选取【安装程序光盘映像文件（iso）（M）】单选按钮，单击 浏览(R)... 按钮导入光盘映像文件后单击 下一步(N) > 按钮，如图 5-7 所示。

（4）在弹出的对话框中，可选择输入产品密钥和全名或不输入密钥最后手动激活，单击 下一步(N) > 按钮，如图 5-8 所示。

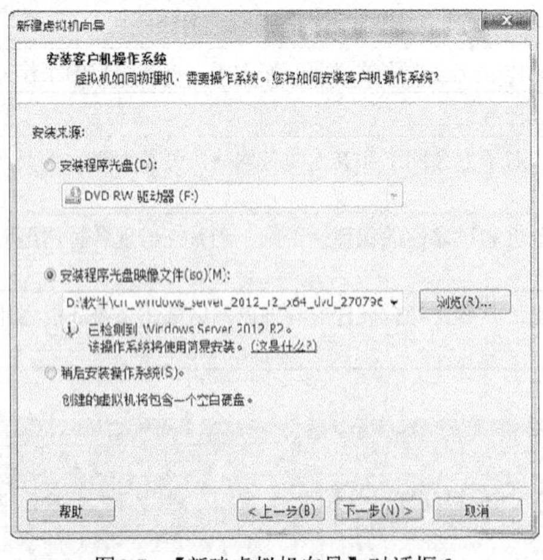

图5-7 【新建虚拟机向导】对话框 2

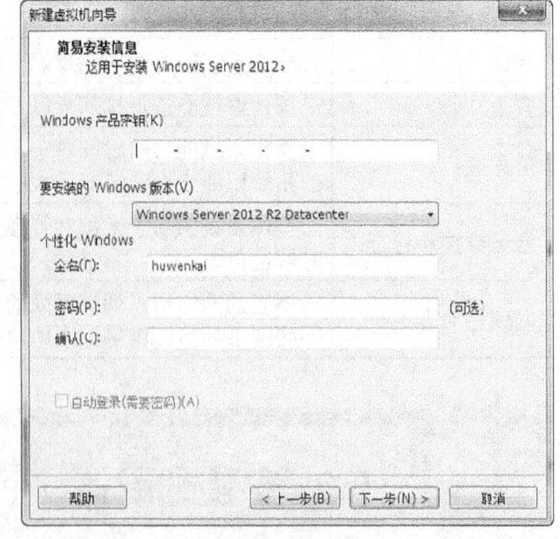

图5-8 【新建虚拟机向导】对话框 3

（5）命名虚拟机，然后单击 下一步(N) > 按钮，如图 5-9 所示。

（6）设置磁盘容量并将虚拟磁盘存储为单个文件，单击 下一步(N) > 按钮，如图 5-10 所示。

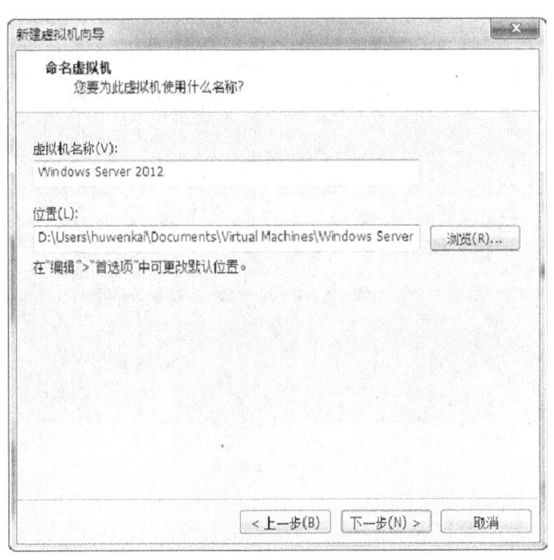

图5-9　命名虚拟机

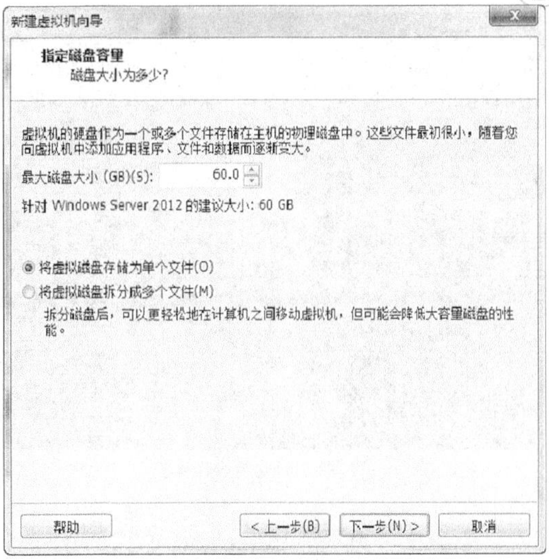

图5-10　指定磁盘容量

（7）最后显示创建结果，如图 5-11 所示，单击 完成 按钮。

（8）随后虚拟机自动完成安装过程，如图 5-12～图 5-16 所示。

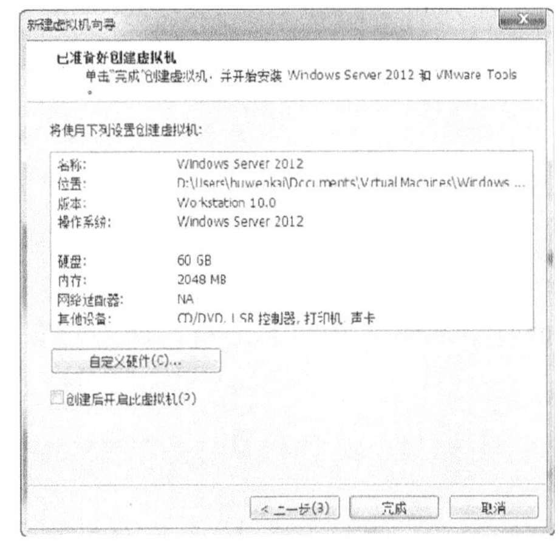

图5-11　完成配置

图5-12　安装操作 1

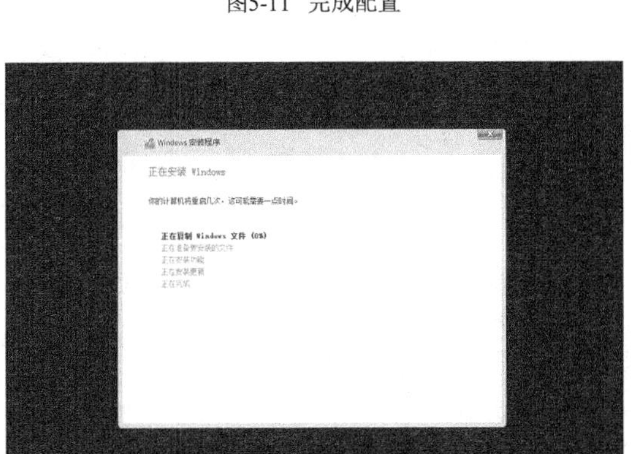

图5-13　安装操作 2

图5-14　安装操作 3

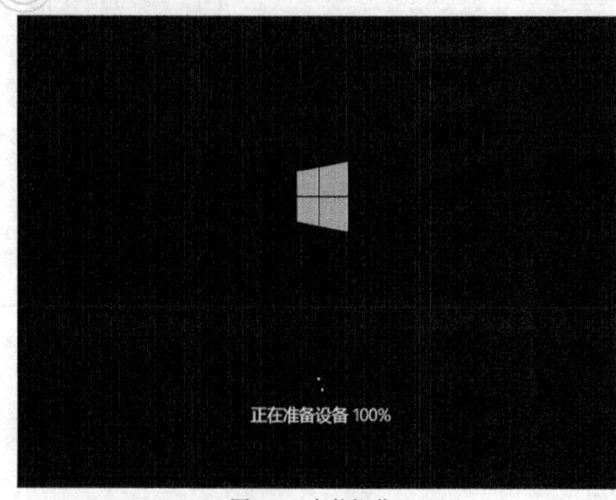

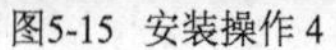
图5-15 安装操作 4

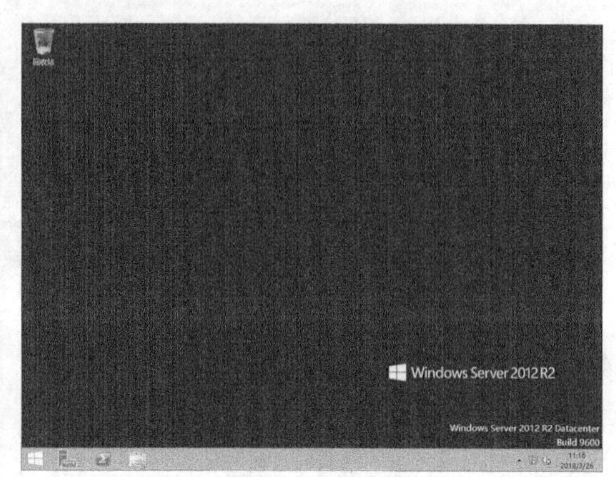

图5-16 安装操作 5

5.2.2 配置 Windows Server 2012

在学习了安装 Windows Server 2012 以后，本节将介绍如何进行基本的网络设置，包括创建 Windows Server 2012 用户、设置用户组、DHCP、域名服务，以及 Windows Server 2012 本地安全设置。

操作步骤

1. 创建 Windows Server 2012 用户

① 要为 Windows Server 2012 创建一个新的用户账户，需要选择【开始】/【管理工具】/【计算机管理】命令，打开【计算机管理】窗口，如图 5-17 所示。

② 在【计算机管理】窗口中，单击左边窗格的【本地用户和组】选项，在右边窗格中选择【用户】选项，如图 5-18 所示。

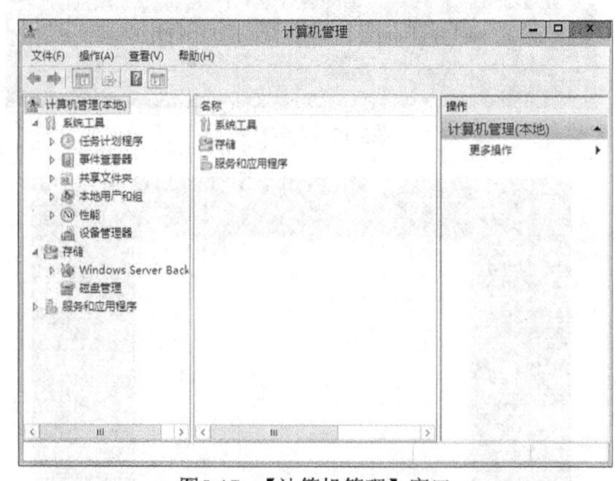

图5-17 【计算机管理】窗口

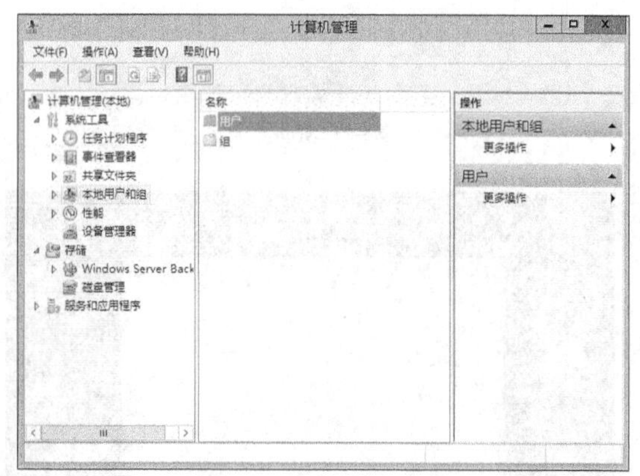

图5-18 选择【用户】选项

③ 选择菜单栏中的【操作】/【新用户】命令，如图 5-19 所示。在弹出的【新用户】对话框中输入准备使用的用户名、密码，然后取消勾选【用户下次登录时须更改密码】复选框，如图 5-20 所示。

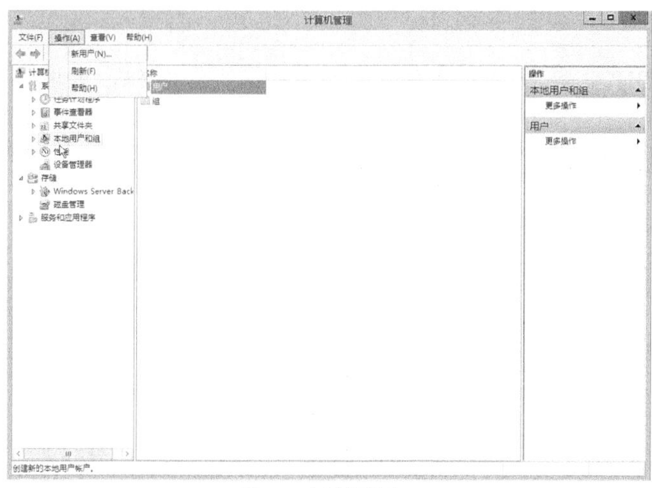

图5-19 创建新用户 1

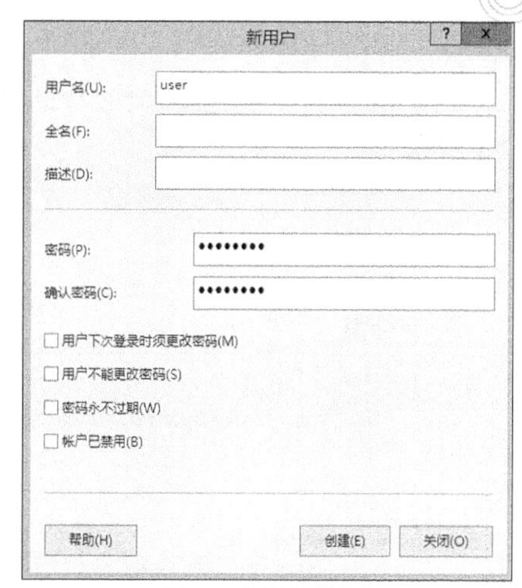

图5-20 创建新用户 2

④ 单击 创建(E) 按钮，再单击 关闭(O) 按钮关闭该对话框，完成用户的创建。

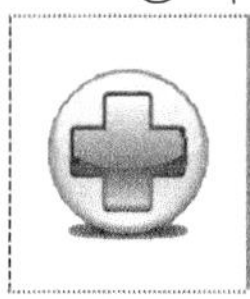

要点提示

为新用户设置密码时，会要求密码的长度、复杂性和历史性；这里可使用字母（大小写）、数字组合密码。

2. 设置 DHCP

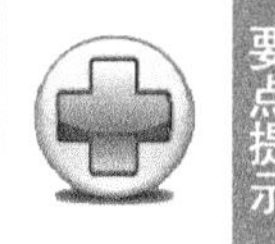

要点提示

DHCP（Dynamic Host Configuration Protocol，动态主机配置协议）是 Windows Server 2012 系统内置的服务组件之一。DHCP 服务能为网络内的客户端计算机自动分配 TCP/IP 配置信息（如 IP 地址、子网掩码、默认网关和 DNS 服务器地址等），从而帮助网络管理员省去了手动配置相关选项的工作。

（1）安装 DHCP 服务

① 依次选择【开始】/【服务器管理器】命令，弹出【服务器管理】窗口，选择【仪表板】选项卡，如图 5-21 所示。

② 单击【添加角色和功能】选项对需要配置的服务进行管理，选择【安装类型】/【基于角色或基于功能的安装】选项，然后单击 下一步(N) > 按钮，如图 5-22 所示。

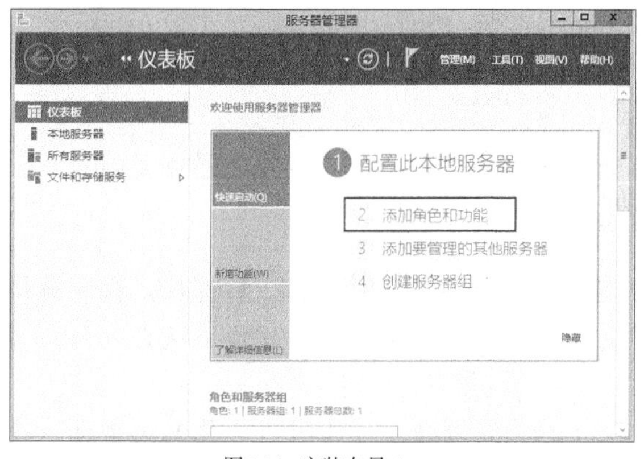

图5-21 安装向导 1

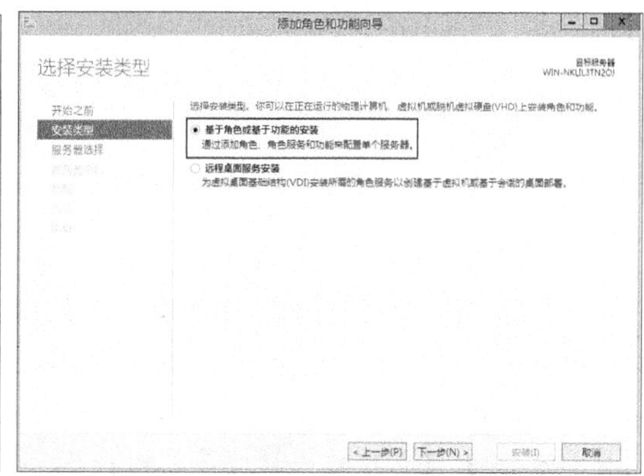

图5-22 安装向导 2

③ 选中【从服务器池中选择服务器】单选按钮，然后单击 下一步(N) > 按钮，如图 5-23 所

示。

④ 在弹出的角色列表中勾选“DHCP 服务器”选项，然后单击下一步(N) >按钮，如图 5-24 所示。

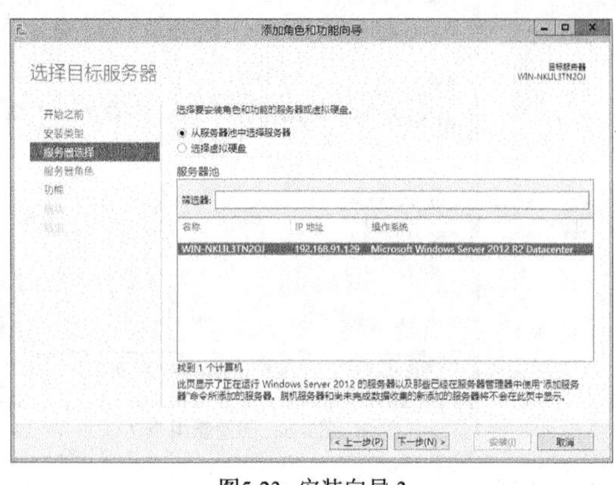

图5-23 安装向导 3

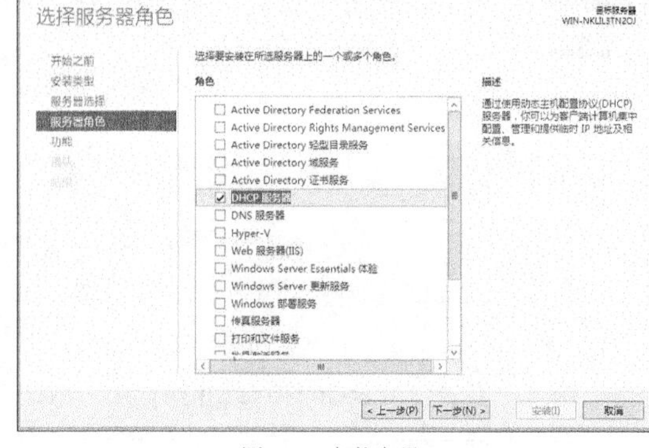

图5-24 安装向导 4

⑤ 系统提示要安装 DHCP 服务器工具，然后单击添加功能按钮，如图 5-25 所示。

⑥ 回到角色选择界面后，连续单击下一步(N) >按钮，直至【确认安装所选内容】页面，单击安装(I)按钮开始安装，如图 5-26 所示。

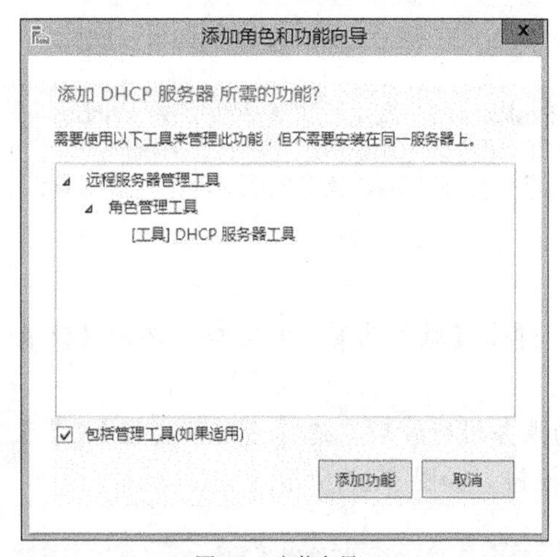

图5-25 安装向导 5

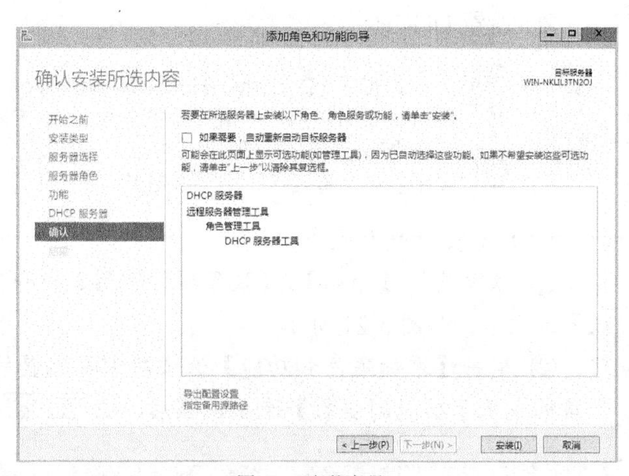

图5-26 安装向导 6

（2）创建 IP 作用域

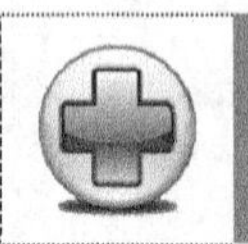

要点提示

要想为同一子网内的所有客户端计算机自动分配 IP 地址，首先要做的就是创建一个 IP 作用域，这也是事先确定一段 IP 地址作为 IP 作用域的原因。

① 依次选择【开始】/【管理工具】/【DHCP】命令，打开【DHCP】窗口。在左窗格中用鼠标右键单击 DHCP 服务器名称，从弹出的快捷菜单中选择【新建作用域】命令，如图 5-27 所示。

② 弹出【新建作用域向导】对话框。单击下一步(N) >按钮进入【作用域名称】向导页。在【名称】文本框中为该作用域输入一个名称（如“CEE”）和一段描述性信息，如图 5-28 所示。

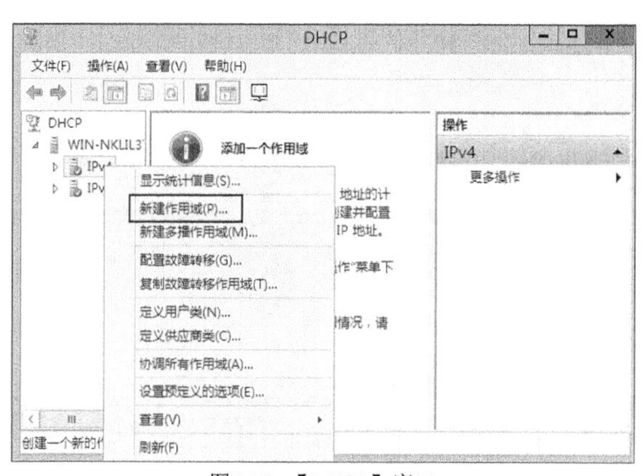

图5-27 【DHCP】窗口

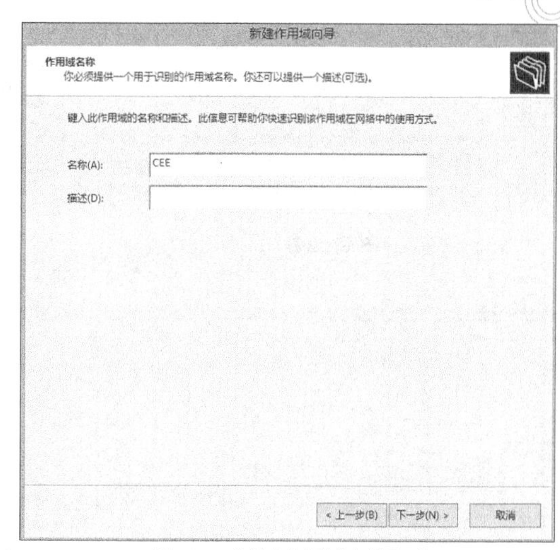

图5-28 【新建作用域向导】页

③ 单击 下一步(N) > 按钮，进入【IP 地址范围】向导页，分别在【起始 IP 地址】和【结束 IP 地址】文本框中输入事先确定的 IP 地址范围（本例为 10.115.223.2～10.115.223. 254）。

④ 接着需要定义子网掩码，以确定 IP 地址中用于“网络/子网 ID”的位数。由于本例网络环境为城域网内的一个子网，因此根据实际情况将【长度】微调框的值调整为“23”，如图 5-29 所示。

⑤ 单击 下一步(N) > 按钮，在【添加排除和延迟】向导页中可以指定排除的 IP 地址或 IP 地址范围。由于已经使用了几个 IP 地址作为其他服务器的静态 IP 地址，因此需要将它们排除。在【起始 IP 地址】文本框中输入排除的 IP 地址并单击 添加(D) 按钮，如图 5-30 所示。

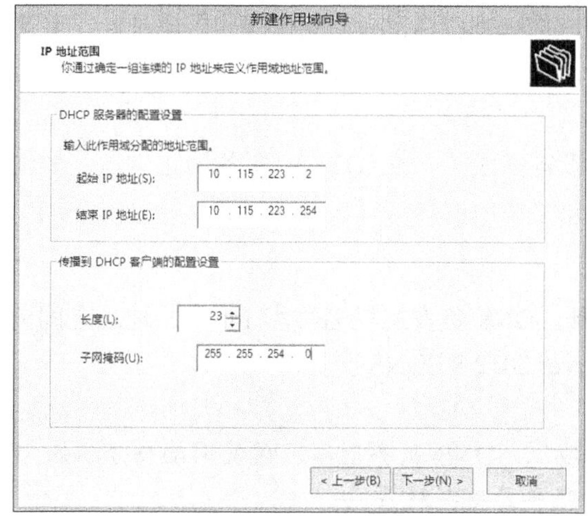

图5-29 【IP 地址范围】向导页

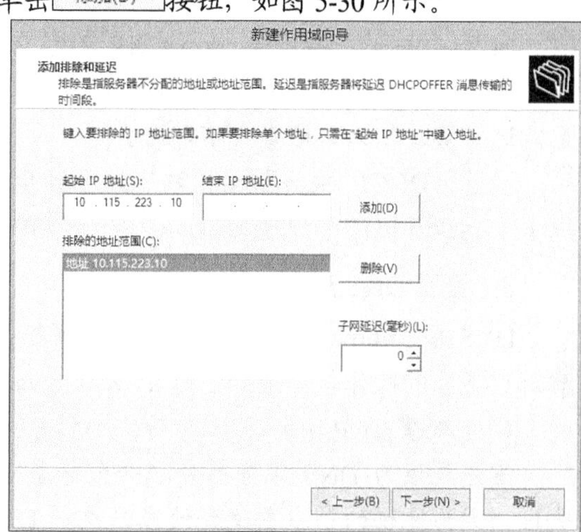

图5-30 【添加排除和延迟】向导页

⑥ 单击 下一步(N) > 按钮，进入【租用期限】向导页。该页中默认将客户端获取的 IP 地址使用期限限制为 8 天。如果没有特殊要求，保持默认值不变，如图 5-31 所示。

⑦ 单击 下一步(N) > 按钮，进入【配置 DHCP 选项】向导页，保持默认设置，选中【是，我想现在配置这些选项】单选钮。单击 下一步(N) > 按钮，进入【路由器（默认网关）】向导页，根据实际情况输入网关地址（本例为 10.115.223.254），单击 添加(D) 按钮，如图 5-32 所示。

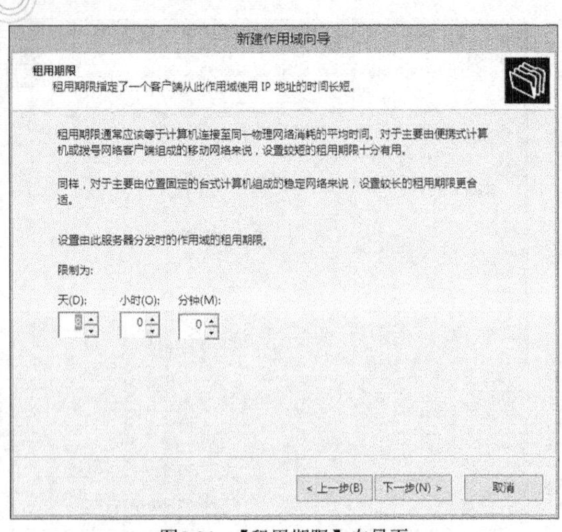

图5-31 【租用期限】向导页

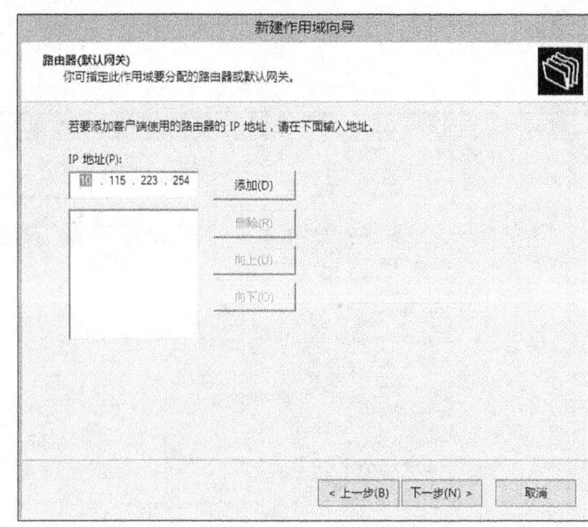

图5-32 【路由器】向导页

⑧ 单击 下一步(N) > 按钮，进入【域名称和 DNS 服务器】向导页，不做任何设置。这是因为网络中没有安装 DNS 服务器且尚未升级成域管理模式。依次单击 下一步(N) > 按钮，跳过【WINS 服务器】向导页，进入【激活作用域】向导页。点选【是，我想现在激活此作用域】单选钮，并依次单击 下一步(N) > 按钮和 完成 按钮，结束配置操作。

（3）设置 DHCP 客户端

安装 DHCP 服务并创建了 IP 作用域后，要想使用 DHCP 方式为客户端计算机分配 IP 地址，除了网络中有一台 DHCP 服务器外，还要求客户端计算机应该具备自动向 DHCP 服务器获取 IP 地址的能力，拥有这些能力的客户端计算机就被称作 DHCP 客户端。

因此，对一台运行 Windows XP 的客户端计算机进行网络设置并配置 IP 地址时，需要选择【自动获得 IP 地址】。默认情况下，计算机使用的都是自动获取 IP 地址的方式，一般无需进行修改，只需检查一下即可。

至此，DHCP 服务器端和客户端已经全部设置完成了。在 DHCP 服务器正常运行的情况下，首次开机的客户端会自动获取一个 IP 地址。

3. 设置 DNS 服务

DNS 是 Internet 上使用的核心名称解析工具，DNS 负责主机名称和 Internet 地址之间的解析。下面的操作将详细介绍基于 Windows Server 2012 的 DNS 服务。

（1）配置 TCP/IP

首先应该为 DNS 服务器分配一个静态 IP 地址。DNS 服务器不应该使用动态分配的 IP 地址，因为地址的动态更改会使客户端与 DNS 服务器失去联系。

① 依次选择【开始】/【管理工具】，右键单击【网络】图标，从弹出的快捷菜单中选择【属性】命令，在打开的【网络和共享中心】窗口中，单击【更改适配器设置】，弹出【网络连接】对话框，右键单击【本地连接】，选择【属性】命令，弹出【Ethernet0 属性】对话框，如图 5-33 所示。

② 选中【Internet 协议版本 4（TCP/IPv4）】选项，然后单击 属性(R) 按钮，弹出【Internet 协议版本 4（TCP/IPv4）属性】对话框，如图 5-34 所示。

③ 在【Internet 协议版本 4（TCP/IPv4）属性】对话框中，选中【使用下面的 IP 地

址】单选钮，然后在相应的文本框中输入 IP 地址、子网掩码和默认网关地址。

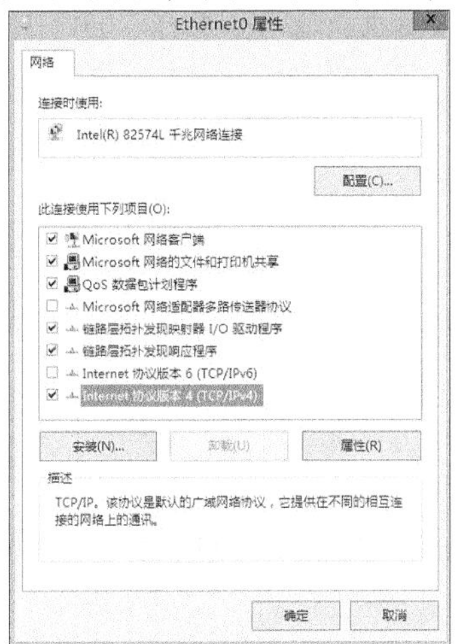

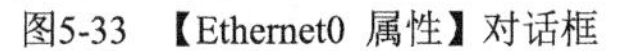
图5-33 【Ethernet0 属性】对话框

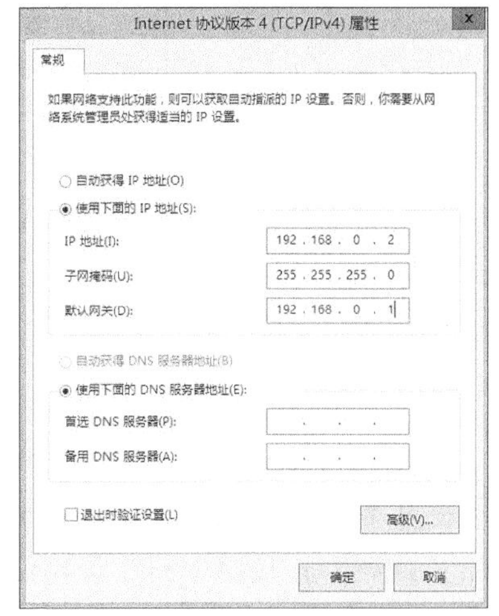

图5-34 【Internet 协议版本 4（TCP/IPv4）属性】对话框

④ 单击 高级(V)... 按钮，弹出【高级 TCP/IP 设置】对话框，再切换到【DNS】选项卡，如图 5-35 所示。

⑤ 在【DNS】选项卡中，选中【附加主要的和连接特定的 DNS 后缀】单选钮，并勾选【附加主 DNS 后缀的父后缀】复选框和【在 DNS 中注册此连接的地址】复选框。

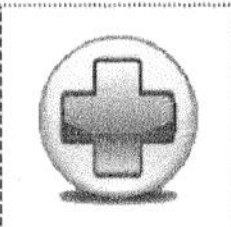

要点提示 运行 Windows Server 2012 的 DNS 服务器必须将其 DNS 服务器指定为它本身。如果该服务器需要解析来自它的 Internet 服务提供商（ISP）的名称，就必须配置一台转发器。

⑥ 单击 确定 按钮，完成 TCP/IP 的配置。

（2）安装 Microsoft DNS 服务器

① 参照安装 DHCP 服务器的步骤。打开【选择服务器角色】对话框，勾选【DNS 服务器】复选框，单击 下一步(N) > 按钮，如图 5-36 所示。

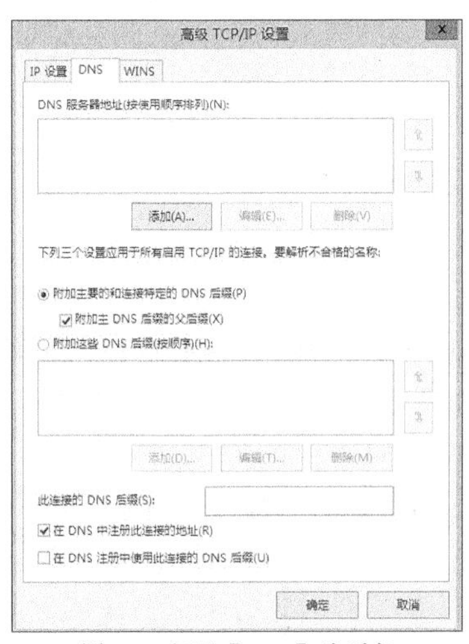

图5-35 打开【DNS】选项卡

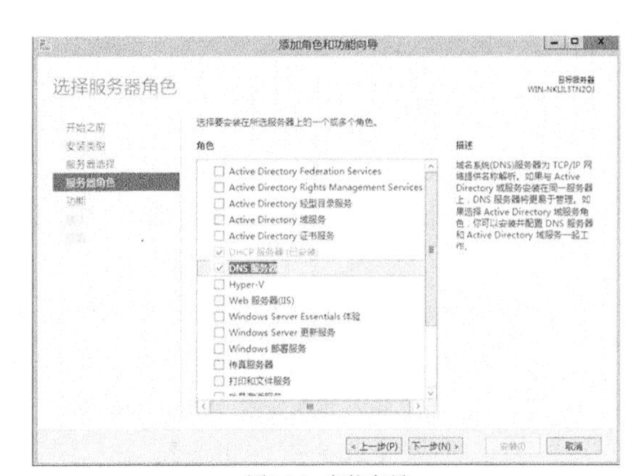

图5-36 安装向导

② 连续单击 下一步(N) > 按钮，直至【确认安装所选内容】，单击 安装(I) 按钮即可，如图 5-37 所示。

（3）配置 DNS 服务器

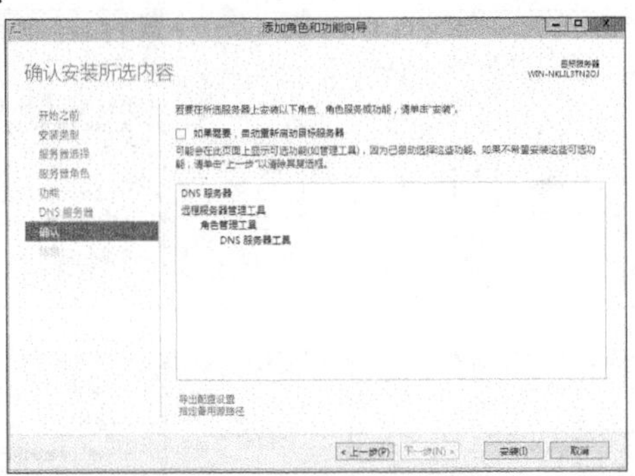

图5-37 安装 DNS 服务器工具

要使用 Microsoft 管理控制台（Microsoft Management Console，MMC）中的 DNS 管理单元配置 DNS，请按照下列步骤操作。

① 选择【开始】/【管理工具】/【DNS】命令，打开【DNS 管理器】窗口。在左窗格中右键单击 DNS 服务器名称，从弹出的快捷菜单中选择【新建区域】命令，如图 5-38 所示。

② 当【新建区域向导】启动后，单击 下一步(N) > 按钮，进入【区域类型】向导页，按提示选择区域类型，如图 5-39 所示。

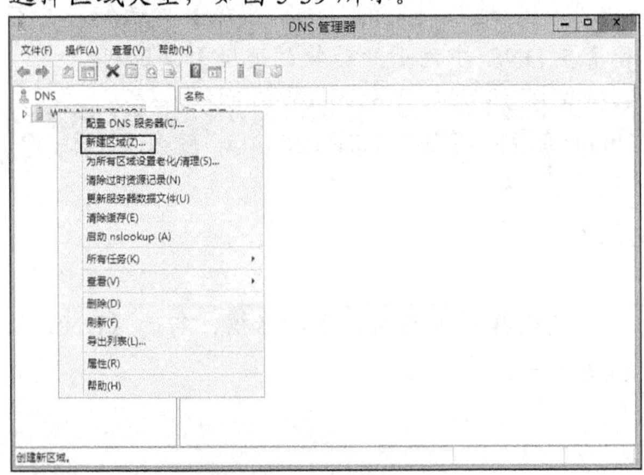

图5-38 DNS 控制台窗口

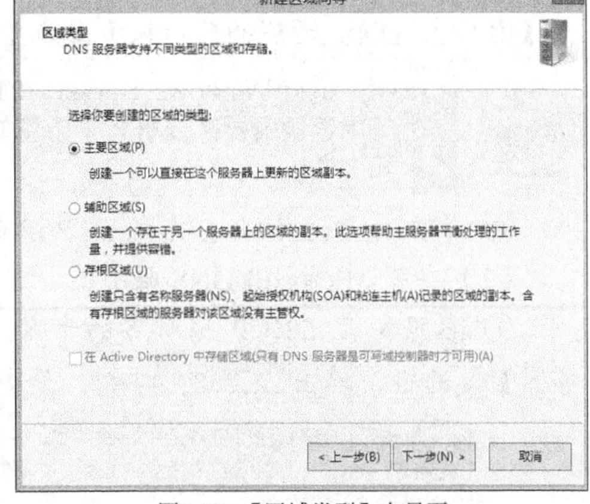

图5-39 【区域类型】向导页

知识链接

这里的区域类型包括以下几类。

- 主要区域：创建可以直接在此服务器上更新的区域的副本，此区域信息存储在.dns 文本文件中。
- 辅助区域：标准辅助区域从它的主 DNS 服务器复制所有信息，主 DNS 服务器可以是为区域复制而配置的 Active Directory 区域、主要区域或辅助区域。
- 存根区域：存根区域只包含标识该区域的权威 DNS 服务器所需的资源记录，这些资源记录包括名称服务器（Name Server，NS）、起始授权机构（Start of Authority，SOA）和可能的 glue 主机（A）记录。

Active Directory 中还有一个用来存储区域的选项，此选项仅在 DNS 服务器是域控制器时可用。新的区域必须是主要区域或 Active Directory 集成的区域，以便能够接受动态更新。

③ 选中【主要区域】单选钮，然后单击 下一步(N) > 按钮。

④ 进入【正向或反向查找区域】向导页，选择区域查找方向，如图 5-40 所示。

要点提示

DNS 服务器可以解析两种基本的请求：正向搜索请求和反向搜索请求，其中正向搜索更普遍一些。正向搜索将主机名称解析为一个带有“A”或主机资源记录的 IP 地址。反向搜索将 IP 地址解析为一个带有 PTR 或指针资源记录的主机名称。如果用户配置了反向 DNS 区域，就可以在创建原始正向记录时自动创建关联的反向记录。有经验的 DNS 管理员可能希望创建反向搜索区域，因此建议他们钻研向导这个分支。

⑤ 选中【正向查找区域】单选钮，单击 下一步(N) > 按钮。进入【区域名称】向导页，如图 5-41 所示。

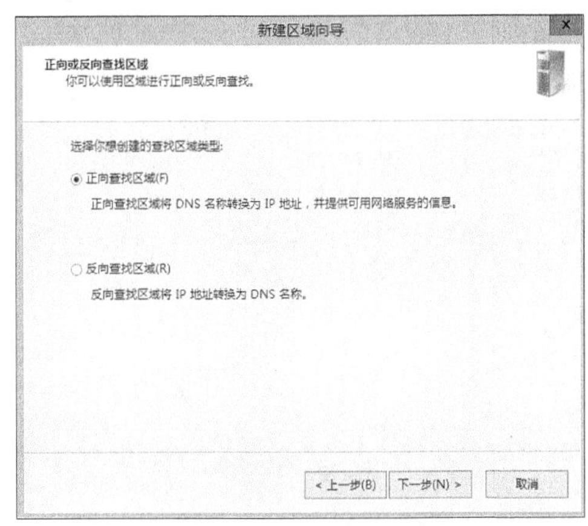

图5-40 选择区域查找方向

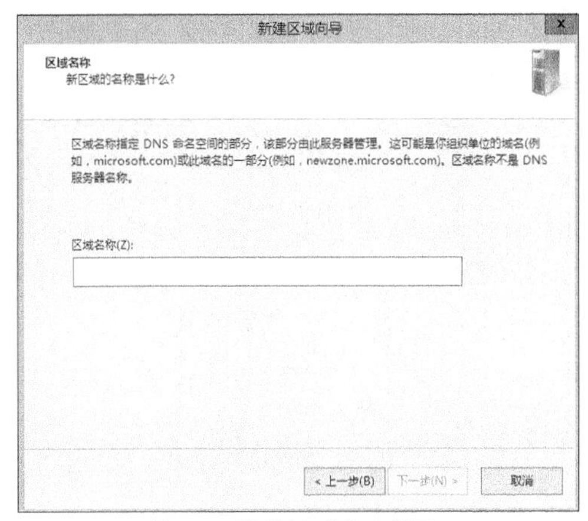

图5-41 【区域名称】向导页 1

新区域包含基于 Active Directory 的域的定位器记录。区域名称必须与基于 Active Directory 的域名称相同，或者是该名称的逻辑 DNS 容器。例如，如果基于 Active Directory 的域名称为“support.microsoft.com”，那么有效的区域名称只能是“support.microsoft.com”。

⑥ 在【区域名称】文本框中输入“microsoft.com”，单击 下一步(N) > 按钮。

⑦ 进入【区域文件】向导页，如图 5-42 所示。接受新区域文件的默认名称，单击 下一步(N) > 按钮。

⑧ 进入动态更新的向导页中，保持默认设置，最后单击 完成 按钮，完成 DNS 服务器的设置，如图 5-43 所示。

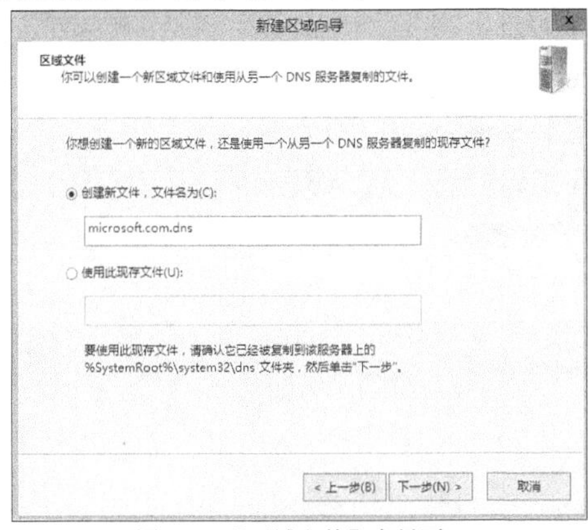

图5-42 【区域文件】向导页 2

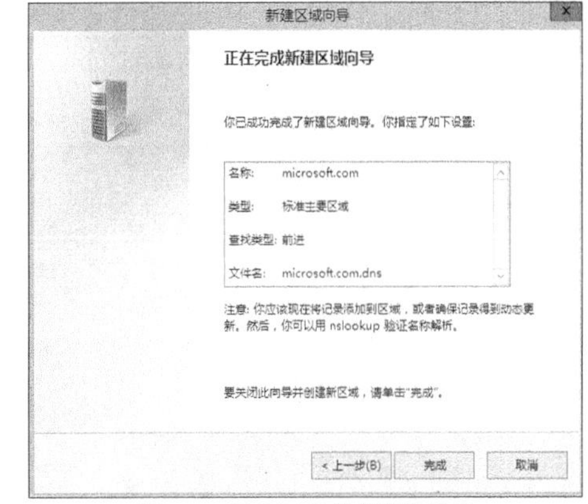

图5-43 完成 DNS 服务器的设置

4. Windows Server 2012 本地安全设置

作为一台在网络上提供服务的服务器，其安全性至关重要。良好的安全性是系统稳定、可靠运行的重要保障。下面将介绍一些本地安全设置方面的知识，让 Windows Server 2012 系统使用起来更加安全。

（1）Windows Server 2012 防火墙设置

① 选择【开始】/【控制面板】/【系统和安全】/【Windows 防火墙】命令，单击【高级设置】进入【高级安全 Windows 防火墙】窗口，右键单击【入站规则】，在其下拉列表中选择【新建规则】，如图 5-44 所示。

② 选中【端口】单选按钮，单击 下一步(N) > 按钮进入设置端口页面，如图 5-45 所示。

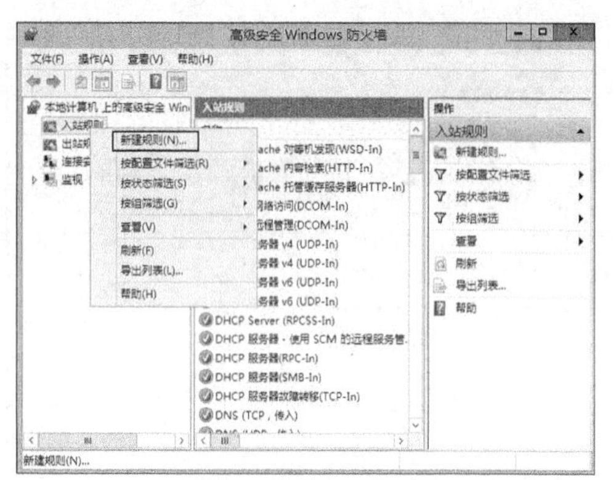

图5-44 新建入站规则

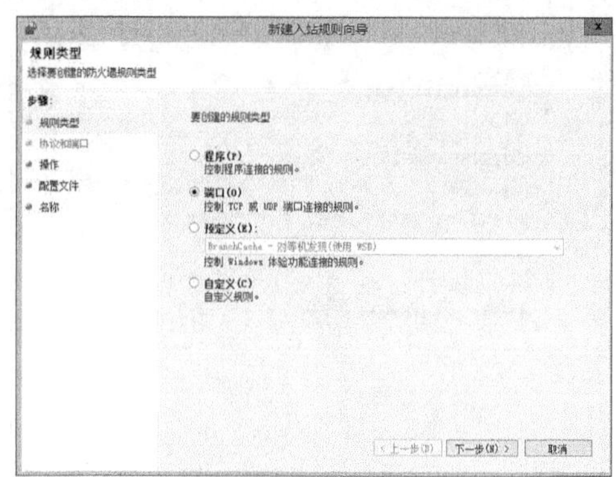

图5-45 端口设置

③ 依次对【协议和端口】/【操作】/【配置文件】进行设置，如图 5-46～图 5-48 所示。

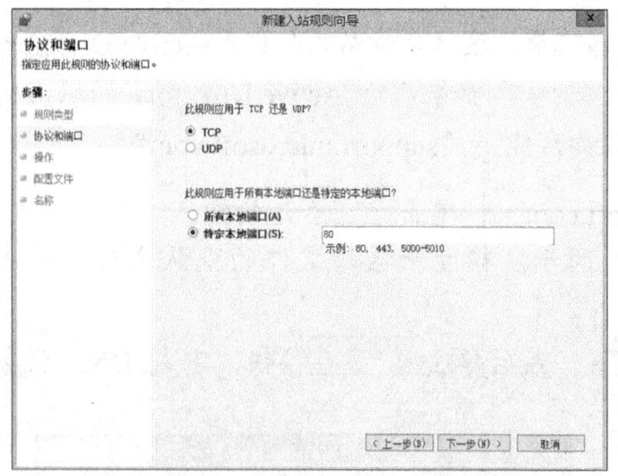

图5-46 【协议和端口】设置

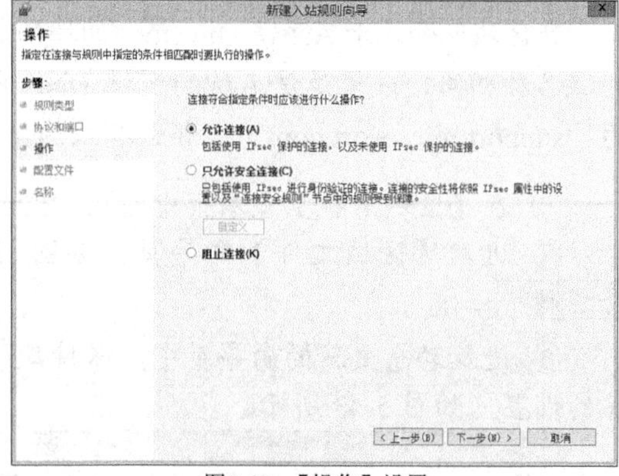

图5-47 【操作】设置

④ 输入名称和描述，单击 完成 按钮完成设置，如图 5-49 所示。

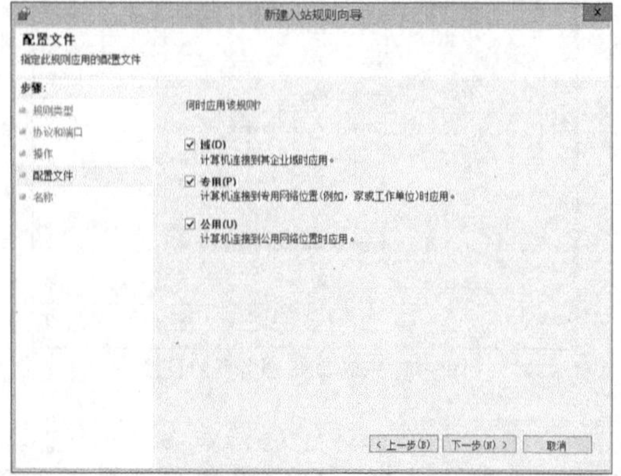

图5-48 【配置文件】设置

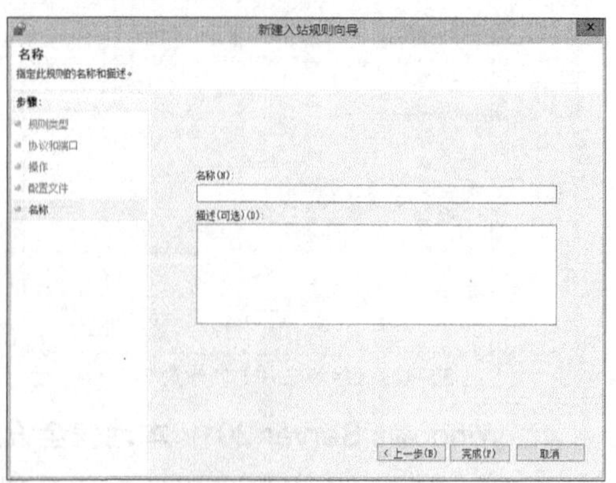

图5-49 完成入站设置

（2）目录和文件权限设置

为了有效控制服务器上用户的权限，同时也为了预防以后可能的入侵和溢出，还必须非常小心地设置目录和文件的访问权限。Windows Server 2012 的访问权限分为：读取、写入、读取和执行、修改、列出文件夹内容、完全控制。在默认的情况下，大多数的文件夹对所有用户（Everyone 组）是完全敞开的，因此需要根据应用的需要进行权限重设。

设置目录和文件访问权限可以在文件夹或者文件属性对话框中的【安全】选项卡中进行，如图 5-50 所示。

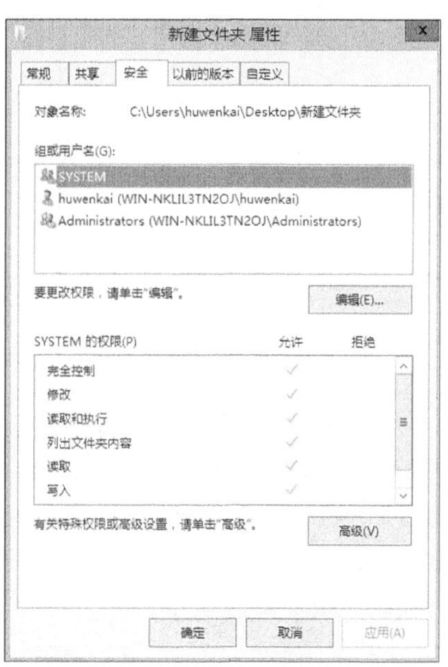

图5-50 【安全】选项卡下设置文件权限

可以根据需要对用户组或用户对此文件夹的访问权限进行设置。同样，单个文件的权限设置也是如此。

在进行权限控制时，需要把握的重要原则如下。

- 权限具有累计性。即当一个用户同时隶属于多个组时，它就拥有这几个组所允许的所有权限。
- 拒绝的优先级要比允许的优先级高（拒绝策略将会优先执行）。即如果一个用户隶属于某一个被拒绝访问某个资源的组，那么不管其他的权限设置开放了多少权限，该用户也一定不能访问这个资源。
- 文件的权限总是高于文件夹的权限。
- 只给用户开放其真正需要的权限，权限的最小化原则是安全的重要保障。
- 利用用户组来进行权限控制是一个成熟的系统管理员必须具有的优良习惯。

5.3 实训 9 设置 Windows Server 2012 用户组

Windows Server 2012 具有强大的用户和组管理功能，在创建了用户以后，需要将用户加入到合适的组中。本实训介绍如何将用户添加到 Remote Desktop Users 组。

操作步骤

（1）选择【开始】/【管理工具】/【计算机管理】命令，打开【计算机管理】窗口，如图5-51所示。

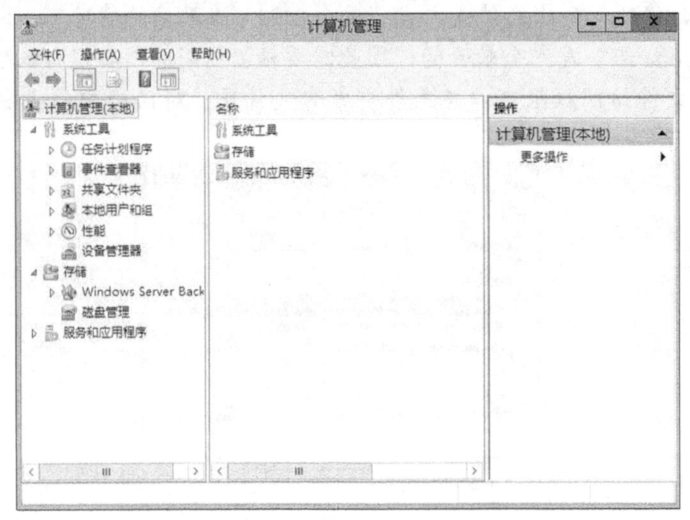

图5-51 【计算机管理】窗口

在左侧窗格中，单击【本地用户和组】节点，双击展开【组】文件夹，在右侧窗格中可以看到计算机中已经存在的组，如Backup Operators、Power Users等，如图5-52所示。

（2）双击其中的【Remote Desktop Users】选项，然后在弹出的【Remote Desktop Users属性】对话框中单击 添加(D)... 按钮，如图5-53所示。

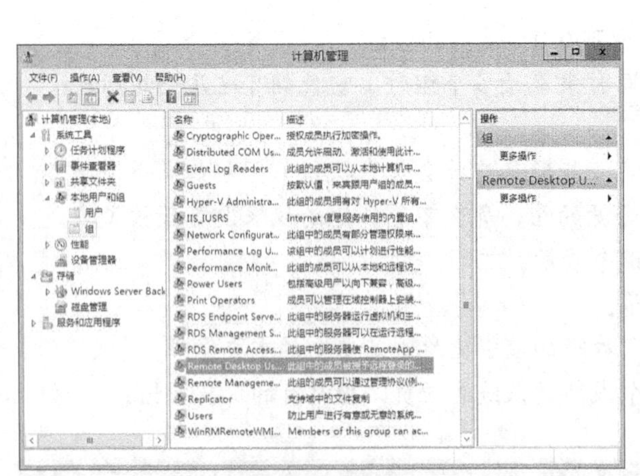

图5-52 【组】选项

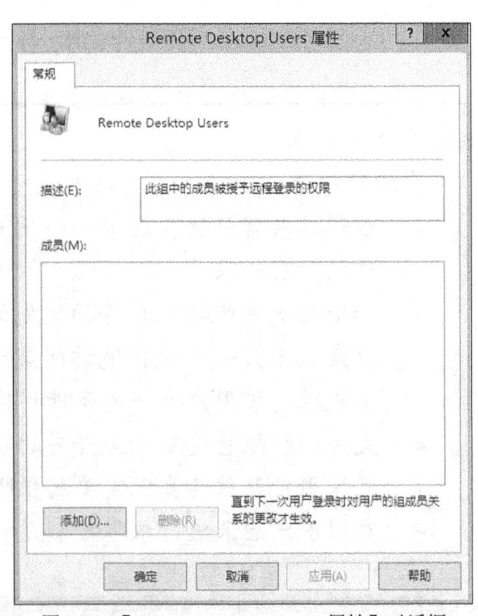

图5-53 【Remote Desktop Users 属性】对话框

（3）弹出【选择用户】对话框，如图5-54所示。

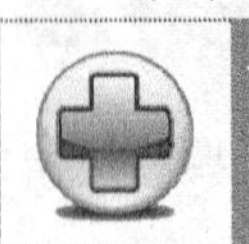

要点提示 在图5-54中，单击 位置(L)... 按钮以指定搜索位置；单击 对象类型(O)... 按钮以指定要搜索的对象类型；在【输入对象名称来选择（示例）：】框中输入要添加的名称，单击 检查名称(C) 按钮，开始检查。

（4）找到所需的名称后，单击 确定 按钮完成添加，如图 5-55 所示。

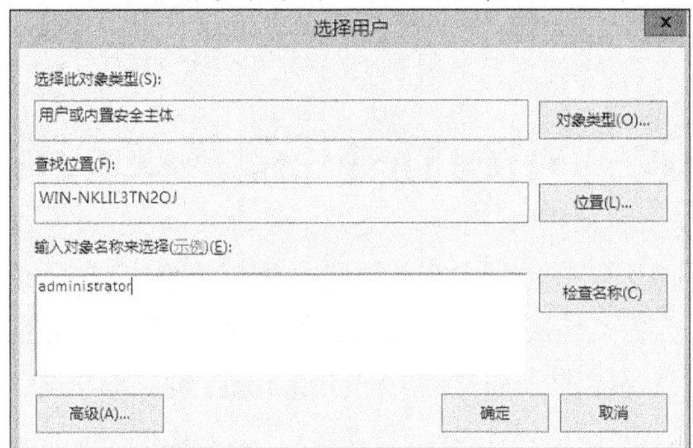

图5-54 【选择用户】对话框

图5-55 成功找到用户

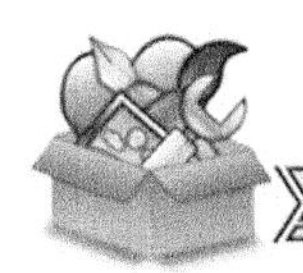

习题

1. 什么是网络操作系统？举例说明其主要功能。
2. 如何创建 Windows Server 2012 用户？与其他操作系统创建用户有何不同？
3. 什么是 DHCP？如何设置？
4. 域名服务有何作用？如何设置？
5. 简要说明增强 Windows Server 2012 安全性的基本措施。

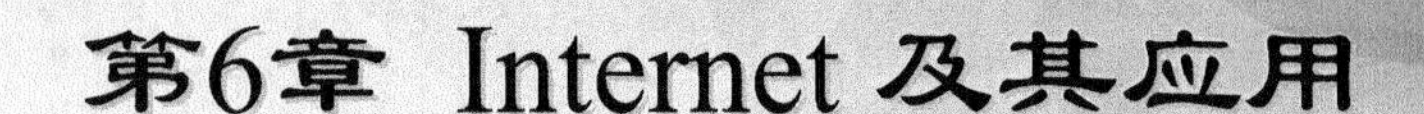

第6章 Internet 及其应用

Internet 是计算机互联网的一种，由于使用广泛，已成为网络的代名词。人们通常所说的“你上网了吗？”就是指浏览 Internet。本章首先从 Internet 的概念、组成和提供的主要服务等方面，对 Internet 做简单介绍；然后介绍 Internet 的工作原理以及 Internet 的接入方式；最后介绍 Internet 的应用。

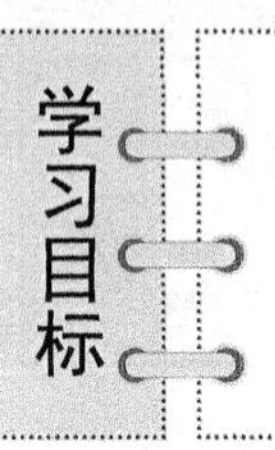

学习目标

- 了解 Internet 的概念和组成。
- 掌握 Internet 的工作原理。
- 掌握常用的 Internet 接入方式，并能熟练配置。
- 明确 Internet 的典型应用。

6.1 Internet 概述

Internet 是全球性的、最具影响力的计算机互联网络，同时也是世界范围的信息资源宝库，是计算机互联网络的一个实例，由分布在世界各地的、数以万计的、各种规模的计算机网络，借助于网络互联设备——路由器，相互连接而形成的全球性的互联网络。

6.1.1 Internet 的概念和组成

Internet 就像覆盖在地球表面的一个巨大藤蔓，有主藤，有支藤，主藤称为主干网，支藤从主藤上滋生。这个巨大的藤蔓最初以美国为根，之后以惊人的速度向各个国家和地区蔓延。Internet 的逻辑结构如图 6-1 所示。

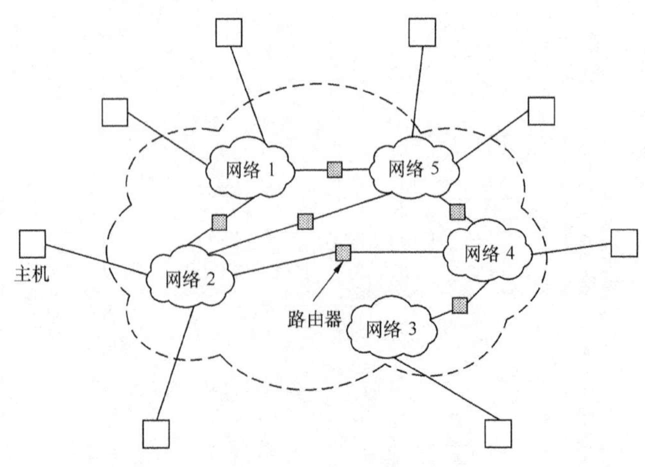

图6-1 Internet 的逻辑结构

要点提示

目前，美国高级网络和服务公司（Advanced Network and Services，ANS）所建设的 ANSNET 为 Internet 的主干网，其他国家和地区的主干网通过接入 Internet 主干网而连入 Internet，从而构成了一个全球范围的互连网络。

1. Internet 的概念

Internet 是由大量主机通过连接在单一、无缝的通信系统上而形成的一个全球范围的信息资源网，接入 Internet 的主机既可以是信息资源及服务的提供者（服务器），也可以是信息资源及服务的消费者（客户机）。Internet 上的主机以及所拥有的资源就像巨大藤蔓上结出的硕果。Internet 的用户示意图如图 6-2 所示。

Internet 采用了层次网络的结构，即采用主干网、次级网和园区网的逐级覆盖的结构，如图 6-3 所示。其中主干网由代表国家或者行业的有限个中心节点通过专线连接形成，覆盖到国家一级，连接各个国家的 Internet 互连中心，如中国互联网信息中心（China Internet Network information Center，CNNIC）。次级网（区域网）由若干个作为中心节点的代理的次中心节点组成，如教育网各地区网络中心和电信网各省互联网中心等。园区网（校园网、企业网）是直接面向用户的网络。

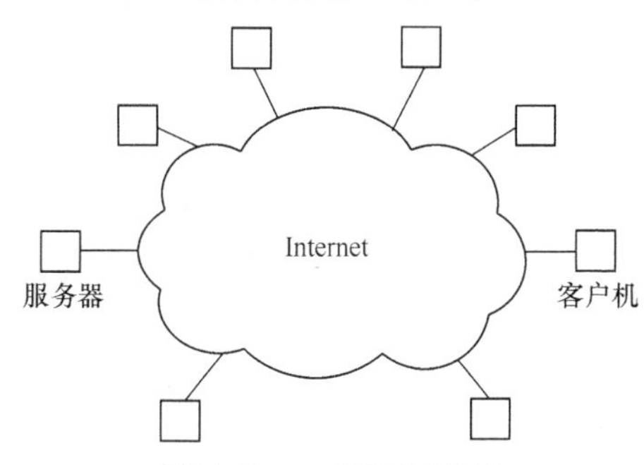

图6-2 Internet 的用户示意图

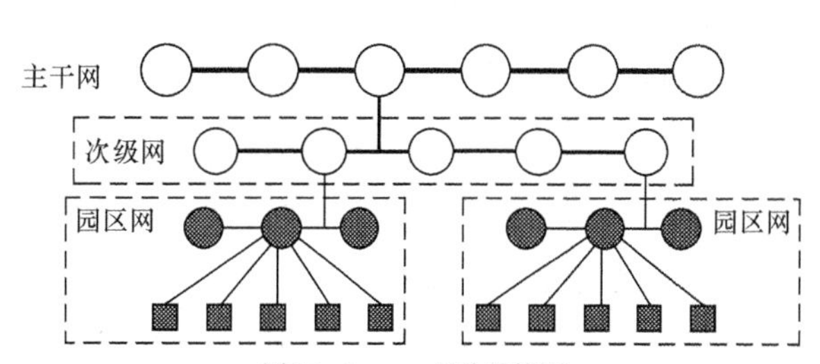

图6-3 Internet 层次结构图

2. Internet 的组成

Internet 通常由以下几个部分组成。

（1）通信线路

通信线路是 Internet 的基础设施，各种各样的通信线路将 Internet 中的路由器、计算机等连接起来，可以说没有通信线路就没有 Internet。Internet 中的通信线路归纳起来主要有两类：有线线路（如光缆、铜缆等）和无线线路（如卫星、无线电等）。这些通信线路有的是公用数据网提供的，有的是使用单位自己建设的。

对于通信线路的传输能力通常用“数据传输速率”来描述。另一种更为形象地描述通信线路传输能力的术语是“带宽”，带宽越宽，传输速率也就越高，传输速度也就越快。

（2）路由器

路由器（在 Internet 中有时也称网关）是 Internet 中最为重要的设备之一，它是网络与网络之间连接的桥梁。当数据从一个网络传输到路由器时，路由器需要根据数据所要到达的目的地，为其选择一条最佳路径，即指明数据应该沿着哪个方向传输。如果所选择的道路比较拥挤，路由器负责指挥数据排队等待。

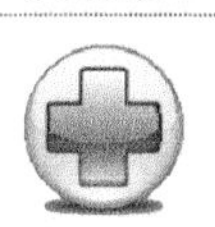

要点提示

数据从源主机出发通常需要经过多个路由器才能到达目的主机，所经过的路由器负责将数据从一个网络送到另一个网络，数据经过多个路由器的传递，最终被送到目的网络。

（3）服务器与客户机

计算机是 Internet 中不可缺少的成员，是信息资源和服务的载体。接入 Internet 的计算机既可以是巨型机，也可以是一台普通的计算机或笔记本电脑，所有连接在 Internet 上的计算机统称为主机。

接入 Internet 的主机按其在 Internet 中扮演的角色不同分成两类，即服务器和客户机。所谓服务器就是 Internet 服务与信息资源的提供者，而客户机则是 Internet 服务和信息资源的使用者。作为服务器的主机通常要求具有较高的性能和较大的存储容量，而作为客户机的主机可以是任意一台普通的计算机。

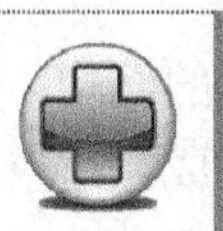

要点提示　Internet 中的服务种类很多，如 WWW 服务、电子邮件服务、文件传输服务、Gopher 服务、新闻组服务等，用户可以通过各种服务来获取资料、搜索信息、相互交流、网上购物、发布信息、进行娱乐。

（4）信息资源

信息资源是用户最为关注的问题之一，如何较好地组织信息资源，使用户方便、快捷地获取信息资源一直是 Internet 的研究方向。WWW 服务的推出为信息资源提供了一种较好的组织形式，方便了信息的浏览，同时 Internet 上众多搜索引擎的出现使信息的查询和检索更加快捷、便利。

6.1.2　Internet 提供的主要服务

为什么如此众多的人钟情于 Internet？Internet 的魅力何在？在人们的工作、生活和社会活动中，Internet 至少在以下几个方面起着重要的作用。

1．丰富的信息资源

Internet 是全球范围的信息资源宝库，丰富的信息资源分布在世界各地大大小小的站点中，如果用户能够将自己的计算机连入 Internet，便可以在信息资源宝库中漫游。Internet 中的信息资源几乎是应有尽有，涉及商业金融、医疗卫生、科研教育、休闲娱乐、热点新闻等诸多方面。例如，用户足不出户就可以在中国国家数字图书馆中遨游，如图 6-4 所示。

2．便利、快捷的通信服务

如果用户希望将一封信件在几分钟之内投递到远在美国的一位朋友的信箱中，可以使用 Internet 所提供的电子邮件服务。用户只需将信件的内容输入到计算机中使之变成电子邮件，然后通过 Internet 发送，短则几秒钟，长则几个小时，邮件便可以到达接收人的电子信箱中。图 6-5 所示为使用 QQ 邮箱通过 Internet 发送该邮件。

图6-4　中国国家数字图书馆站点主页

图6-5　电子邮件

如果用户希望只花上几元钱便可以与大洋彼岸的亲友聊上一个小时，可以使用 Internet 提供的电话服务。虽然电话是目前最为方便快捷的通信工具，但国际长途电话费用昂贵，而通过 Internet 打国际长途的费用只是普通国际长途电话费用的几十分之一。

除此之外，还可以通过 Internet 使用 QQ、微信等工具与未曾谋面的网友聊天，或在 Internet 上发表自己的见解及请求帮助。

3. 电子商务快捷方便

Internet 不但是一个休闲娱乐的好去处，同时也是一个进行电子商务的良好平台。Internet 具有巨大的客户群，不但基数巨大，而且增长速度快。这一群体遍布世界五大洲，涉及的行业数不胜数。仅 Internet 上的用户数就足以对企业形成强大的吸引力。

Internet 连通了产品开发商、制造商、经销商和用户，信息传输不但迅速高效，而且安全可靠。利用计算机的安全特性、网络的安全特性及电子邮件的安全特性，还可以使电子交易数据的保存和传输更加安全。Internet 可以为个人提供方便，为企业创造竞争力。图 6-6 所示为淘宝站点主页，通过该站点，人们可以购买各式各样的商品。图 6-7 所示为 Cisco 公司利用 Internet 站点宣传自己的产品，进行技术支持和售后服务。

图6-6 淘宝站点主页

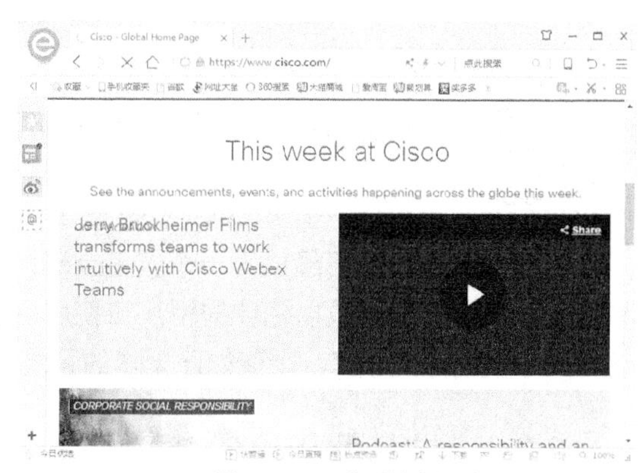

图6-7 Cisco 公司站点主页

当然，Internet 上的信息资源是靠大家来构造的，任何单位和个人都可以将自己的信息搬到 Internet 上。政府可以通过 Internet 展示自己的形象，企业可以通过 Internet 介绍和推销自己的产品，个人可以通过 Internet 结识更多的朋友。

6.1.3 Internet 在中国的发展现状

我国的计算机网络实现了和 Internet 的 TCP/IP 连接，开通了 Internet 全功能服务。目前，我国的计算机网络构成如图 6-8 所示。

其中，CASNET 是中国科学院网（或称中国科技网），用于研究与国家域名服务；CERNET 是中国教育科研网，用于教育，1995 年 CERNET 正式连接到美国的 128kbit/s 的国际专线；CHINAGBNET 是中国金桥网；CHINANET 是邮电部门经营管理的基于 Internet 网络技术的中国公用计算机互联网，是国际计算机互联网（Internet）的一部分，是中国的 Internet 骨干网。通过 CHINANET，用户可以方便地接入全球Internet，享用 CHINANET 及全球 Internet 上的丰富资源和各种服务。

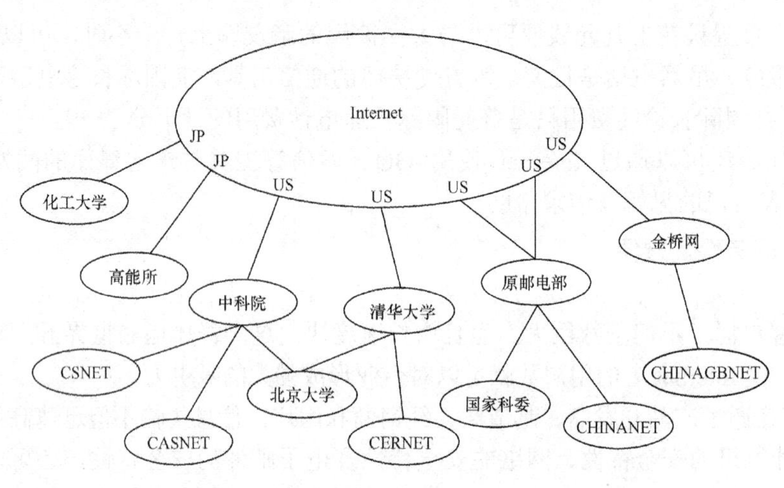

图6-8 Internet 中国示意图

截至 2017 年 12 月，我国网民规模达 7.72 亿，网络普及率达到 55.8%，超过全球平均水平（51.7%）4.1%，超过亚洲平均水平（46.7%）9.1%。

6.2 Internet 的工作原理

今天的 Internet 已经成为一个覆盖全球，拥有惊人数量的主机以及上百万个子网的庞大而复杂的系统，每天有数以亿计的用户在使用这个系统进行工作、学习、娱乐和各种商务活动。这样一个使用如此频繁，功能如此繁多的系统如何做到有条不紊、准确快捷地工作呢？

6.2.1 域名解析原理

IP 地址为 Internet 提供了统一的寻址方式，直接使用 IP 地址便可以访问 Internet 中的主机资源。但是由于 IP 地址只是一串数字，没有任何意义，对于用户来说，记忆起来十分困难。所以几乎所有的 Internet 应用软件都不要求用户直接输入主机的 IP 地址，而是直接使用具有一定意义的主机名。当 Internet 应用程序接收到用户输入的主机名时，必须负责找到与该主机名对应的 IP 地址，然后利用找到的 IP 地址将数据送往目的主机。

1. 域名服务器

那么到哪里去寻找一个与主机名所对应的 IP 地址呢？这就要借助于一组既独立又协作的域名服务器完成。Internet 中存在着大量的域名服务器，每台域名服务器保存着其管辖区域内的主机的名字与 IP 地址的对照表。这组域名服务器是解析系统的核心。

在 Internet 中，对应于域名结构，域名服务器也构成一定的层次结构，如图 6-9 所示。这个树型的域名服务器的逻辑结构是域名解析算法赖以实现的基础，域名解析采用自顶向下的算法，从根服务器开始

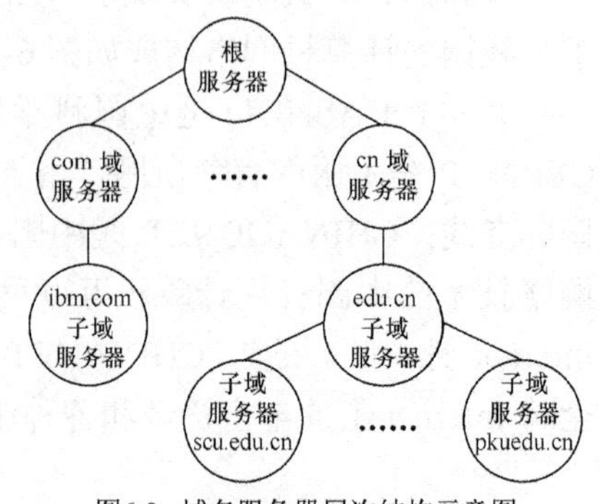

图6-9 域名服务器层次结构示意图

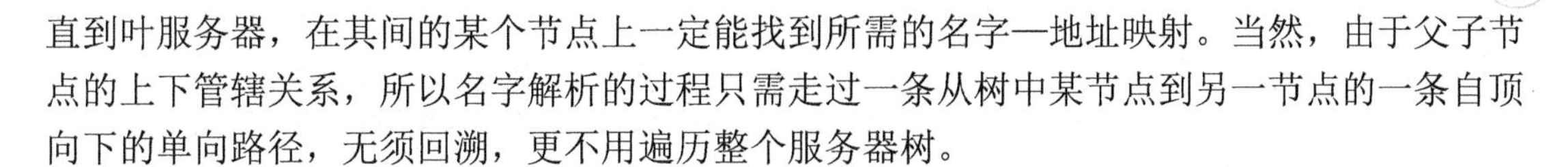

直到叶服务器，在其间的某个节点上一定能找到所需的名字—地址映射。当然，由于父子节点的上下管辖关系，所以名字解析的过程只需走过一条从树中某节点到另一节点的一条自顶向下的单向路径，无须回溯，更不用遍历整个服务器树。

2. 域名解析

通常，请求域名解析的软件知道如何访问一个服务器，而每一域名服务器都至少知道根服务器地址及其父节点服务器地址。域名解析可以有两种方式，第一种叫递归解析，要求域名服务器系统一次性完成全部域名—地址变换；第二种叫反复解析，每次请求一个服务器，不行再请求别的服务器。

例如，一位用户希望访问名为 netlab.nankai.edu.cn 的主机，当 Internet 应用程序接收到用户输入的 netlab.nankai.edu.cn 时，它首先向自己已知的那台域名服务器发出查询请求。

如果使用递归解析方式，该域名服务器将查询 www.nankai.edu.cn 的 IP 地址（如果在本地服务器找不到，就要到其他的域名服务器去找），并将查询到的 IP 地址回送给请求应用程序。在使用反复解析方式的情况下，如果此域名服务器未能在当地找到 netlab.nankai.edu.cn 的 IP 地址，那么，它仅仅将有可能找到该 IP 地址的域名服务器地址告诉请求应用程序，用户应用程序需向被告知的域名服务器再次发起查询请求，如此反复，直到查到为止。

Internet 的域名结构由 TCP/IP 协议集中的域名系统（Domain Name System，DNS）进行定义。

6.2.2 域名的层次结构

Internet 域名是具有一定的层次结构的。

1. 域名的分配

DNS 把整个 Internet 划分成多个域，称之为顶级域，并为每个顶级域规定了国际通用的域名，如表 6-1 所示。顶级域的划分采用了两种划分模式，即组织模式和地理模式。前 7 个域对应于组织模式，其余的域对应于地理模式。地理模式的顶级域是按国家和地区进行划分的，每个申请加入 Internet 的国家和地区都可以作为一个顶级域，并向 NIC 注册一个顶级域名，如 cn 代表中国大陆地区、us 代表美国、uk 代表英国、jp 代表日本等。

表 6-1 顶级域名分配

顶级域名	分配给
com	商业组织
edu	教育机构
gov	政府部门
mil	军事部门
net	主要网络支持中心
org	上述以外的组织
int	国际组织
国家和地区代码	各个国家和地区

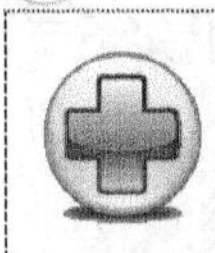

要点提示 NIC 将顶级域的管理权分派给指定的管理机构，各管理机构对其管理的域继续进行划分，即划分成二级域，并将各二级域的管理权授给其下属的管理机构，如此深入，便形成了层次型域名结构。由于管理机构是逐级授权的，所以最终的域名都得到 NIC 承认，成为 Internet 中的正式名字。

图 6-10 所示为 Internet 域名结构中的一部分，如顶级域名 cn 由中国互联网中心（CNNIC）管理，它将 cn 域划分成多个子域，包括 ac、com、edu、gov、net、org、bj 和 tj 等，并将二级域名 edu 的管理权授给 CERNET 网络中心。

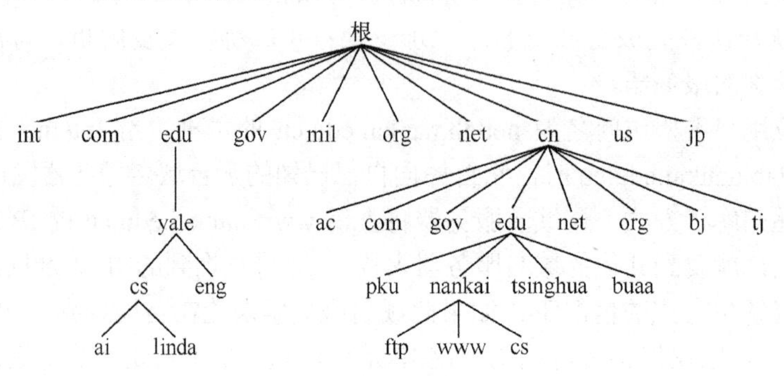

图6-10 Internet 域名结构

CERNET 网络中心又将 edu 域划分成多个子域，即三级域，各大学和教育机构均可以在 edu 下向 CERNET 网络中心注册三级域名，如 edu 下的 tsinghua 代表清华大学，nankai 代表南开大学，那么这两个域名的管理权分别授给清华大学和南开大学。南开大学可以继续对三级域名 nankai 进行划分，将四级域名分配给下属部门或主机，如 nankai 下的 cs 代表南开大学计算机系，而 www 和 ftp 代表两台主机。表 6-2 所示为我国二级域名的分配情况。

表 6-2 我国二级域名分配

划分模式	二级域名	分配给	二级域名	分配给
类别域名	ac	科研机构	gov	政府部门
	com	工、商、金融等企业	net	互连网络、接入网络的信息中心和运行中心
	edu	教育机构	org	各种非营利性的组织
行政区域名	bj	北京市	hb	湖北省
	sh	上海市	hn	湖南省
	tj	天津市	gd	广东省
	cq	重庆市	gx	广西壮族自治区
	he	河北省	hi	海南省
	sx	山西省	sc	四川省
	nm	内蒙古自治区	gz	贵州省
	ln	辽宁省	yn	云南省
	jl	吉林省	xz	西藏自治区

续表

划分模式	二级域名	分配给	二级域名	分配给
行政区域名	hl	黑龙江省	sn	陕西省
	js	江苏省	gs	甘肃省
	zj	浙江省	qh	青海省
	ah	安徽省	nx	宁夏回族自治区
	fj	福建省	xj	新疆维吾尔自治区
	jx	江西省	tw	台湾省
	sd	山东省	hk	香港特别行政区
	ha	河南省	mo	澳门特别行政区

这种层次型命名体系与地理上的命名方法非常相似，它允许在两个不同的域中设有相同的下一级域名，就像不同的两个省可以有相同名字的城市一样，不会造成混乱。

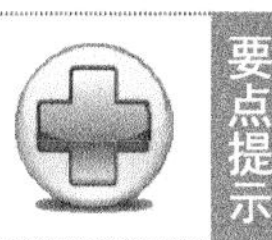

要点提示　Internet 中的这种命名结构只代表着一种逻辑的组织方法，并不代表实际的物理连接。位于同一个域中的主机并不一定要连接在一个网络中或在一个地区，它可以分布在全球的任何地方。

2. 域名的写法

在这种域名结构下应如何书写主机名呢？

主机名的书写方法与邮政系统中的地址书写方法非常相似。在邮政系统中，如果是国际之间的书信往来，在书写地址时必须包括国家、省（或州）、城市及街道门牌号（或单位）等。采用这种书写方式，即使两个城市有相同的街道门牌号，也不会把信送错，因为它们属于不同的城市。

一台主机的主机名应由它所属的各级域的域名与分配给该主机的名字共同构成，顶级域名放在最右面，分配给主机的名字放在最左面，各级名字之间用“.”隔开。

例如，cn→edu→nankai 下面的 www 主机的主机名为www.nankai.edu.cn，edu→yale→cs 下面的 linda 主机的主机名为 linda.cs.yale.edu。这种主机名的书写方法允许在不同的域下面可以有相同的名字，例如在 cn→edu→nankai 下和 edu→yale 下都有一个 cs，它们的名字分别为 cs.nankai.edu.cn 和 cs.yale.edu，不会造成混淆。

6.3 Internet 接入

作为承载互联网应用的通信网，宏观上可划分为接入网和核心网两大部分。接入网（Access Network，AN）或称为“用户环路”，主要用来完成用户接入核心网的任务。本节介绍 Internet 接入的相关知识。

6.3.1 Internet 接入的基本概念

Internet 服务提供者（Internet Service Provider，ISP）是用户接入 Internet 的入口点，其

作用有两方面：一方面为用户提供 Internet 接入服务；另一方面为用户提供各种类型的信息服务，如电子邮件服务、信息发布代理服务等。

从用户角度考虑，ISP 位于 Internet 的边缘，用户的计算机（或计算机网络）通过某种通信线路连接到 ISP，借助于与 Internet 连接的 ISP 便可以接入 Internet。用户的计算机（或计算机网络）通过 ISP 接入 Internet 的示意图如图 6-11 所示。虽然 Internet 规模庞大，但对于用户来说，只需要关心直接为自己提供 Internet 服务的 ISP 就足够了。

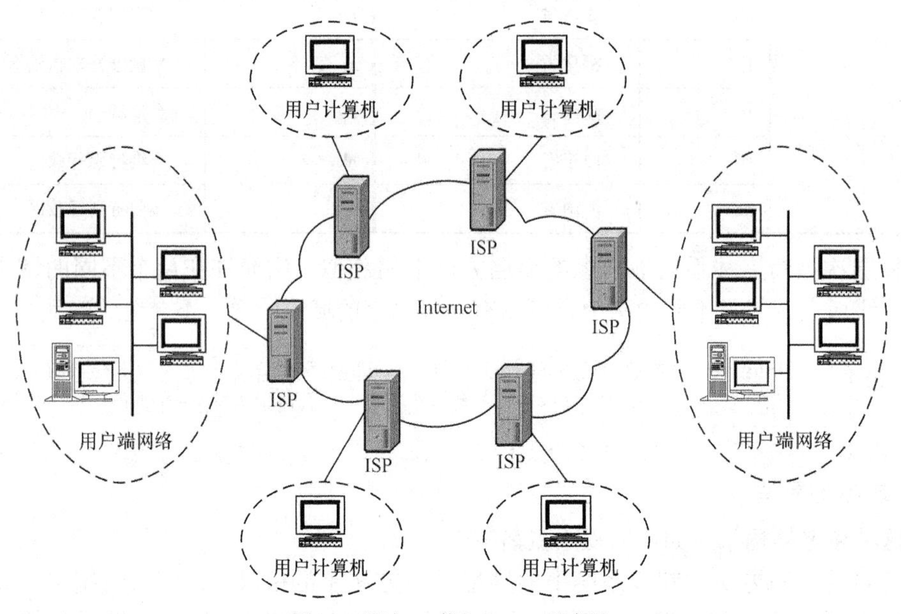

图6-11 通过 ISP 接入 Internet 示意图

要点提示

目前 ISP 很多，各个国家和地区都有自己的 ISP。就国内情况来说，各大互联网运营机构在全国的大中型城市都设立了 ISP，如 CHINANET 的"163"服务、CERNET 所覆盖的各大专院校及科研单位的 Internet 服务等。除此之外，在全国还遍布着由四大互联网延伸出来的大大小小的 ISP。

用户的计算机（或计算机网络）可以通过多种通信线路连接到 ISP，但归纳起来可以划分成两类：电话线路和数据通信线路。

常见的接入方式分为窄带接入方式和宽带接入方式，其中，前者包括 Modem 拨号连接方式和 ISDN 方式，后者包括局域网接入、ADSL 接入、Cable Modem 接入和卫星接入等方式。下面将介绍几种主要流行的宽带接入方式。

6.3.2 局域网接入

通过局域网接入 Internet 是一个公司、组织或学校接入 Internet 常用的方法。在接入 Internet 之前，首先应组建一个局域网，然后将该局域网通过一个或多个路由器与 ISP 相连。图 6-12 所示为局域网通过一个路由器与 Internet 相连的示意图。

用户如果通过局域网访问 Internet，必须首先将计算机正确接入局域网，然后对计算机进行合适的配置。接入的计算机必须满足以下基本条件。

（1）用户计算机增加局域网网卡，并通过合适的网卡驱动程序将计算机正确地接入局域网中。

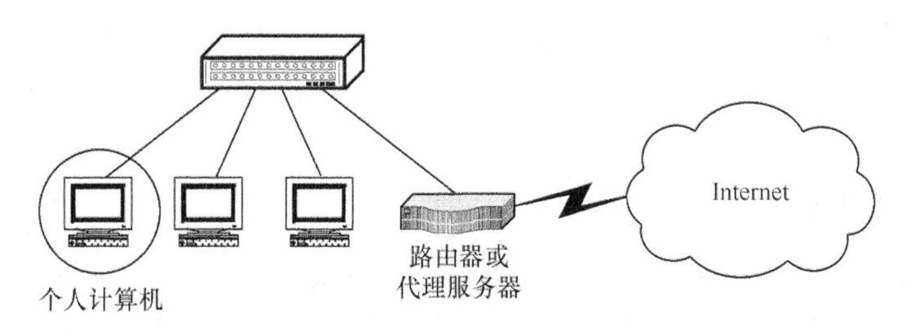

图6-12 局域网接入 Internet 示意图

（2）计算机运行合适的操作系统，该操作系统应支持 TCP/IP。

（3）正确配置 TCP/IP，其中包括本机的 IP 地址、使用的路由器 IP 地址、DNS 域名服务器 IP 地址等。这些参数和配置方法可以从网络管理人员处得到。

（4）配置 Internet 客户端软件，例如 WWW 浏览器软件、FTP 客户端软件、E-mail 客户端软件等。

（5）服务用户希望在 Internet 上提供服务，还必须具有 Internet 服务软件，例如 WWW 服务软件、FTP 服务软件及 E-mail 服务软件等。

6.3.3 ISDN 接入

综合业务数字网（Integrated Service Digital Network，ISDN）是通过对电话网进行数字化改造而发展起来的，提供端到端的数字连接，以支持一系列广泛的业务，包括语音、数据、传真、可视图文等。

ISDN 能够提供标准的用户—网络接口，通过标准接口将各种不同的终端接入到 ISDN，使一对普通的用户线最多可连接 8 个终端，并为多个终端提供多种通信的综合服务。通过 ISDN 接入 Internet 既可用于局域网，也可用于独立的计算机。

6.3.4 ADSL 接入

数字用户线路（Digital Subscriber Line，DSL）是以铜电话线为传输介质的点对点传输技术，它包括 HDSL、SDSL、VDSL、ADSL 和 RADSL 等，一般称之为 xDSL。它们之间主要的区别体现在信号传输速率和距离的不同以及上行速率和下行速率对称性的不同这两个方面。其中 ADSL（非对称数字用户环路）是最具前景及竞争力的一种。

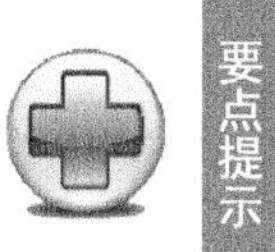

要点提示 ADSL 是一种通过现有普通电话线为家庭、办公室提供宽带数据传输服务的技术。它能够在普通电话线上提供高达 8Mbit/s 的下行速率和 1Mbit/s 上行速率，传输距离达到 3km~5km。ADSL 技术的主要特点是可以充分利用现有的电话线网络，在线路两端加装 ADSL 设备即可为用户提供宽带接入服务。

ADSL 所支持的主要业务是：Internet 高速接入服务；多种宽带多媒体服务，如视频点播 VOD、网上音乐厅、网上剧场、网上游戏、网络电视等；提供点对点的远程可视会议、远程医疗、远程教学等服务。图 6-13 所示为 ADSL 接入 Internet 示意图。

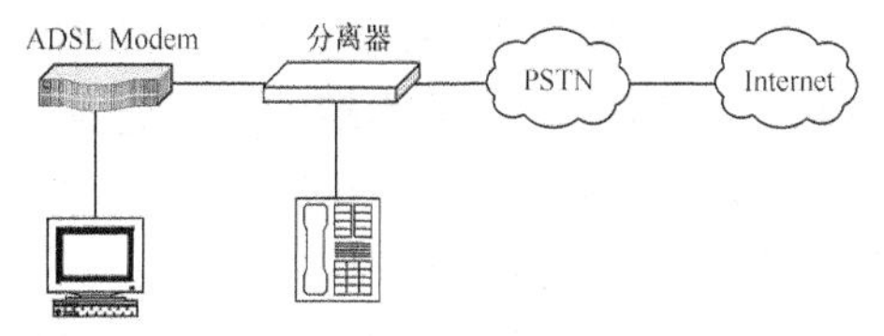

图6-13 ADSL 接入 Internet 示意图

ADSL 具有很高的数据传输速率，不需要更改和添加线路，直接使用原有的电话线，并且语音信号和数字信号可以并行，可同时“上网”和“通话”。

6.3.5 使用电缆或电线上网

CATV 和 HFC 是一种电视电缆技术。CATV（Cable Television，有线电视网）是由广电部门规划设计的用来传输电视信号的网络，其覆盖面广，用户多。但有线电视网是单向的，只有下行信道。如果要将有线电视网应用到 Internet 业务，则必须对其改造，使之具有双向功能。

混合光纤同轴电缆网（Hybrid Fiber Coax，HFC）是在 CATV 网的基础上发展起来的，除可以提供原 CATV 网提供的业务外，还能提供数据和其他交互型业务。HFC 是对 CATV 的一种改造，在干线部分用光纤代替同轴电缆作为传输介质。

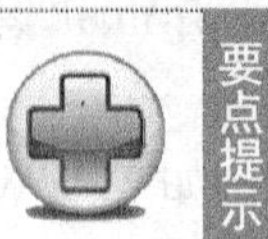

要点提示

CATV 和 HFC 的一个根本区别是，CATV 只传送单向电视信号，而 HFC 提供双向的宽带传输。

Cable Modem（电缆调制解调器）是一种通过有线电视网络进行高速数据接入的装置。它一般有两个接口，一个用来接室内墙上的有线电视端口，另一个与计算机或交换机相连。图 6-14 所示为 PC 和 LAN 通过 Cable Modem 接入 Internet 的示意图。

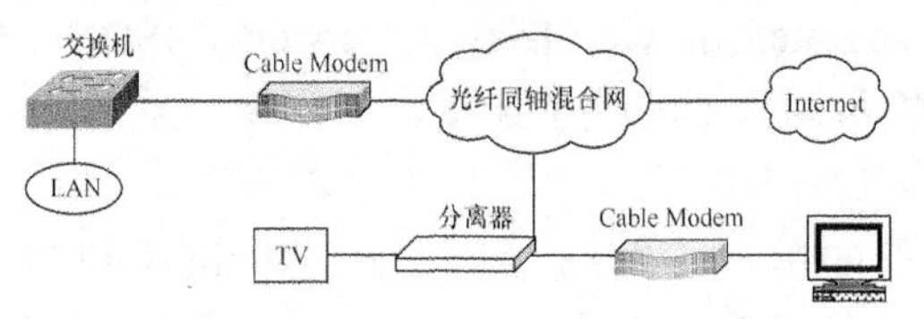

图6-14 PC 和 LAN 通过 Cable Modem 接入 Internet 示意图

Cable Modem 是将数据进行调制后在 Cable（电缆）的一个频率范围内传输，接收时进行解调，传输机理与普通 Modem 相同，不同之处在于它是通过有线电视 HFC 的某个传输频带进行调制解调的，而普通 Modem 的传输介质在用户与交换机之间是独立的，即用户独享通信介质。Cable Modem 属于共享介质系统，其他空闲频段仍然可用于有线电视信号的传输。

Cable Modem 通过有线电视网络进行数据传输，速率范围为 500kbit/s～10Mbit/s，甚至更高。

6.3.6 无线接入

无线接入技术是指在终端用户和交换端局间的接入网，全部或部分采用无线传输方式，为用户提供固定或移动接入服务的技术。作为有线接入网的有效补充，它有系统容量大、话音质量与有线一样、覆盖范围广、系统规划简单、扩容方便、可加密或用 CDMA 增强保密性等技术特点，可解决边远地区、难于架线地区的信息传输问题。

移动无线接入主要指用户终端在较大范围内移动的通信系统的接入技术，主要为移动用户服务，其用户终端包括手持式、便携式、车载式电话等。主要的移动无线接入系统如下。

（1）无绳电话系统：它可以视为固定电话终端的无线延伸。无绳电话系统的突出特点是灵活方便。固定的无线终端可以同时带有多个无线子机，子机除和母机通话外，子机之间还可以通信。其主要代表系统是 DECT、PHS 和 CT2。

（2）移动卫星系统：通过同步卫星实现移动通信连网，可以真正实现任何时间、任何地点与任何人的通信，为全球用户提供大跨度、大范围、远距离的漫游和机动灵活的移动通信服务，是陆地移动通信系统的扩展和延伸，在边远地区、山区、海岛、受灾区、远洋船只、远航飞机等通信方面更具有独特的优越性。整个系统由 3 部分构成：空间部分（卫星）、地面控制设备（关口站）和终端。

（3）集群系统：专用调度指挥无线电通信系统，应用广泛。集群系统是从一对一的对讲机发展而来的，现在已经发展成为数字化多信道基站多用户拨号系统，它们可以与市话网互连互通。

（4）无线局域网：无线局域网（Wireless LAN，WLAN）是计算机网络与无线通信技术相结合的产物。它不受电缆束缚，可移动，能解决因有线网布线困难等带来的问题，并且具有组网灵活、扩容方便、与多种网络标准兼容，应用广泛等优点。过去，WLAN 曾一度增长缓慢，主要原因是传输速率低、成本高，产品系列有限，而且很多产品不能相互兼容。随着高速无线局域网标准 IEEE 802.11 的制定以及基于该标准的 10Mbit/s 乃至更高速率产品的出现，WLAN 已经在金融、教育、医疗、民航、企业等不同的领域内得到了广泛的应用。

（5）蜂窝移动通信系统：该系统于 20 世纪 70 年代初由美国贝尔实验室提出，并在给出蜂窝系统的覆盖小区的概念和相关理论之后，在 20 世纪 70 年代末得到迅速发展。

第一代蜂窝移动通信系统即陆上模拟蜂窝移动通信系统，用无线信道传输模拟信号；第二代蜂窝移动通信系统，采用数字化技术，具有一切数字系统所具有的优点，最具代表性的是泛欧蜂窝移动通信系统 GSM（Global System for Mobile Communication，全球移动通信系统）；目前二代半系统如 GPRS（General Packet Radio Service，通用分组无线服务）已经大规模商用，为广大用户提供可靠、中速的数据业务服务以及传统的电话业务；第三代蜂窝移动通信系统也已经走出实验室，在部分国家和地区正式开始商业运营，可提供移动宽带多媒体业务。

表 6-3 列出了几种常用的接入方式的性能对比，其中调制解调器是最早的 Internet 接入方式，而 PLC 则代表使用电线上网。

表 6-3　　几种接入方式的性能

接入方式	速率（bit/s）	可否同线传输话音	物理介质	评价
调制解调器	36.6k/56k	否	双绞线	应用广泛、费用低，但速度慢
局域网	10M	是	双绞线	使用简单、普及不广
ISDN	128k	是	双绞线	费用较普通电话线稍贵
ADSL	8M	是	双绞线	可与普通电话同时使用，频带专用不共享，频宽受距离限制
PLC	1M～10M	是	电力线	利用电力线，分布广泛，接入方便，未完全达到实用化阶段
无线	8M	是	空气	需室外天线，易受天气、建筑物影响

6.4 WWW 服务

WWW 服务也称 Web 服务，是目前 Internet 上最方便和最受欢迎的信息服务类型，它的影响力已远远超出了专业技术的范畴，并且已经进入了广告、新闻、销售、电子商务与信息服务等诸多领域，它的出现是 Internet 发展中的一个革命性的里程碑。

6.4.1 超文本和超媒体

超文本（Hyper Text）与超媒体（Hyper Media）是 WWW 的信息组织形式，所以，要想了解 WWW 服务，首先要了解超文本和超媒体的基本概念。

1. 超文本

随着计算机技术的发展，人们不断推出新的信息组织方式，以方便对信息的访问。人们常说的计算机用户界面设计，实际上也是在解决信息的组织方式问题。菜单是早期人们常见的一种软件用户界面。用户在看到最终信息之前，总是浏览于菜单之间。当用户选择了代表信息的菜单项后，菜单消失，取而代之的是信息内容，用户看完内容后，重新回到菜单之中。

熟悉 Windows 操作系统的用户应该能很容易地接受超文本概念，因为 Windows 操作系统的 Help 系统就是一个超文本的典型范例。图 6-15 所示为 Windows 操作系统中典型的超文本的范例。

图 6-15（a）所示的文本中带下划线的文字（“网络钓鱼”）就是热字。当选中“网络钓鱼”这一热字时，便可以跳转到相关的介绍“网络钓鱼”的文本中，于是就出现了图 6-15（b）所示的文本。

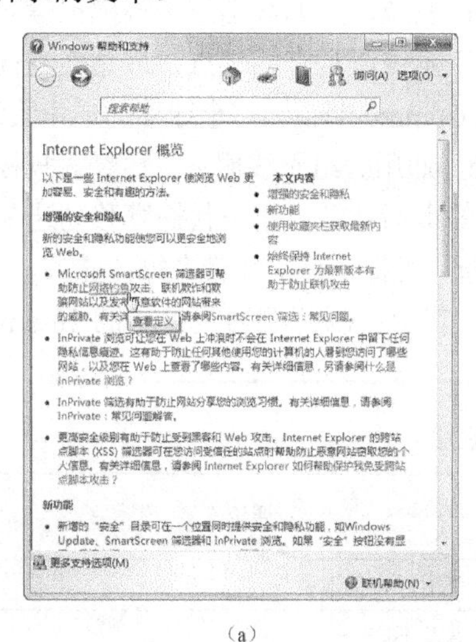

（a）

用于欺骗计算机用户泄露个人或财务信息的技术。常见联机网络钓鱼骗局从看似来自受信任源的电子邮件开始，但实际上使收件人向欺骗性网站提供信息。

（b）

图6-15 典型的超文本范例

2. 超媒体

超媒体进一步扩展了超文本所链接的信息类型。用户不仅能从一个文本跳转到另一个文本，而且可以激活一段声音，显示一个图形，甚至可以播放一段动画。在目前市场上，流行的多媒体电子书籍大都采用这种方式来组织信息。

例如，在一本多媒体儿童读物中，当读者选中屏幕上显示的老虎图片、文字时，也能看到一段关于老虎的动画，同时可以播放一段老虎吼叫的声音。超媒体可以通过这种集成化的方式，将多种媒体的信息联系在一起。图 6-16 所示为 Internet 超媒体工作方式的原理示意图。

要点提示

超文本与超媒体通过将菜单集成于信息之中，使用户的注意力可以集中于信息本身。目前，超文本与超媒体的界限已经比较模糊了，通常所指的超文本一般也包括超媒体的概念。

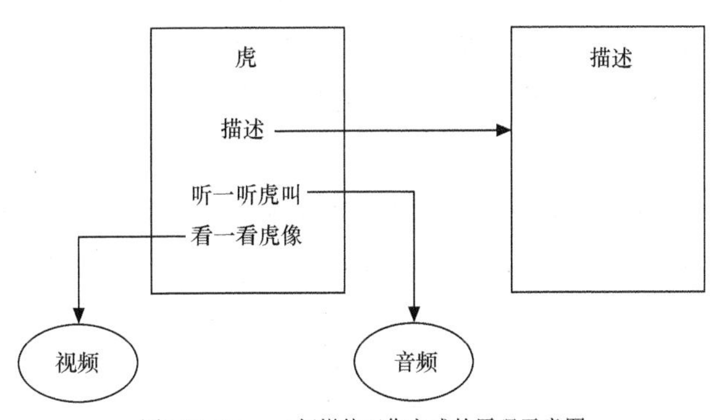

图6-16 Internet 超媒体工作方式的原理示意图

6.4.2 WWW 服务的内容

WWW 服务采用客户机/服务器工作模式。它以超文本标记语言（Hyper Text Markup Language，HTML）与超文本传输协议（Hyper Text Transfer Protocol，HTTP）为基础，为用户提供界面一致的信息浏览系统。

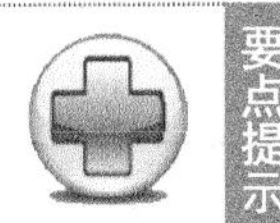

要点提示　在 WWW 服务系统中，信息资源以页面（也称网页或 Web 页）的形式存储在服务器（通常称为 Web 站点）中。这些页面采用超文本方式对信息进行组织，通过链接将一页信息接到另一页信息，这些相互链接的页面信息可放置在同一主机或不同的主机上。

页面到页面的链接信息由统一资源定位符（Uniform Resource Locators，URL）维持。用户通过客户端应用程序，即浏览器，向 WWW 服务器发出请求，服务器根据客户端的请求内容将保存在服务器中的某个页面返回给客户端，浏览器接收到页面后对其进行解释，最终将图、文、声并茂的画面呈现给用户。WWW 服务流程如图 6-17 所示。

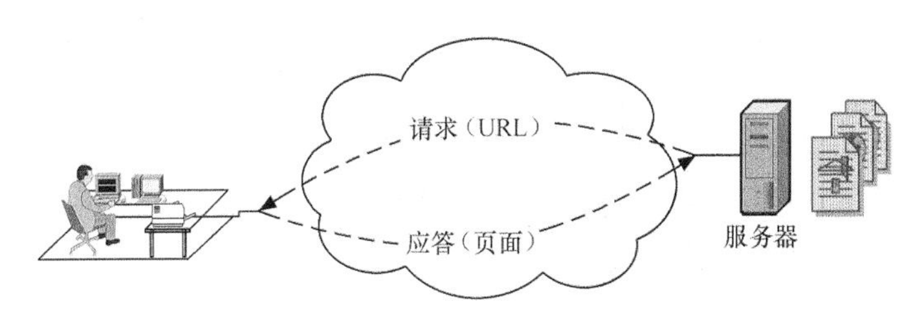

图6-17 WWW 服务流程

1. WWW 服务的特点

与其他服务相比，WWW 服务具有其鲜明的特点。它具有高度的集成性，能将各种类型的信息（如文本、图像、声音、动画、视频等）与服务（如 News、FTP、Gopher 等）紧密连接在一起，提供生动的图形用户界面。WWW 不仅为人们提供了查找和共享信息的简便方法，还为人们提供了动态多媒体交互的最佳手段。

总之，WWW 服务具有以下主要特点：以超文本方式组织网络多媒体信息；用户可以在世界范围内任意查找、检索、浏览及添加信息；提供生动直观、易于使用、统一的图形用户界面；网点间可以互相链接，以提供信息查找和漫游的透明访问；可访问图像、声音、影像和文本信息。

2. 超文本传输协议

超文本传输协议（HTTP）是 WWW 客户机与 WWW 服务器之间的应用层传输协议。

HTTP 是一种面向对象的协议，为了保证 WWW 客户机与 WWW 服务器之间通信不会产生二义性，HTTP 精确定义了请求报文和响应报文的格式。

3. 页面地址

Internet 中的 WWW 服务器众多，而每台服务器中又包含有多个页面，那么用户如何指明要获得的页面呢？这就要求助于 URL。URL 由 3 部分组成：协议类型、主机名和路径及文件名。人民邮电出版社中一个页面的 URL 如图 6-18 所示。

http://www.ptpress.com.cn/library.aspx

协议类型　　主机名　　路径及文件名

图6-18 URL 示意图

其中，http 指明要访问的服务器为 WWW 服务器；www.ptress.com.cn 指明要访问的服务器的主机名，主机名可以是服务提供商为该主机申请的 IP 地址，也可以是服务提供商为该主机申请的主机名；boc.html 指明要访问的页面的文件名。

除了通过指定 http 访问 WWW 服务器之外，还可以通过指定其他的协议类型访问其他类型的服务器。例如，可以通过指定 ftp 访问 FTP 文件服务器等。表 6-4 列出了 URL 可以指定的主要协议类型。

表 6-4　URL 协议类型

协议类型	描　述
HTTP	通过 HTTP 访问 WWW 服务器
FTP	通过 FTP 访问 FTP 文件服务器
Gopher	通过 Gopher 协议访问 Gopher 服务器
Telnet	通过 Telnet 协议进行远程登录
File	在所连的计算机上获取文件

因而，通过使用 URL，用户可以指定要访问什么协议类型的服务器、哪台服务器、服务器中的哪个文件。如果用户希望访问某台 WWW 服务器中的某个页面，只要在浏览器中输入该页面的 URL，便可以浏览到该页面。

要点提示　用户通常不需要了解所有页面的 URL，因为有关信息可以隐含在超文本信息之中，而且在利用 WWW 浏览器显示时，该段超文本信息会被加亮或被加上下划线，用户直接用鼠标单击该段超文本信息，浏览器软件将自动调用该段超文本信息指定的页面。

6.4.3 WWW 浏览器

WWW 的客户程序在 Internet 上被称为 WWW 浏览器（Browser），它是用来浏览 Internet 上的 WWW 页面的软件。

在 WWW 服务系统中，WWW 浏览器负责接收用户的请求（例如用户的键盘输入或鼠标输入），并利用 HTTP 将用户的请求传送给 WWW 服务器。在服务器请求的页面送回到浏览器后，浏览器再将页面进行解释，显示在用户的屏幕上。

IE 是普通网民使用的最频繁的软件之一，不少读者已经掌握了如何使用 IE 浏览网络信息，以及对 IE 进行基本设置的方法。下面结合具体操作介绍如何对 IE 浏览器进行安全设置，通过这些设置，用户能够在很大程度上避免网络攻击。

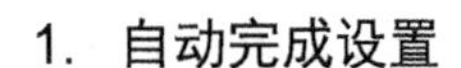

1. 自动完成设置

IE 提供的自动完成表单和 Web 地址功能为用户带来了便利，但同时也存在泄密的危险。默认情况下，自动完成功能是打开的，用户填写的表单信息，都会被 IE 记录下来，包括用户名和密码，当下次打开同一个网页时，只要输入用户名的第一个字母，完整的用户名和密码都会自动显示出来。当输入用户名和密码并提交时，会弹出自动完成对话框，如果不是个人的计算机千万不要单击【是(Y)】按钮；否则，下次其他人访问时就不再需要输入密码。如果不小心单击了【是(Y)】按钮，也可以通过下面的步骤来清除。

操作步骤

（1）打开 IE 浏览器，选择【工具】/【Internet 选项】命令。在【Internet 选项】对话框中选择【内容】选项卡，如图 6-19 所示。

（2）在【自动完成】选项区中单击【设置(I)】按钮打开【自动完成设置】对话框，单击【删除自动完成历史记录(D)...】按钮即可，如图 6-20 所示。

（3）若需要完全禁止自动完成功能，只需取消勾选【地址栏】、【表单】及【表单上的用户名和密码】等复选框即可。

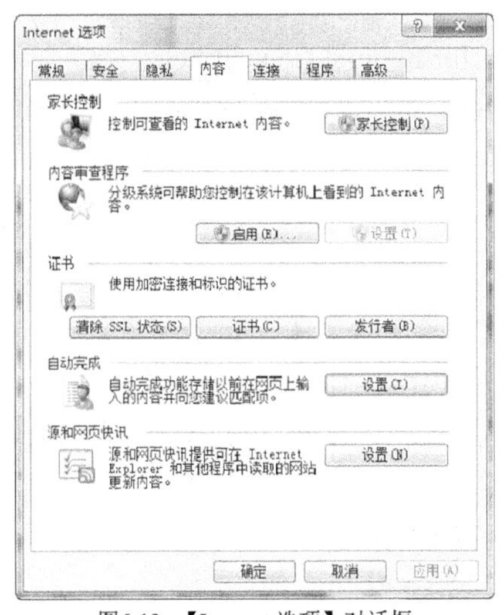

图6-19 【Internet 选项】对话框

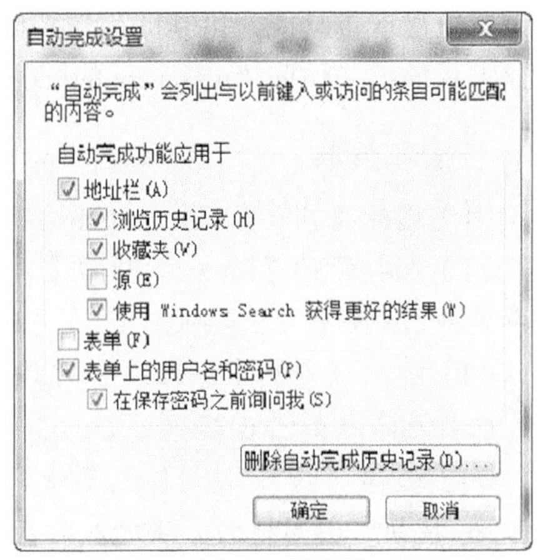

图6-20 【自动完成设置】对话框

2. Cookie 安全

Cookie 是 Web 服务器通过浏览器放在用户硬盘上的一个文件，是用于自动记录用户个人信息的文本文件。有不少网站的服务内容是基于用户打开 Cookie 的前提提供的。为了保护个人隐私，有必要对 Cookies 的使用进行限制，方法如下。

操作步骤

（1）选择【工具】/【Internet 选项】命令。

（2）切换到【隐私】选项卡，调整 Cookie 的安全级别。如图 6-21 所示，通常情况下，可以调整到“低”或者“中”的位置。

（3）如果要彻底删除已有的 Cookie，可选择【常规】选项卡，在【浏览历史记录】栏中单击【删除(D)...】按钮，打开【删除浏览的历史记录】对话框，选取删除对象，如图 6-22 所示。也可进到Windows目录下的Cookies子目录，按Ctrl+A组合键全选，再按Del键删除对象。

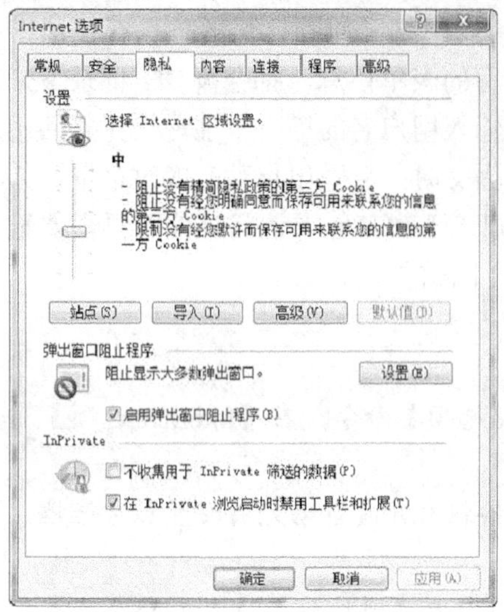

图6-21 调整Cookie的安全级别

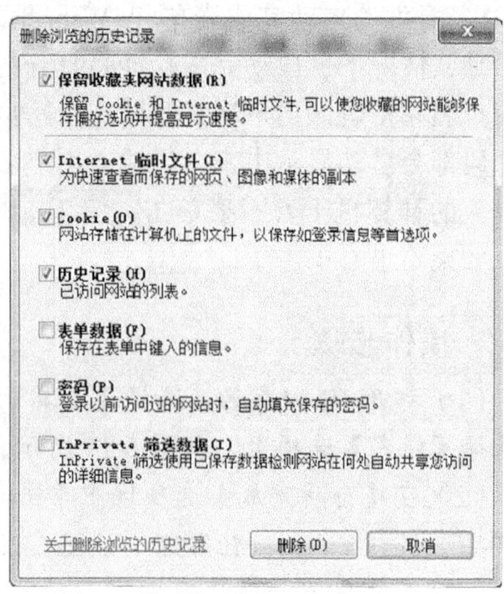

图6-22 【删除浏览的历史记录】对话框

3. 分级审查

IE支持用于Internet内容分级的PICS（Platform for Internet Content Selection）标准，通过设置分级审查功能，可帮助用户控制计算机可访问的Internet信息内容的类型。例如，只想让家里的孩子访问“www.cpcfan.com”“www.xinhuanet.com”，设置步骤如下。

操作步骤

（1）选择【工具】/【Internet选项】命令。

（2）在打开的【Internet选项】对话框中选择【内容】选项卡，在【内容审核程序】区域中单击 启用(E)... 按钮。

（3）弹出【内容审查程序】对话框，在【分级】选项卡中将分级级别调节滑块调到最低，也就是零，如图6-23所示。

（4）选择【许可站点】选项卡，添加站点www.cpcfan.com，如图6-24所示，单击 始终(W) 按钮，用同样的办法加入站点：www.xinhuanet.com。

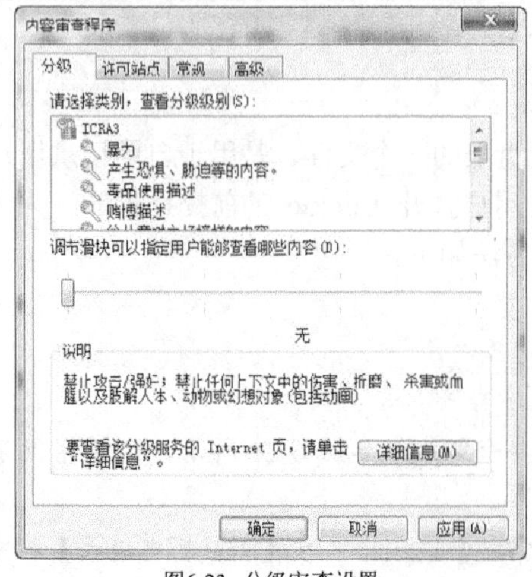

图6-23 分级审查设置

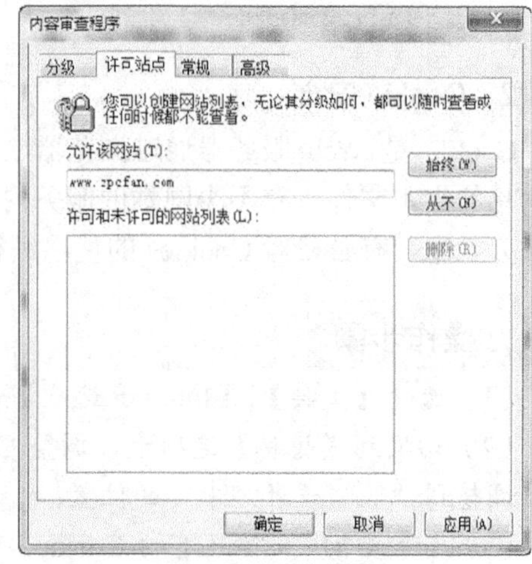

图6-24 许可站点设置

（5）单击 确定 按钮创建监护人密码。重新启动 IE 后，分级审查生效。当浏览器在遇到 www.cpcfan.com、www.xinhuanet.com 之外的网站时，程序将提示“对不起，分级审查不允许你浏览该站点”的提示并且不显示该页面。

4. IE 的安全区域设置

IE 的安全区设置可以让用户对被访问的网站设置信任程度。IE 包含了 4 个安全区域：Internet、本地 Intranet、可信站点和受限站点。系统默认的安全级别分别为中、中低、高和低。选择【工具】/【Internet 选项】命令打开【Internet 选项】对话框，切换至【安全】选项卡，建议每个安全区域都设置为默认的级别，然后把本地的站点、限制的站点放置到相应的区域中，并对不同的区域分别设置。

例如，网上银行需要 Activex 控件才能正常操作，而用户又不希望降低安全级别，最好的解决办法就是把该站点放入“本地 Intranet”区域，操作步骤如下。

操作步骤

（1）选择【工具】/【Internet 选项】命令。

（2）在打开的【Internet 选项】对话框中选择【安全】选项卡，选中“本地 Intranet”选项。

（3）单击 站点(S) 按钮，在【本地 Intranet】对话框中单击 高级(A) 按钮，如图 6-25 所示。

（4）在弹出的对话框中输入网络银行网址，然后单击 添加(A) 按钮，如图 6-26 所示。

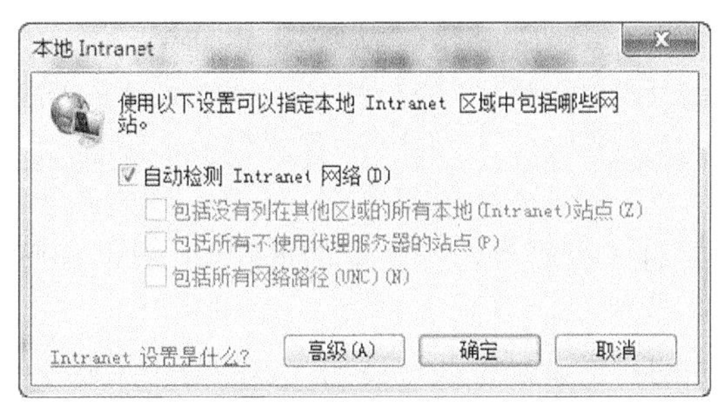

图6-25 【本地 Intranet】对话框 1

图6-26 【本地 Intranet】对话框 2

6.5 Internet 典型应用

计算机网络为人们开启一扇通往外界的窗户，借助网络，人们可以实现资源共享和信息交流。随着计算机网络技术的发展，大多数用户可以轻松借助现成的工具和软件实现各种网络功能，例如收发电子邮件、网络搜索以及文件传输等。

6.5.1 文件传输

文件传输服务（File Transfer Protocol，FTP）是 Internet 中最早的服务功能之一，目前仍在广泛使用。FTP 服务为计算机之间双向文件传输提供了一种有效的手段。它允许用户将本

地计算机中的文件上载到远端的计算机中，或将远端计算机中的文件下载到本地计算机中。

1. FTP

目前 Internet 上的 FTP 服务多用于文件的下载，利用它可以下载各种类型的文件，包括文本文件、二进制文件，以及语音、图像和视频文件等。Internet 上的一些免费软件、共享软件、技术资料、研究报告等，大多都是通过这种渠道发布的。

（1）FTP 服务工作模式

FTP 服务也采用典型的客户机/服务器工作模式，如图 6-27 所示。远端提供 FTP 服务的计算机称为 FTP 服务器，通常是 Internet 信息服务提供者的计算机，负责管理一个文件仓库，Internet 用户可以通过 FTP 客户机从文件仓库中取文件或向文件仓库中存入文件，客户机通常是用户自己的计算机。

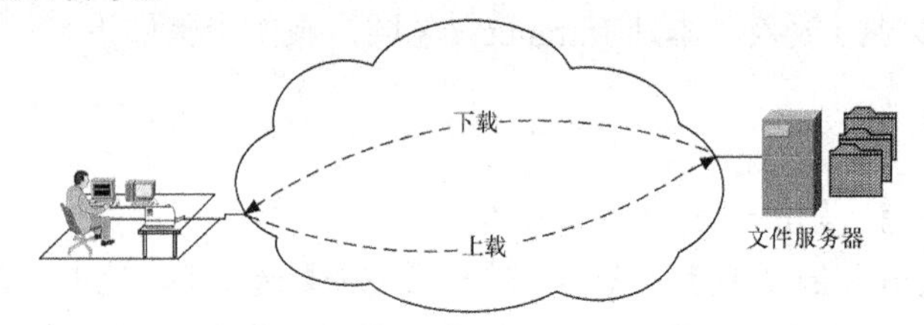

图6-27 FTP 服务工作模式

将文件从服务器传到客户机称为下载文件，而将文件从客户机传到服务器称为上载（上传）文件。

FTP 服务是一种实时的联机服务，用户在访问 FTP 服务器之前必须进行登录，登录时要求用户给出用户在 FTP 服务器上的合法账号和口令。

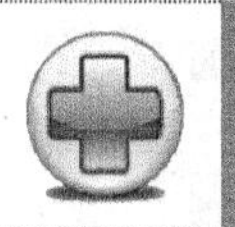

要点提示 只有成功登录的用户才能访问该 FTP 服务器，并对授权的文件进行查阅和传输。FTP 的这种工作方式限制了 Internet 上一些公用文件及资源的发布，为此 Internet 上的多数 FTP 服务器都提供了匿名 FTP 服务。

（2）FTP 服务工作原理

Internet 用户使用的 FTP 客户端应用程序通常有 3 种类型，即传统的 FTP 命令行、浏览器和 FTP 下载工具。

FTP 命令行包含约 50 条命令，对于 Internet 的初学者来说要记住如此多的命令及命令参数并不是一件容易的事情，因而用户很少使用，而是多求助于下面介绍的另外两种应用程序。

由于 FTP 命令行通常包含在操作系统中，用户在没有其他工具可用的时候也可尝试。

通常，浏览器是访问 WWW 服务的客户端应用程序，用户通过指定 URL 便可以浏览到相应的页面信息。用户在访问 WWW 服务时，URL 中的协议类型使用的是“http:”，如果将协议类型换成“ftp:”，后面指定 FTP 服务器的主机名，便可以通过浏览器访问 FTP 服务器。例如，要访问南开大学 FTP 服务器根目录下的一个文件“sample.txt”，其 URL 可以书写成图 6-28 所示的格式。

ftp://ftp.nankai.edu.cn/sample.txt

协议类型　主机名　路径及文件名

图6-28 FTP 的 URL

其中，“ftp:”指明要访问的服务器为 FTP 服务器；“ftp.nankai.edu.cn”指明要访问的 FTP 服务器的主机名；“sample.txt”指明要下载的文件名。

2. BT 下载

Internet 上除了有丰富的网页供浏览外，还有大量的工具程序、应用软件、图片音乐和影像资料等各种不同格式的文件可以下载（Download）。下载方式主要有两种：直接从网页下载和使用断点续传软件下载。

为了做个对比，先看看 HTTP 和 FTP 等由服务器端传送到客户端的下载方式的工作原理，如图 6-29 所示。在这样的方式下，有一台中央服务器，里面存放着用户需要或共享的资源，在中央服务器周围，分布着很多用户终端（客户端），它们之间靠一对一的线路连接。

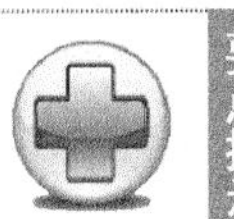

要点提示　这样就出现了一个问题，随着用户的增多，对带宽的要求也随之增多，就会造成网络瓶颈，严重时还会把服务器挂掉。鉴于此，很多服务器会都有用户人数的限制和下载速度的限制，这样就给用户造成了诸多的不便。

但用 BT（Bit Torrent）下载反而是用户越多，下载越快，这是因为 BT 用的是一种类似传销的方式来实现共享。BT 的工作原理如图 6-30 所示。

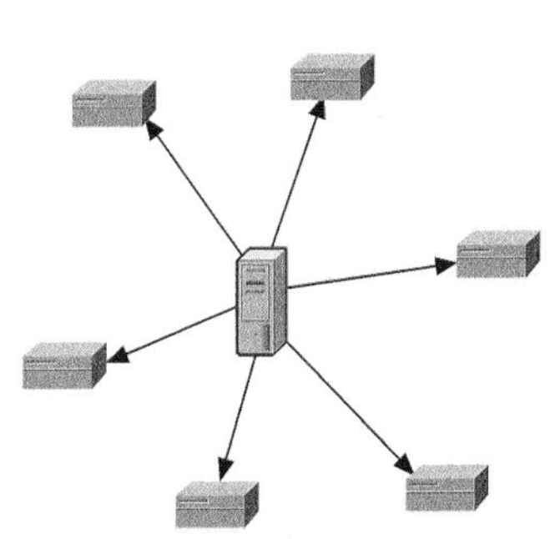

图6-29　HTTP/FTP 下载原理示意图

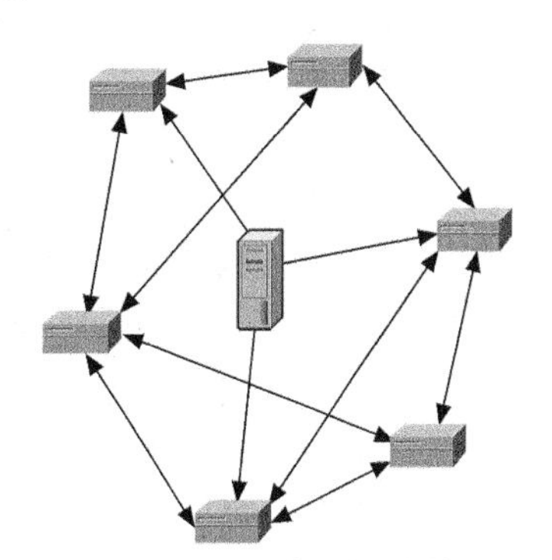

图6-30　BT 下载原理示意图

BT 首先在上传者端把一个文件分成了 X 个部分，甲在服务器随机下载了第 N 个部分，乙在服务器随机下载了第 M 个部分，这样甲的 BT 就会根据情况到乙的计算机上去下载乙已经下载好的 M 部分，乙的 BT 就会根据情况到甲的计算机上下载甲已经下载好的 N 部分。这样不但减轻了服务器端的负荷，也加快了用户方（甲或乙）的下载速度，提高了效率，更减少了地域之间的限制。例如，丙要连到服务器去下载的话，数据传输率可能比较低，但是要到甲和乙的计算机上去下载就快得多了。所以说下载的人越多，下载的速度也就越快。

6.5.2　信息搜索

Internet 中拥有数以百万计的 WWW 服务器，而且 WWW 服务器所提供的信息种类及所覆盖的领域也极为丰富，如果要求用户了解每一台 WWW 服务器的主机名及它所提供的资源种类，那就简直是天方夜谭。那么用户如何在数百万个网站中快速、有效地查找到想要得到的信息呢？这就要借助于 Internet 中的搜索引擎。

搜索引擎是 Internet 上的一个 WWW 服务器，它的主要任务是在 Internet 中主动搜索其他 WWW 服务器中的信息并对其自动索引，将索引内容存储在可供查询的大型数据库中。用户可以利用搜索引擎所提供的分类目录和查询功能查找所需要的信息。

搜索引擎通常有两种搜索查询方式。

1. 目录检索服务

目录检索服务适用于按指定主题查找信息。它将各种各样的信息按主题分成一些大

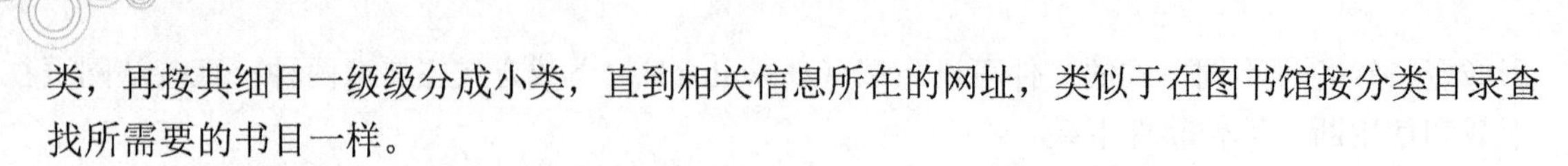

类，再按其细目一级级分成小类，直到相关信息所在的网址，类似于在图书馆按分类目录查找所需要的书目一样。

2. 关键字检索服务

关键字检索服务适用于按只字片语查找信息。它根据输入的几个字、词或短语，在其索引数据库里查找与其有关的信息所在的网址。通常会列出许多相关的网址供选择。

用户在使用搜索引擎之前必须知道搜索引擎站点的主机名，通过该主机名用户便可以访问到搜索引擎站点的主页。使用搜索引擎，用户只需要知道自己要查找什么或要查找的信息属于哪一类，而不必记忆大量的 WWW 服务器的主机名及各服务器所存储信息的类别。当用户将自己要查找信息的关键字告诉搜索引擎后，搜索引擎会返回给用户包含该关键字信息的 URL，并提供通向该站点的链接，用户通过这些链接便可以获取所需的信息。

6.5.3 即时通信

即时通信（Instant Messaging，IM）是一个终端服务，允许两人或多人使用网络即时的传递文字信息、档案、语音与视频交流。

即时通信是一个终端连往一个即时通信网络的服务。即时通信不同于 E-mail 之处在于它的交谈是即时的。大部分的即时通信服务提供了 Presence Awareness 的特性——显示联络人名单，联络人是否在线上以及能否与联络人交谈。

在早期的即时通信中，使用者输入的每一个字都会即时显示在双方的屏幕上，且每一个字的删除与修改都会即时地反应在屏幕上。这种模式比起使用 E-mail 更像是电话交谈。在现在的即时通信中，交谈中的另一方通常只会在本地端按下 Enter 键或是 Ctrl+Enter 键后才会看到信息。

最早的即时通信软件是 ICQ。4 名以色列青年于 1996 年 7 月成立 Mirabilis 公司，并在同年 11 月份发布了最初的 ICQ 版本，在 6 个月内有 85 万用户注册使用。早期的 ICQ 很不稳定，尽管如此，它还是受到大众的欢迎，雅虎也推出了 Yahoo!pager，美国在线将具有即时通信功能的 AOL包装在 Netscape Communicator 中，而后 Microsoft 公司更将 Windows Messenger 内建于 Microsoft Windows XP 操作系统中。

近年来，许多即时通信服务开始提供视讯会议的功能，网络电话（Voice Over Internet Protocol，VOIP）与网络会议服务开始整合为兼有影像会议与即时信息的功能。

腾讯公司推出的腾讯 QQ 也迅速成为中国最大的即时通信软件。不过伴随即时通信软件的迅猛发展，其也面临着互连互通、免费或收费问题的困扰。

微信（WeChat）是腾讯公司推出的一个为智能终端提供即时通信服务的免费应用程序，支持跨通信运营商、跨操作系统平台通过网络快速发送免费语音短信、视频、图片和文字等信息，目前应用广泛。

6.5.4 电子商务

电子商务（E-Business）是指利用计算机和网络进行商务活动。具体地说，是指综合利用局域网、Intranet（企业内部网）和 Internet 进行商品与服务交易、金融汇兑、网络广告或提供娱乐节目等商业活动。

在网上进行贸易已经成为现实，而且其发展得如火如荼，例如现在已经可以进行网上购物、网上商品销售、网上拍卖、网上货币支付等。电子商务已经在海关、外贸、金融、税收、销售、运输等方面得到了应用。电子商务现在正向一个更加纵深的方向发展，随着社会金融基础设施及网络安全设施的进一步健全，电子商务将在世界上引起一轮新的革命。

与此同时，电子政务也出现了。电子政务（E-Government）是指政府机构运用现代计算机和网络技术，将其管理和服务职能转移到网络上去完成，其目的是便民、高效和廉政。

6.5.5 IP 电话

IP 电话又称网络电话，它通过 Internet 来实现计算机与计算机或者计算机与电话之间的通信。使用网络电话要求计算机是一台带有语音处理设备（如话筒、声卡）的多媒体计算机。IP 电话的工作原理如图 6-31 所示。

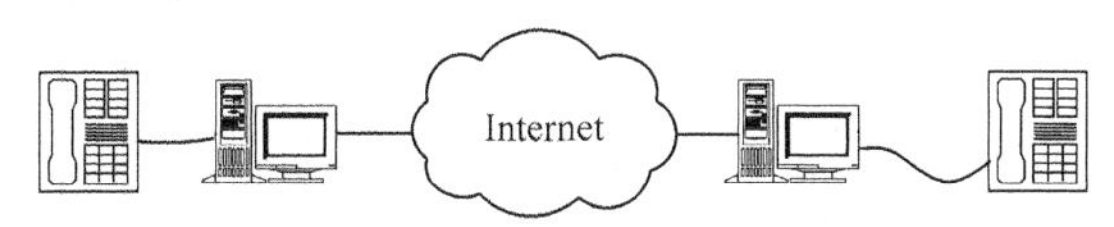

图6-31 IP 电话的工作原理

中国电信、中国联通等公司相继推出 IP 电话服务，IP 电话卡由于受到人们的普遍欢迎而成为一种很流行的电信产品，因为它的长途话费大约只有传统长途电话的三分之一。IP 电话凭什么能够做到这一点呢？原因就在于它采用了 Internet 技术，是一种网络电话。现在市场上已经出现了多种类型的网络电话，还有一种网络电话，它不仅能够听到对方的声音，而且能够看到对方，还可以几个人同时进行对话，这种模式也称为“视频会议”。Internet 在电信市场上的应用将越来越广泛。

6.5.6 BBS

BBS 是 Bullet in Board System（电子公告牌系统）的缩写，主要进行信息的发布和讨论，有讨论区、信件区、聊天区和文件共享区等多项服务。讨论区包括学术讨论区和其他话题讨论区，用户可以挑选感兴趣的话题发表自己的观点；信件区的 BBS 信息可以收发所有邮件；聊天区可以随意谈天说地；文件共享区可以让用户提供自己的软件与他人共享，也可下载他人提供的软件。

现在国内网上交流信息用得较多的是中文论坛、聊天室和贴吧等。

中文论坛是一个建立在中文站点上的讨论区，是 BBS 的另一种形式。在这个平台上同样可以发表自己的文章或回复别人的文章，讨论各式各样的问题，交流信息，其界面与浏览器窗口风格一致，操作更方便。其中文章通常支持 HTML，界面更活泼。

聊天室与通常的 BBS 聊天室功能相似，由于可以用浏览器加鼠标进行操作，所以其应用更广。

虚拟社区（CLUB）的主要功能有公告栏、群组讨论、社区通信、社区成员列表、在线聊天等。

6.6 Windows 7 操作系统的基本网络功能

Windows 7 是由微软公司（Microsoft）开发的操作系统，通过集成前期版本中的强项

（基于标准的安全性、可管理性和可靠性、即插即用、易用的用户界面和创新的支持服务等）实现了 Windows 操作系统的统一。Windows 7 可供家庭及商业工作环境：笔记本电脑、平板电脑、多媒体中心等使用。

6.6.1 Windows 7 操作系统概述

Window 7 操作系统版本有：Windows 7 Starter（简易版）、Windows 7 Home Basic（家庭普通版）、Windows 7 Home Premium（家庭高级版）、Windows 7 Professional（专业版）、Windows 7 Enterprise（企业版）、Windows 7 Ultimate（旗舰版）还配备了 Intel Itanium 处理器的计算机。本节将介绍 Windows 7 操作系统新特点。

在保留 Windows 2000 核心的同时，Windows 7 操作系统采用了全新的视觉设计。常见任务得到了合并和简化，新加入的可视化提示可帮助用户更轻松地导航计算机。例如针对多用户共用一台计算机的“快速用户切换”。

“快速用户切换”针对家庭使用设计，能让每个人像拥有自己的计算机一样共用一台计算机，不必注销其他用户及决定是否保存他们的文件。Windows 7 操作系统利用“终端服务”技术，将每个用户会话运行为唯一的“终端服务”会话，实现每个用户数据的完全分离。

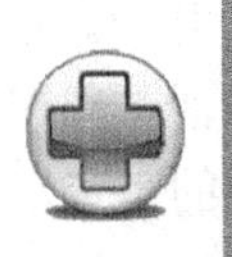

要点提示

“快速用户切换”让家庭成员能更轻松地共享一台计算机。例如，如果妈妈正使用计算机处理财务，但必须离开一小段时间，她的孩子就可以切换到自己的账户玩游戏。财务应用程序仍留在妈妈账户下继续运行和打开着。新的“欢迎”屏幕可通过每个登录用户的图片轻松自定义，通过该屏幕切换用户，这一切非常简单，如图 6-32 所示。

图6-32 Windows 7“欢迎”屏幕

6.6.2 远程对话

远程技术突破了时空的界限，为人们的日常生活带来了极大的便利，例如远程监控以及远程教育等。

1. 远程协助

图 6-33 所示为一个远程协助会话示例。帮助者的【开始】菜单显示在左下角。嵌入屏幕显示请求“远程协助”的用户桌面。帮助者可以查看该桌面，与用户进行交谈，以及发送补丁或热修复文件。在该模式下，用户仍保留对鼠标和键盘的完全控制。用户也可以授予帮助者更高级别的临时权限，允许其远程控制键盘和鼠标。

2. 远程桌面

“远程桌面”基于“终端服务”技术。使用“远程桌面”，可以从运行 Microsoft Windows 操作系统的任何客户机来运行远程 Windows 7 Professional 计算机上的应用程序。

应用程序在 Windows 7 Professional 计算机上运行，只有键盘输入、鼠标输入和显示输出数据通过网络传输到远程位置。“远程桌面”的启动如图 6-34 所示。

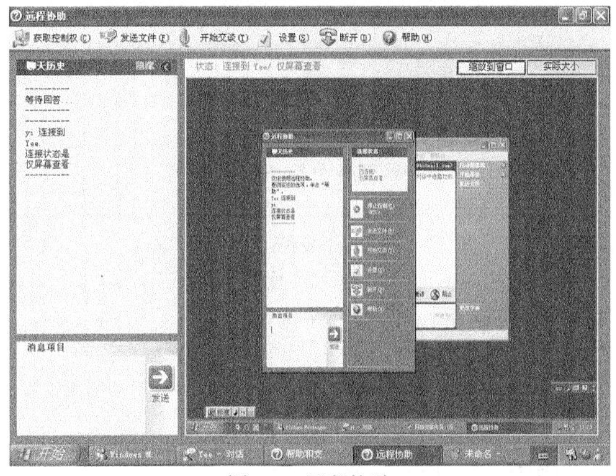

图6-33 远程协助

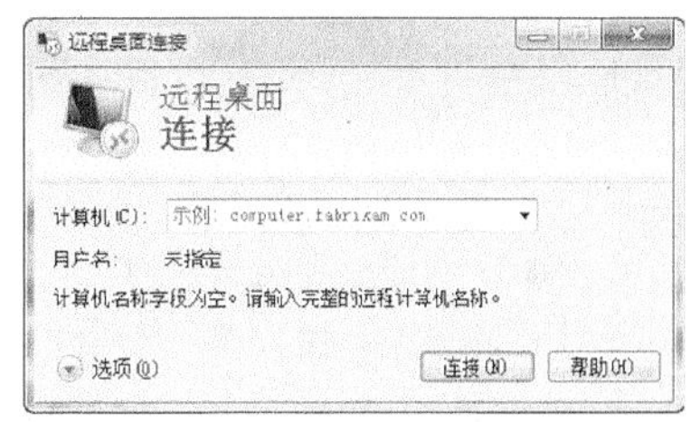

图6-34 远程桌面

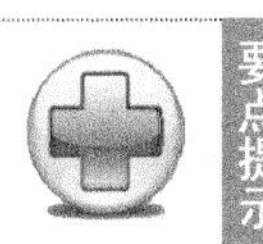

要点提示 “远程桌面”能让用户利用分布式计算环境所提供的灵活性优势。作为 Windows 7 Professional 的标准组件，“远程桌面”允许用户从任何地点、通过任何连接、使用任何基于 Windows 操作系统的客户端访问自己的 Windows 7 计算机。

Windows 7 操作系统的新技术和新功能共有 49 种之多，从微软公司关于 Windows 7 操作系统的技术概述文档中可看到对它们的简要介绍。但是，美中不足的是，Windows 7 操作系统取消了对 Java 程序的支持，也就是说浏览带有 Java Applet 程序的网页时，需要额外下载一个 5MB 的 Java 虚拟机（Java Virtual Machine，JVM）。总体来说，Windows 7 是一款优秀的视窗操作系统。

【例 6-1】 Windows7 操作系统远程桌面连接。

在 Windows 7 操作系统中新增了远程桌面连接功能。使用远程桌面连接，用户可以将其他位置的计算机连接到本地计算机的桌面，执行本地计算机中的程序或使用本地计算机连接到其他位置的计算机桌面，执行其他计算机上的程序。

本案例将介绍 Windows 7 操作系统的远程桌面连接功能。

操作步骤

（1）设置远程桌面连接

要想设置远程桌面连接，用户先要与 Internet 建立连接或在局域网中设置终端服务器。在进行远程桌面连接之前，用户需要先对远程桌面连接进行一些设置，具体操作如下。

① 选择【开始】/【所有程序】/【附件】/【远程桌面连接】命令。

② 打开【远程桌面连接】窗口，如图 6-35 所示。

③ 单击 选项(O) 按钮，展开全部对话框。

④ 选择【常规】选项卡，如图 6-36 所示。

⑤ 在【登录设置】选项栏的【计算机】下拉列表中输入要进行远程桌面连接的计算机的 IP 地址；在【用户名】文本框中输入登录使用的用户名，如图 6-37 所示。

⑥ 在【连接设置】选项栏中单击 另存为(V)... 按钮，可将当前的设置信息保存下来。保存

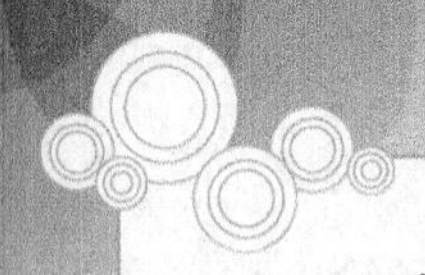

后，用户可直接单击 打开(E)... 按钮，打开已经保存的设置。

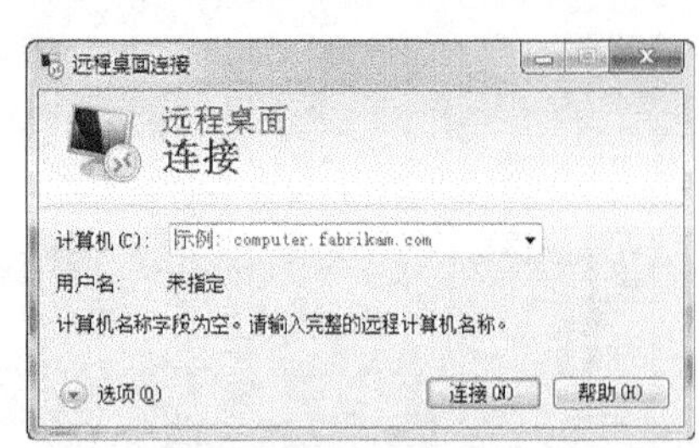

图6-35 【远程桌面连接】窗口

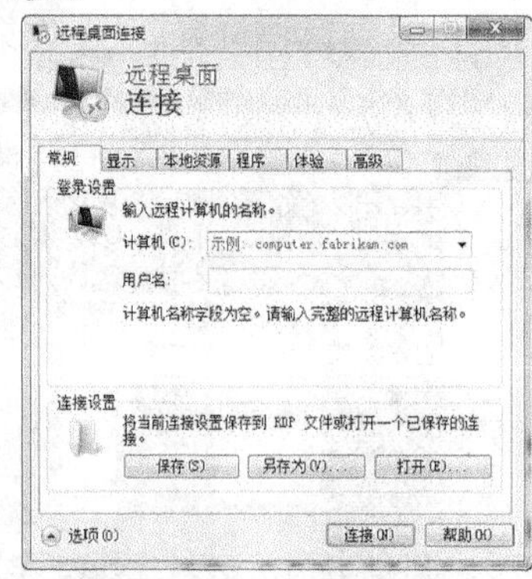

图6-36 【常规】选项卡

⑦ 单击 连接(N) 按钮，即可进行远程桌面连接。

⑧ 这时将弹出【Windows 安全】对话框，如图 6-38 所示。

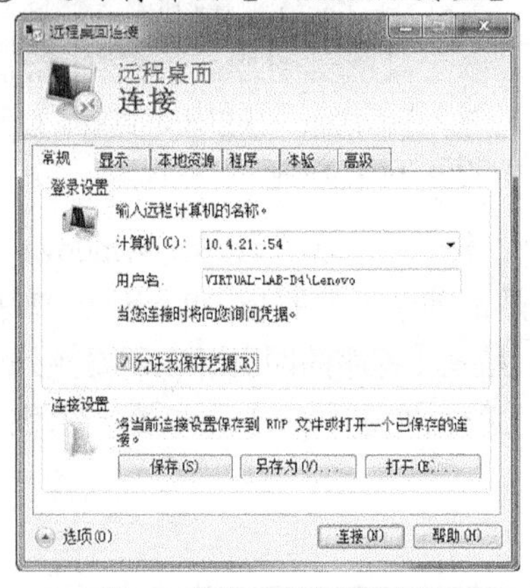

图6-37 设置 IP 地址和用户名

图6-38 【Windows 安全】对话框

⑨ 在该对话框的账户名文本框中输入登录用户的登录密码；单击 确定 按钮，即可登录到该计算机桌面，如图 6-39 所示。在登录成功后，用户就可以使用该远程桌面中的程序进行各项操作了。

本案例登录的远程桌面使用的是 Windows 7 操作系统，用户所登录的远程桌面可能会因为对方使用操作系统的不同而有所不同。用户使用该远程桌面中的程序，并不影响该计算机的正常操作。

（2）设置远程桌面连接的显示方式

在默认状态下，远程桌面连接以全屏方式显示，用户可以自行更改其显示大小，让其以 800 像素×600 像素显示或以 640 像素×480 像素显示（根据电脑的具体配置可以适当提高显示分辨率），也可以更改远程桌面的颜色显示方式，其操作如下。

① 选择【开始】/【所有程序】/【附件】/【远程桌面连接】命令，打开【远程桌面连接】窗口。

② 单击 选项(O) 按钮，展开对话框。

③ 选择【显示】选项卡，如图 6-40 所示。

④ 在【远程桌面大小】选项栏中拖动滑块，即可改变远程桌面的大小。将滑块拖到最右边，可以全屏显示；将滑块拖到中间，可以 800 像素×600 像素显示；将滑块拖到最左

边，可以 640 像素 × 480 像素显示。

图6-39 登录到远程桌面

图6-40 【显示】选项卡

⑤ 在【颜色】选项栏中的【颜色】下拉列表可选择远程桌面的颜色显示方式，例如用户可选择 256 色、增强色（16 位）或真色彩（24 位）等色彩显示方式。在下面的预览框中可看到所选颜色方式的预览效果。

⑥ 若勾选【全屏显示时显示连接栏】复选框，则在全屏显示时会显示连接栏。

（3）设置远程桌面连接的本地资源

在进行远程桌面连接的设置中，用户可选择是否将远程计算机的声音、键盘方式带到本地计算机上，及选择在登录到远程桌面时需要连接的本地设备。设置远程桌面连接的本地资源可按以下步骤进行。

① 选择【开始】/【所有程序】/【附件】/【远程桌面连接】命令，打开【远程桌面连接】窗口。

② 单击 选项(O) 按钮，展开全部对话框。

③ 选择【本地资源】选项卡，如图 6-41 所示。

④ 在该选项卡的【远程音频】选项栏中用户可单击 设置(S)... ，在弹出的对话框中选择在此计算机上播放，不播放以及在远程计算机上播放。在【键盘】选项栏中，用户可选择使用本地计算机上的键盘方式、使用远程计算机上的键盘方式或只用全屏模式。

⑤ 在【本地设备】选项栏中，用户可选择在登录到远程计算机时需要自动连接的本地设备。用户只需选中相应本地设备前的复选框，即可设置其在登录远程计算机时自动连接。

（4）设置登录远程计算机时的启动程序

在登录远程计算机时，用户还可以设定在登录时自动启动指定的程序，其具体操作如下。

① 选择【开始】/【所有程序】/【附件】/【远程桌面连接】命令，打开【远程桌面连接】窗口。

② 单击 选项(O) 按钮，展开对话框。

③ 选择【程序】选项卡，如图 6-42 所示。

④ 在该选项卡中，用户可在【启动程序】选项栏中勾选【连接时启动以下程序】复选框。这时【程序路径和文件名】和【在以下文件夹中启动】文本框均变为可用状态。

⑤ 用户可在【程序路径和文件名】和【在以下文件夹中启动】文本框中输入要在登录时启动的程序的路径和文件名等信息。

⑥ 单击 连接(N) 按钮即可在登录时启动指定的程序。

图6-41 【本地资源】选项卡

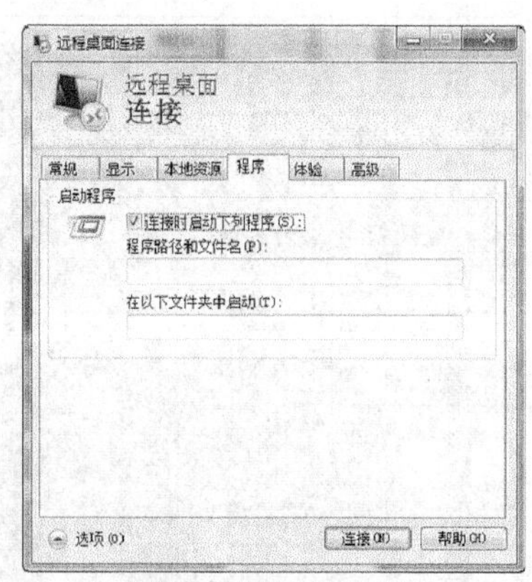

图6-42 【程序】选项卡

（5）优化远程桌面连接性能

用户可以通过选择连接速度来进行远程桌面连接性能的优化设置。在条件允许的情况下，用户可尽量选择较高的连接速度，以使其发挥更大的性能。要想进行设置，可执行下列操作。

① 选择【开始】/【所有程序】/【附件】/【远程桌面连接】命令，打开【远程桌面连接】窗口。

② 单击 选项(O) 按钮，展开全部对话框。

③ 选择【体验】选项卡，如图 6-43 所示。

④ 在该选项卡中，用户可选择所能达到的最高的连接速度。选择了合适的连接速度后，在【允许以下功能】列表中将显示所选连接速度下所能实现的功能。

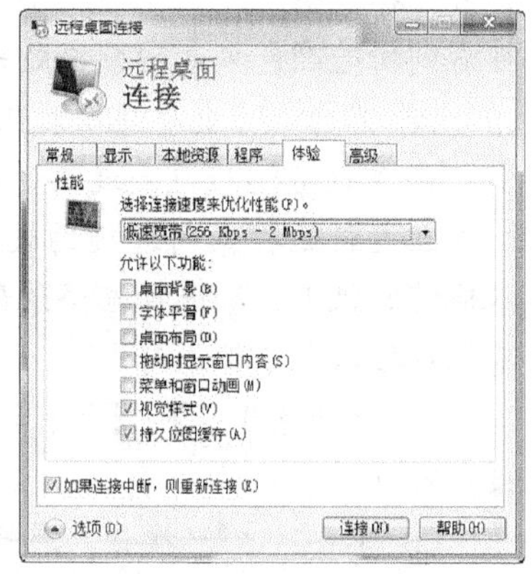

图6-43 【体验】选项卡

案例小结

本案例介绍了在 Windows 7 操作系统中远程桌面连接的功能，包括基本的连接设置和优化设置。希望读者能多实践，充分体会到远程桌面连接给用户的学习和工作带来的巨大方便。

6.6.3 资源共享

【例 6-2】 在 Windows 7 操作系统下安装设置打印机。

在用户使用计算机的过程中，有时需要将一些文件以书面的形式输出，如果用户安装了打印机就可以打印各种文档和图片等内容，这将为用户的工作和学习提供极大的方便。

在 Windows 7 操作系统中，用户不但可以在本地计算机上安装打印机，如果用户是连入网络中的，也可以安装网络打印机，使用网络中的共享打印机来完成打印作业。

本案例介绍如何借助 Windows 7 操作系统与网络上的其他用户共享打印机。

操作步骤

针对 Microsoft 网络的文件与打印机共享组件允许网络上的其他计算机借助 Microsoft 网

络对自己计算机上的资源进行访问。该组件将通过缺省方式安装并启用，通过 TCP/IP 以连接为单位加以应用并且需要对本地文件夹进行共享。

本案例讲解以下内容：如何共享打印机，如何停止共享打印机，如何与网络上的某台打印机建立连接，与网络打印机建立连接的 3 种方式和如何设置或删除打印机权限。

（1）共享打印机

① 依次选择【开始】/【控制面板】命令，打开【控制面板】窗口，在【硬件和声音】图标下，单击【查看设备和打印机】，打开【打印机和传真】窗口。

② 用鼠标右键单击希望进行共享的打印机，在快捷菜单中选择【打印机属性】命令。

③ 在打开对话框的【共享】选项卡上，选中【共享这台打印机】单选钮并为其输入共享名称，如图 6-44 所示。

④ 如果需要与使用不同种类硬件设备或操作系统的用户共享打印机，则单击 其他驱动程序(D)... 按钮，然后在【处理器】列表栏中选择其他计算机所使用的操作系统，之后单击 确定 按钮安装附加驱动程序，如图 6-45 所示。

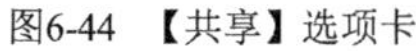
图6-44 【共享】选项卡

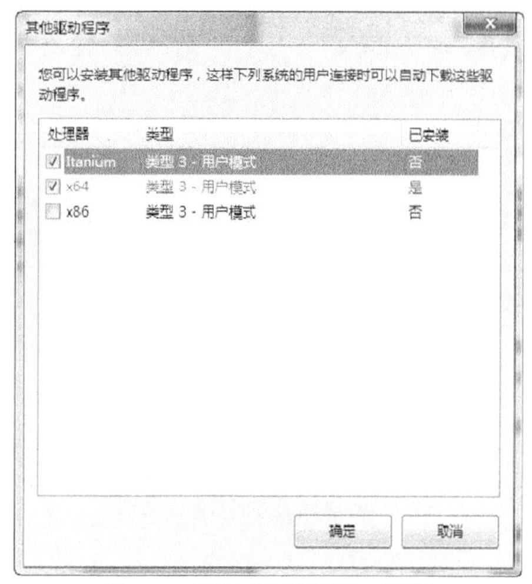

图6-45 【其他驱动程序】对话框

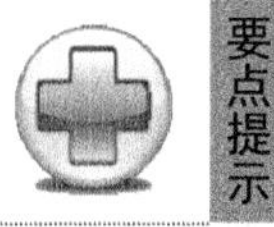
要点提示

当在 Active Directory 中发布一台打印机时，登录到 Windows 域中的其他用户都将能够根据所在位置或相关特性（例如每分钟打印页数以及是否支持彩色打印）搜索到这台打印机。

（2）停止共享打印机

① 依次选择【开始】/【控制面板】命令，打开【控制面板】窗口，在【硬件和声音】图标下，单击【查看设备和打印机】，打开【打印机和传真】窗口。

② 用鼠标右键单击希望进行共享的打印机，在弹出的快捷菜单中选择【打印机属性】命令。

③ 在弹出对话框的【共享】选项卡中不勾选【共享这台打印机】单选钮。

（3）与网络上的某台打印机建立连接

① 依次选择【开始】/【控制面板】命令，打开【控制面板】窗口，在【硬件和声音】选项下，单击打开【查看设备和打印机】，打开【打印机和传真】窗口。

② 在窗口左上角，单击 添加打印机 打开【添加打印机】对话框，如图 6-46 所示。

③ 单击【添加网络、无线或 Bluetooth 打印机】选项，打开【添加打印机】对话框，选中需要连接的打印机，单击 下一步(N) 按钮，如图 6-47 所示。

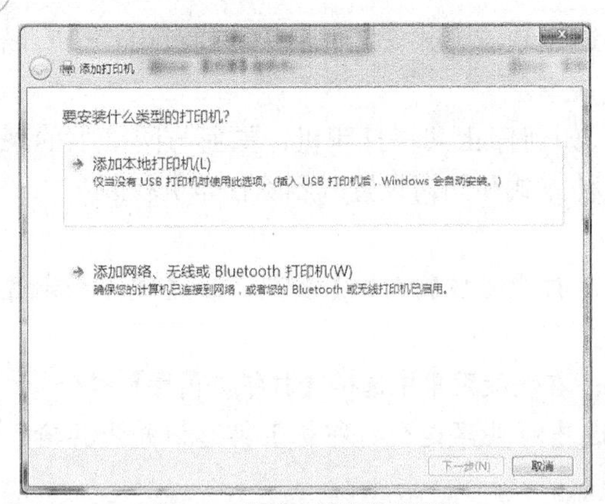

图6-46 【添加打印机】对话框

图6-47 【添加打印机】对话框 1

④ 系统提示“已成功添加”，单击 下一步(N) 按钮，如图 6-48 所示。在弹出的对话框中单击 完成(F) 按钮，如图 6-49 所示，即完成了与这台打印机的连接。

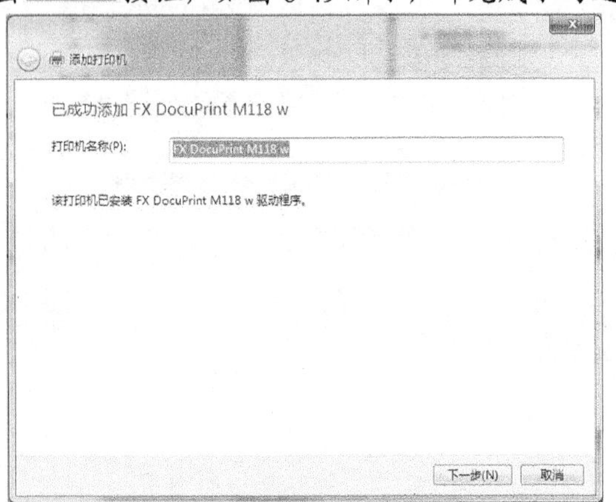

图6-48 【添加打印机】对话框 2

图6-49 【添加打印机】对话框 3

案例小结

本案例介绍了在 Windows 7 操作系统中，如何安装和配置网络打印机。在 Windows 的其他操作系统中，过程也与之类似。

6.7 实训 10 使用 Foxmail 收发邮件

实训要求

通过该实训，让读者掌握 Foxmail 的使用方法，包括 Foxmail 的安装设置，以及邮件的接收、阅读和发送等。

操作步骤

1. 用户基本设置

在使用 Foxmail 收发电子邮件前，首先要创建用户账户，通过用户账户连接到相应的邮件服务器，这样才可以收发电子邮件。Foxmail 可以同时管理多个账户，使用户与他人联系时变得更加方便、快捷。下面介绍如何在 Foxmail 上创建用户账户。

（1）建立新的用户账户

① 启动 Foxmail，打开图 6-50 所示的【新建账号】对话框，在其中填写邮件账户信息，主要填写内容包括以下内容。

- 电子邮件地址：设置邮箱地址，这一项必填。
- 密码：设置登录邮箱的密码。如果在这里填写了密码，则在登录账户时不再需要输入密码；如果没有填写，则在登录账户时会弹出输入密码对话框，要求用户输入密码。

② 填写完后单击 创建 命令，设置成功后如图 6-51 所示，单击 完成 命令进入 Foxmail 主页。

图6-50 【新建账号】对话框

图6-51 设置成功后的对话框

（2）添加邮箱

① 打开 Foxmail，单击窗口右边的菜单栏，下拉菜单中有很多命令，如图 6-52 所示，选择【账户管理】命令，打开【系统设置】对话框。

② 在【系统设置】对话框中，单击 新建 命令，开始添加新账号，如图 6-53 所示。

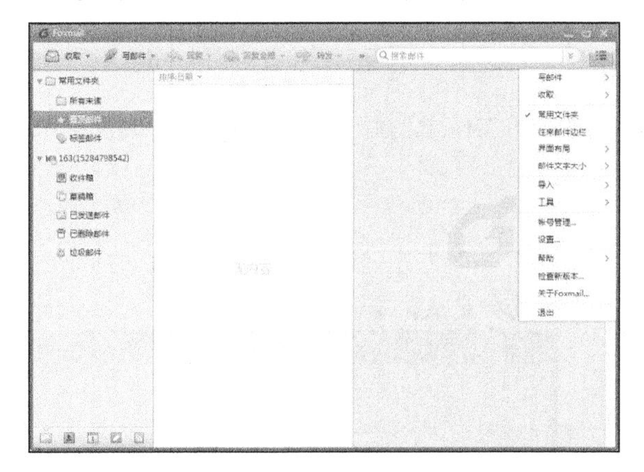

图6-52 账户管理命令

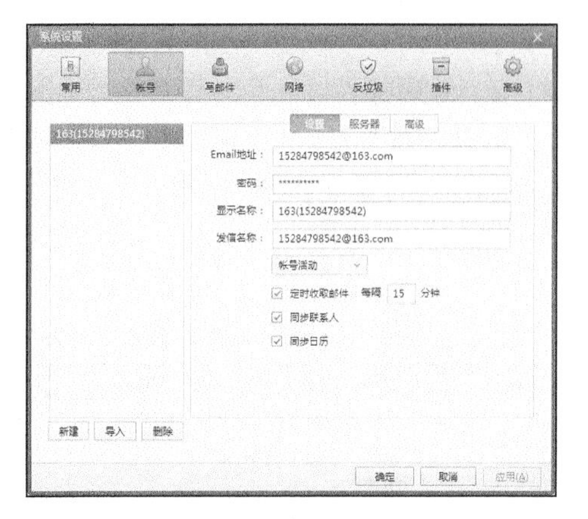

图6-53 创建账号

③ 输入要添加的邮箱地址和密码，然后单击 创建 添加新账号，如图 6-54 所示。

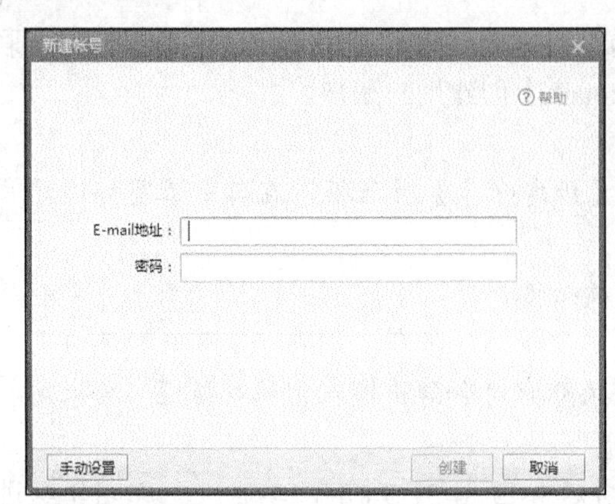

图6-54 添加新账号

（3）设置邮箱密码

① 打开Foxmail，在需要设置密码的邮箱上单击鼠标右键，如图6-55所示。

② 在右键菜单中选择【帐号访问口令】设置口令。然后输入要设置的口令，如图6-56所示，邮箱就设置好了。上锁之后的邮箱上面会有一把小锁。

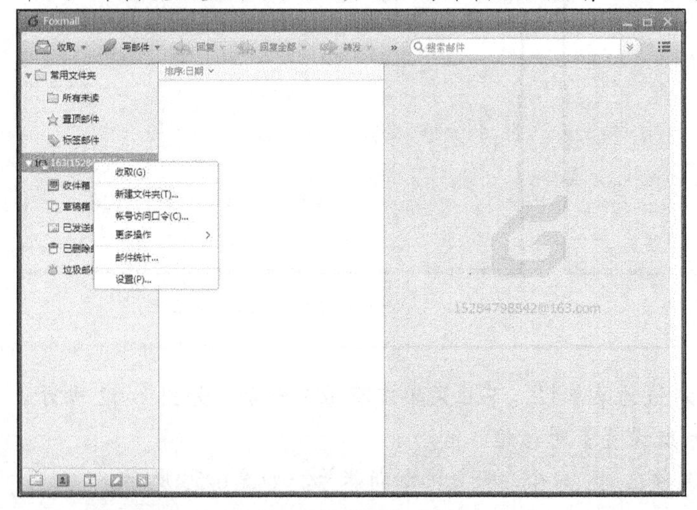

图6-55 选择设置口令命令

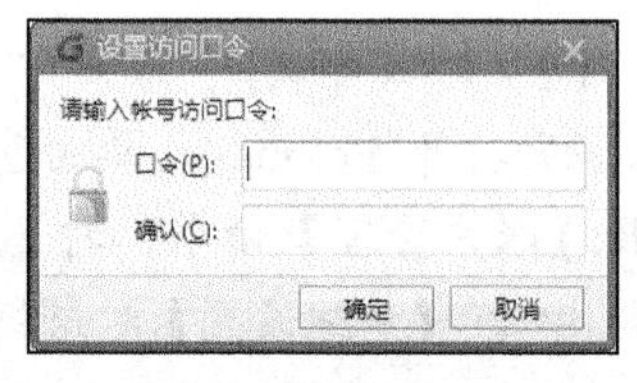

图6-56 设置访问口令

2. 处理邮件

创建好账户后，Foxmail就可以处理日常生活和工作中的邮件了。下面介绍Foxmail在处理邮件时的详细功能。

（1）接收邮件

① 启动Foxmail后，在界面左上角单击 收取 命令即可开始收取邮件，如图6-57所示。

② 系统开始收发邮件，收发结束后显示任务成功完成，如图6-58所示。

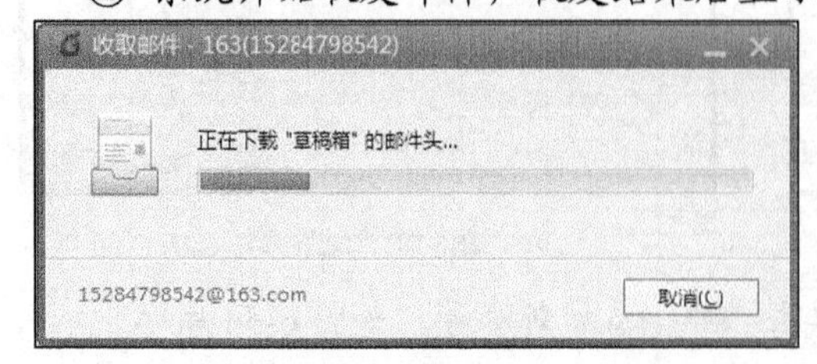

图6-57 收取新邮件

图6-58 收发结束后的效果

（2）查看邮件

展开账户后，选中【收件箱】项目，可以在界面右侧的窗口列表中查看到相关的邮件信息，如图 6-59 所示，新邮件和已读邮件将使用不同的图标来表示。

（3）回复邮件

收到邮件后，一般都需要回复对方的邮件。在邮件中，用户可以根据自己的喜好设置字体颜色，插入背景图片、音乐等。

① 在查看邮件模式下，单击工具栏中的 回复 按钮，打开【写邮件】对话框，在工具栏中单击 A 按钮打开调色板选择背景颜色。如果希望选择更多的颜色，可以在调色板中单击【更多】按钮，打开【颜色】对话框，在其中可以设置喜欢的颜色，如图 6-60 所示。

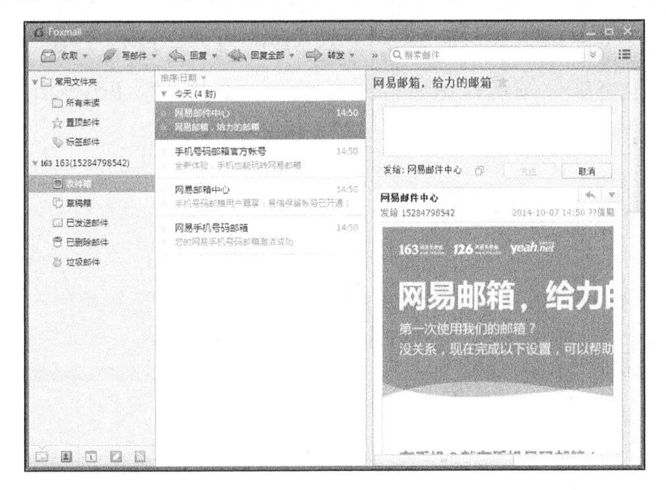

图6-59 查看邮件

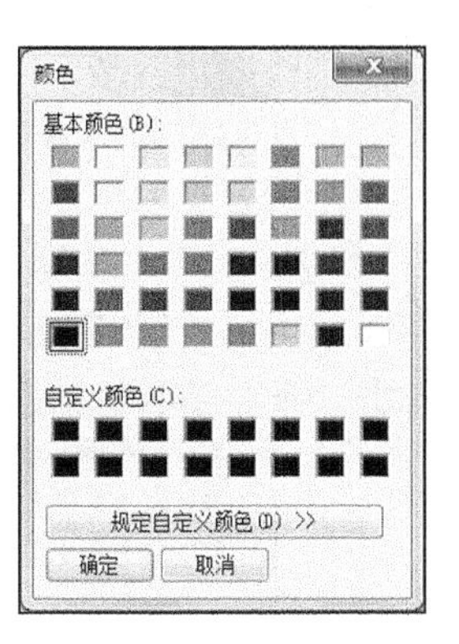

图6-60 设置背景颜色

② 输入回复邮件的内容，需要插入图片时，可以在工具栏中单击 图片 按钮插入本地图片或网络图片，如图 6-61 所示。

③ 如果需要插入附件，可以在工具栏中单击 附件 按钮插入附件，当附件较大时，单击 超大附件 按钮插入超大附件，如图 6-62 所示。

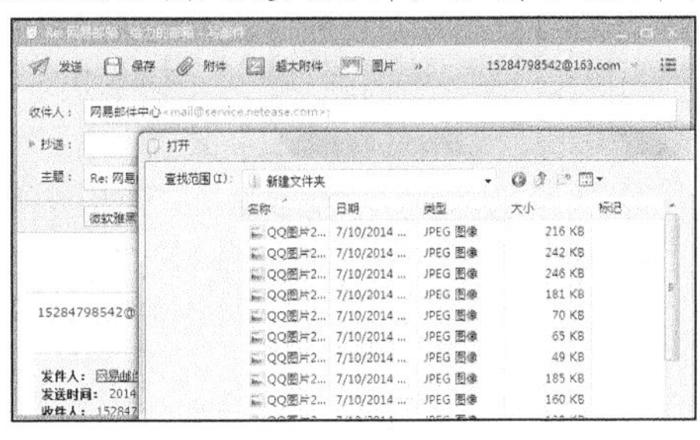

图6-61 插入图片

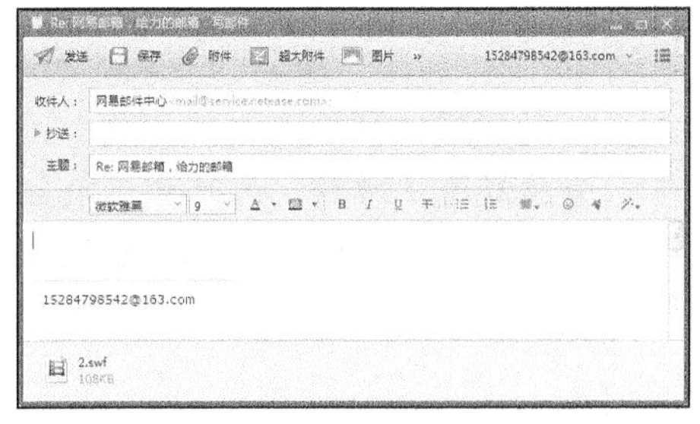

图6-62 添加附件

④ 写好邮件以后，选择菜单栏上面的 发送 命令发送邮件。

（4）写新邮件

单击主界面上的 写邮件 按钮，在打开的【写邮件】窗口中编辑好收件人的地址及主题，然后在正文区域输入信件内容，具体方法与回复邮件类似，单击 发送 按钮即可发送写好的邮件，如图 6-63 所示。

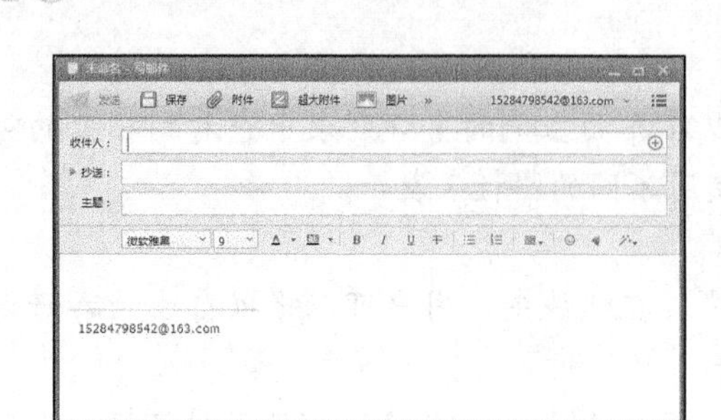
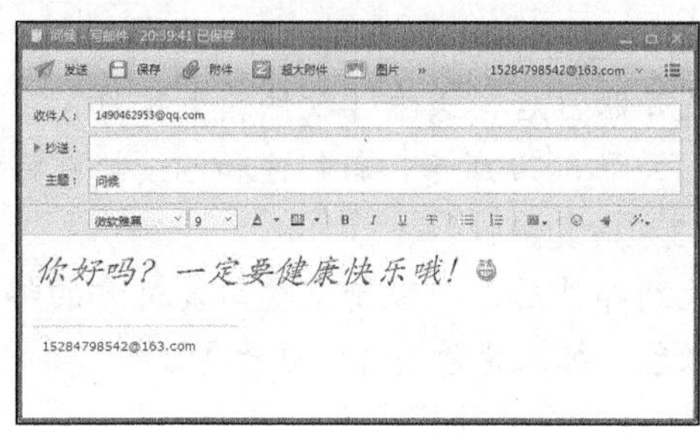

图6-63 写邮件

3. 使用地址簿

使用地址簿能够很方便地对用户的 E-mail 地址和个人信息进行管理。它以卡片的方式存放信息，一张卡片对应一个联系人的信息，同时又可以从卡片中挑选一些相关用户编成一个组，这样可以方便用户一次性地将邮件发送给组中的所有成员。下面介绍 Foxmail 在使用地址簿时的相关功能。

（1）打开地址簿

单击窗口左下方的按钮，打开【地址簿】窗口，如图 6-64 所示。

（2）编辑地址簿

单击 新建联系人 按钮，在弹出的【联系人】对话框中输入联系人的信息，如个人姓名、邮箱、电话等信息后，单击 保存 按钮完成联系人的添加，如图 6-65 所示。

图6-64 【地址簿】窗口

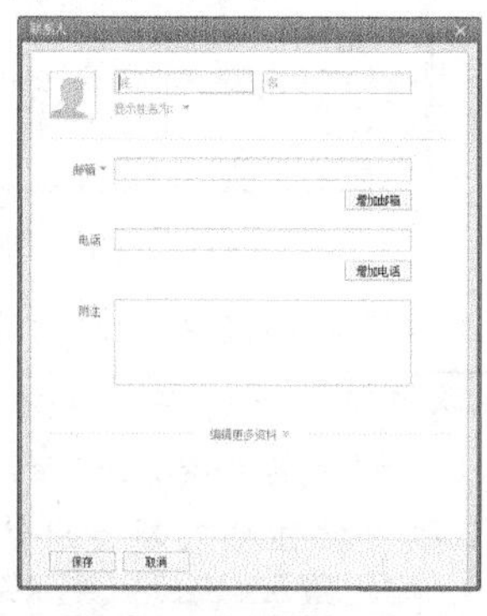

图6-65 新建联系人

（3）使用地址簿

编辑好地址簿后，用户可以直接进行写信操作，双击发信人的信息，就可以弹出【写邮件】窗口，并且发信人的地址已经填写好了，用户只需要写好信的内容和主题就可以发送邮件了。

习题

1. Internet 由哪些部分组成？
2. 什么是域名系统？
3. 简述域名解析过程。
4. 为什么要对 IE 浏览器进行安全设置？
5. 你用过 BT 下载吗？说说它跟一般下载工具的不同之处。

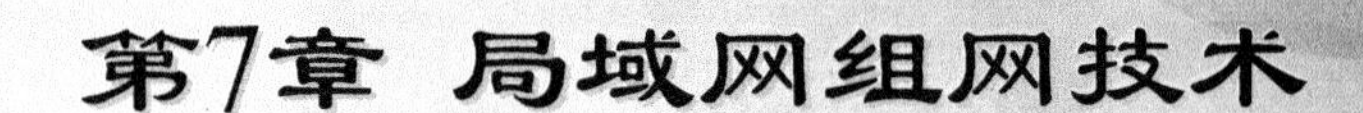

第7章 局域网组网技术

如今，大多数公司、企业和学校因为教学、日常办公以及经营业务的需要，都配置了大量的计算机，为了便于这些计算机之间的信息交流和资源共享，可以在这些计算机之间组建局域网络。本章将主要介绍组建对等网络的一般方法，并对无线局域网的组网技术进行介绍，最后介绍在局域网中共享资源的一般方法。

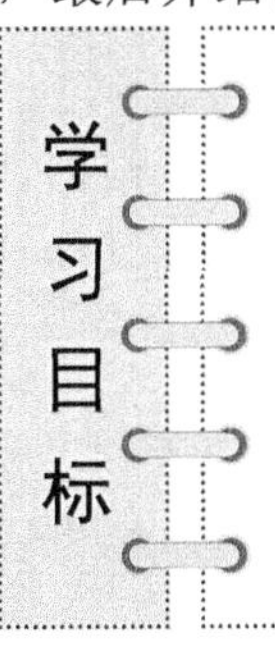

学习目标

- 了解局域网的特点和用途。
- 掌握构建双机对等网的方法。
- 明确组建家庭局域网的方法。
- 明确组建宿舍局域网的一般方法。
- 明确无线局域网的特点、用途和组建原理。
- 掌握局域网中共享资源的一般方法。

7.1 局域网概述

通过对前面各章的学习，大家对计算机网络有了初步的了解，下面继续介绍局域网的基本知识。

7.1.1 局域网的概念

局域网是结构程度较低的计算机网络，通常可以从功能和技术两个角度来认识局域网。

1. 从功能上看局域网

从功能上讲，局域网是一组在物理位置上相隔不远的计算机和其他设备互连在一起的系统，允许用户之间相互通信和共享资源。

2. 从技术上看局域网

从技术上讲，局域网是由特定类型的传输媒体和网络适配器相互连接在一起的多台计算机，并接受网络操作系统监控的网络体系。

7.1.2 局域网的特点

综合来看，局域网具有以下特点。

（1）分布范围小、投资小、配置简单。

（2）传输速率高，通常为 1Mbit/s～20Mbit/s，光纤高速网甚至可达 100 Mbit/s～1 000 Mbit/s。

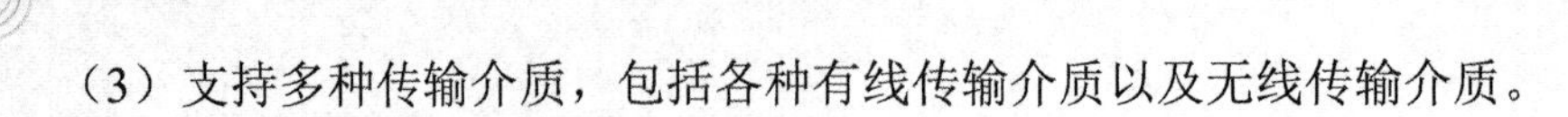

（3）支持多种传输介质，包括各种有线传输介质以及无线传输介质。

（4）通常由网卡完成通信处理工作。

（5）传输质量好，误码率低。

（6）有规则的拓扑结构。

7.1.3 局域网的基本组成

局域网由计算机、路由器（或交换机）、网络传输介质、网络操作系统以及局域网应用软件组成。其中，计算机、路由器（或交换机）和网络传输介质构成局域网物理实体；而借助于网络操作系统以及局域网应用软件可以实现局域网中各种管理和操作功能。

1. 计算机

为用户与网络提供交互界面，使用计算机用户可以登录、浏览和管理网络。根据计算机在局域网中的作用的不同，可分为服务器和工作站两类：服务器可以为网络中的其他计算机提供服务；工作站是用户在其上进行实际操作的计算机。

2. 路由器

路由器可以将局域网中的计算机连接起来，并能对网络连接进行管理。用户也可以使用交换机或集线器等设备来代替路由器的部分功能。

3. 传输介质

有线传输介质主要包括双绞线、同轴电缆和光纤等。无线传输介质则包括无线电和卫星通信等。传输介质是局域网数据传输的物理通路。

4. 网络操作系统

网络操作系统主要完成网络通信、控制、管理以及资源共享等功能，目前常用的网络操作系统包括 UNIX、Linux、Windows NT、Windows Server 2012、Windows 7 等。

5. 局域网应用软件

局域网应用软件用于实现各种网络应用功能，例如连接管理、用户管理以及资源共享等，并实现计算机之间的通信和管理各种设备。

7.1.4 局域网的基本结构

在创建局域网时，确定局域网的基本结构是其中一个重要环节，局域网的基本结构决定了局域网的管理方式。

局域网的结构主要有 4 种形式，如表 7-1 所示。

表 7-1 局域网的结构

结构类型	结构特点	优点	缺点	应用
主机/终端系统	（1）将网络中的终端与大型主机相连，将复杂的计算和信息处理交给主机去完成 （2）用户通过与主机相连的终端，在主机操作系统的管理下共享主机的内存、外存、中央处理器以及各种输入输出设备	（1）可以充分利用主机资源 （2）可靠性高、安全性好	（1）价格较高 （2）终端功能较弱 （3）主机负荷重	用于大型企事业单位

续表

结构类型	结构特点	优点	缺点	应用
对等网结构	（1）所有设备可以互相访问数据、软件和其他网络资源 （2）每一台计算机与其他连网的计算机对等，没有层次划分和专门的服务器	（1）结构简单、价格低、易于实现和维护 （2）可扩充性好	（1）资源存放分散，不利于数据的保密 （2）许多网络管理功能难以实现	用于计算机数量较少（30台以下）且分布比较集中的情况
工作站/服务器结构	（1）一台运行特定网络操作系统的计算机作为文件服务器 （2）网络其他计算机登录该计算机后，可以存取其中的文件 （3）作为文件服务器的计算机并不进行任何网络应用处理	（1）数据的保密性和安全性好 （2）网络管理员可以根据需要授予访问者不同访问权限 （3）网络可靠性高，管理简单	（1）大量用户访问文件服务器时，网络效率下降 （2）网络中各工作站之间无法资源共享 （3）不能发挥文件服务器的运算能力	用于多用户共同访问重要数据文件的网络系统
客户机/服务器结构	（1）计算机分为服务器和客户机 （2）基于服务器的网络采用层次结构，以适应网络扩展的需要 （3）至少有一个专门的服务器来管理和控制网络的运行	（1）网络运行稳定 （2）信息管理安全 （3）网络用户扩展方便 （4）易于升级	（1）需要专用服务器 （2）建网成本高 （3）管理上较复杂	用于计算机数量较多、位置较分散且传输信息量较大的大中型企业

7.1.5 局域网通信协议

用户在连接网络时，必须选择正确的网络协议，以保证可以与网络中其他不同连接方式和操作系统的计算机之间进行数据传输。

局域网中常用的协议如表 7-2 所示。

表 7-2 局域网中的常用协议

协议名称	特点和用途
TCP/IP	（1）Internet 中进行通信的开放标准协议，可以免费使用，可以用于局域网、广域网和 Internet 中 （2）IP 协议提供网络节点间数据分组传递服务 （3）TCP 协议提供用户之间可靠数据流服务
IPX/SPX	（1）由 Novell 公司开发出来的应用于局域网的一种高速协议 （2）不使用 IP 地址，而使用网卡的物理地址（MAC 地址）进行通信
NetBEUI	（1）专门为小型局域网设计的协议 （2）在小型网络中，通信速度快 （3）构建对等网络时，必须安装 NetBEUI 协议 （4）缺点是不能在跨路由器的网络中使用

7.2 组建对等网

在 4 种局域网基本结构中，对等网结构和客户机 / 服务器（C/S）结构应用广泛。在家庭或小型办公室内的网络通常采用对等网模式，而在大型企业网络中则通常采用 C/S 模式。

对等网模式注重网络的共享功能，而 C/S 模式更注重文件资源管理和系统资源安全等方面。对等网组建方式简单，投资成本低，容易组建，非常适合于家庭、小型企业选择使用。

7.2.1 认识对等网

对等网上各台计算机都有相同的功能，无主从之分，网上任意节点的计算机既可以作为网络服务器，为其他计算机提供资源，也可以作为工作站，以分享其他服务器的资源。任何一台计算机均可同时兼作服务器和工作站，也可只作其中之一。

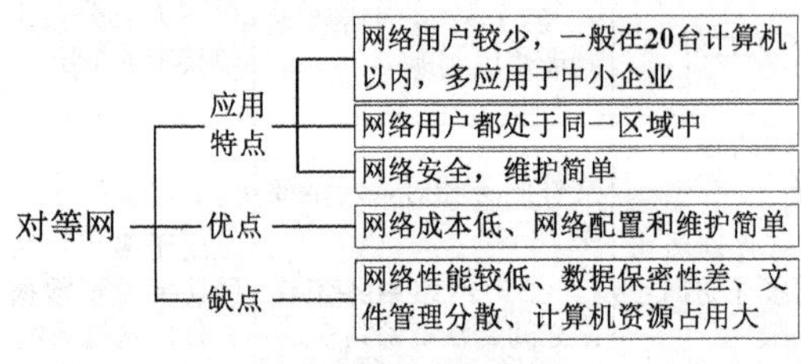

图7-1 对等网的性能特点

对等网除了共享文件之外，还可以共享打印机。对等网上的打印机可被网络上的任何一个节点使用，就如同使用本地打印机一样方便。对等网的相关特点和优缺点如图7-1所示。

虽然对等网的结构比较简单，但根据具体的应用环境和需求，对等网也因其规模和传输介质类型的不同而分为几种不同的模式，主要有双机对等网、三机对等网、多机对等网。下面介绍几种对等网模式的结构特性。

1. 双机对等网

双机对等网的组建方式比较多，传输介质既可以采用双绞线，也可以使用同轴电缆，还可采用串、并行电缆。网络设备只需相应的网线或电缆和网卡，如果采用串、并行电缆还可省去网卡的投资，直接用串、并行电缆连接两台计算机即可。串、并行电缆俗称零调制解调器，但这种连接的传输速率非常低，并且电缆制作比较麻烦，因网卡价格非常便宜，所以很少采用这种对等网连接方式。

2. 三机对等网

如果网络所连接的计算机有 3 台，那么传输介质必须采用双绞线或同轴电缆，且必须要用到网卡。采用双绞线作为传输介质，根据网络结构的不同又可有以下两种方式。

（1）采用双网卡桥接方式。双网卡桥接方式是在其中的一台计算机上安装两块网卡，另外两台计算机各安装一块网卡，然后用双绞线连接起来，再进行有关的系统配置即可，如图 7-2 所示。

（2）组建一个星形对等网。添加一个集线器作为集线设备，组建一个星形对等网，3 台计算机都直接与集线器相连。如果采用同轴电缆作为传输介质，则不需要购买集线器，只需把 3 台计算机用同轴电缆网线直接串连即可，如图 7-3 所示。

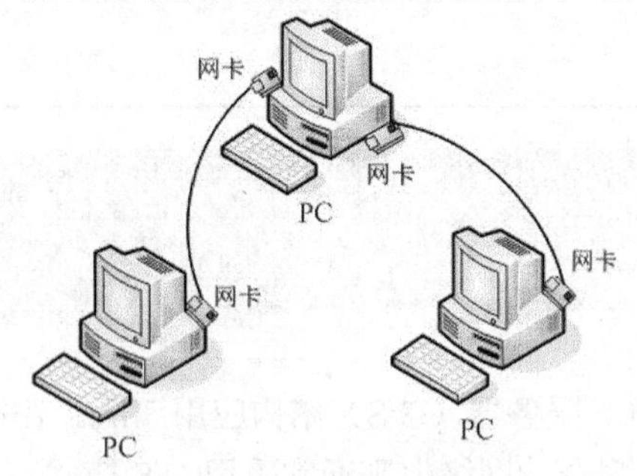

图7-2 双网卡桥接方式

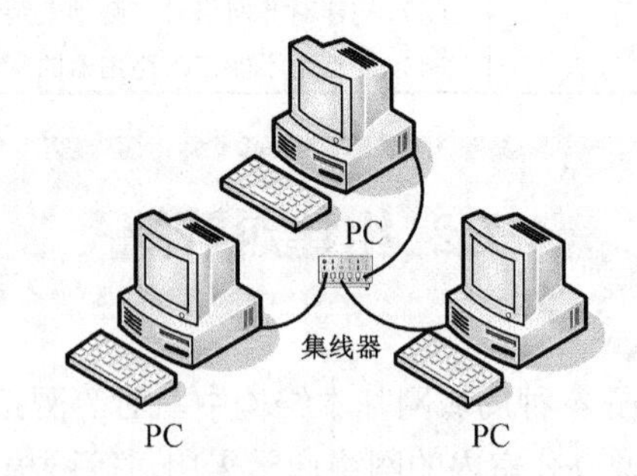

图7-3 集线器集连方式

3. 多机对等网

对于多于 3 台计算机的对等网组建方式只有两种，一种是采用集线设备（集线器或交换机）组成星形网络；另一种是采用同轴电缆直接串连。目前大部分都采用前一种方法。

7.2.2 组建双机对等网

目前应用较多的双机直连方式主要是双绞线和 USB 串行接口线以及无线传输方式，其中效率最高的是双绞线直连，下面介绍如何制作直连双绞线及相关计算机配置。

操作步骤

1. 物理安装和网络连接

（1）制作网线

准备一根网线和至少两个 RJ45 水晶头，按 1-3、2-6 交叉法制作一条 5 类（或超 5 类）双绞线，具体的网线制作方法在前面已详细介绍过，不再赘述。网线的接法如图 7-4 所示。制作好后进行网线测试，以确认接头连接是否良好。

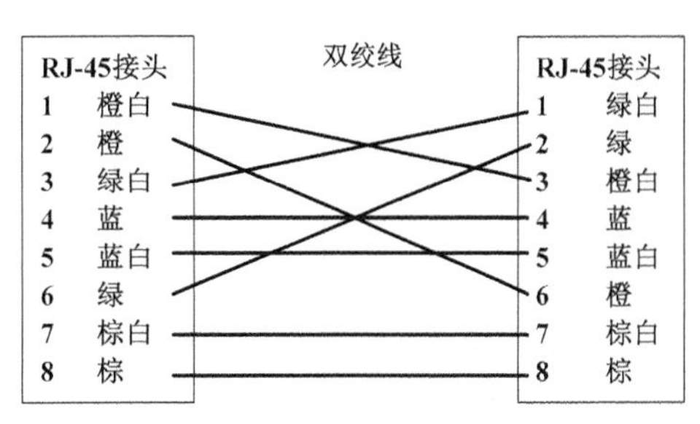

图7-4 1362 双绞线接头线序排列

（2）安装网卡和网卡驱动程序

按照前面介绍的安装网卡和网卡驱动程序的方法，安装网卡及其驱动程序。连网的各计算机可以用同一型号的网卡，也可以用不同型号的网卡。如果网卡是板上型（集成网卡）的，则一般不需要安装，可以跳过这一步。

（3）网线连接

把网线两端的水晶头分别插入两台计算机已安装网卡的 RJ-45 接口中，这样就完成了两台计算机的网络连接。

2. 系统设置

（1）添加网络协议

① 在桌面【网络】图标上单击右键，在弹出的菜单中选取【属性】选项打开【网络和共享中心】窗口，如图 7-5 所示。

② 在窗口左侧单击【更改适配器设置】选项，在【本地连接】图标上单击右键，在弹出的菜单中选取【属性】选项，如图 7-6 所示，随后打开【本地连接 属性】窗口。

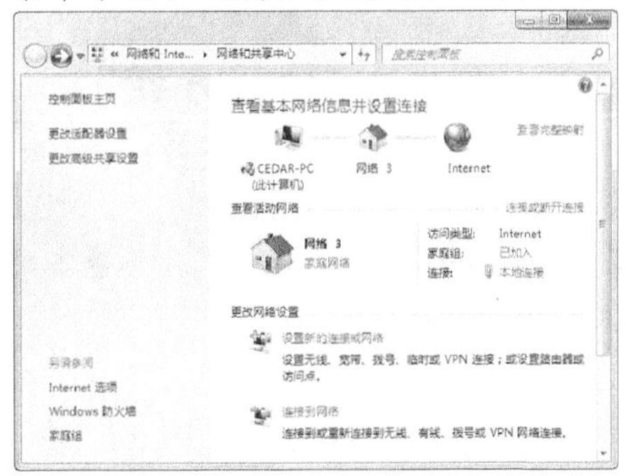

图7-5 查看属性

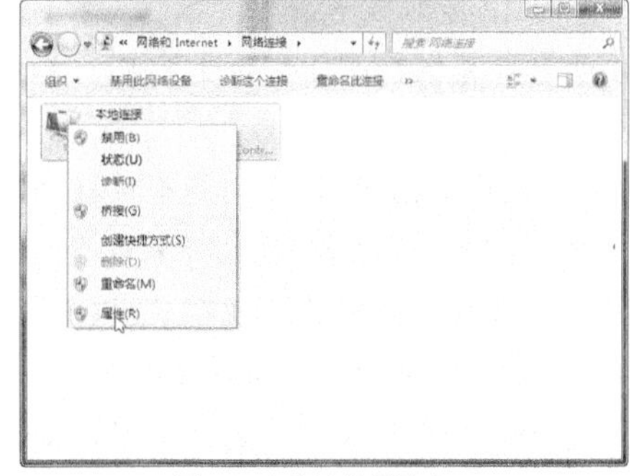

图7-6 本地连接属性窗口

③ 单击 安装(N)... 按钮弹出图 7-7 所示的【选择网络功能类型】对话框，选择【协

议】选项，单击添加(A)...按钮，弹出图 7-8 所示的【选择网络协议】对话框。将安装光盘插入光驱中，单击从磁盘安装(H)...按钮，进行安装。

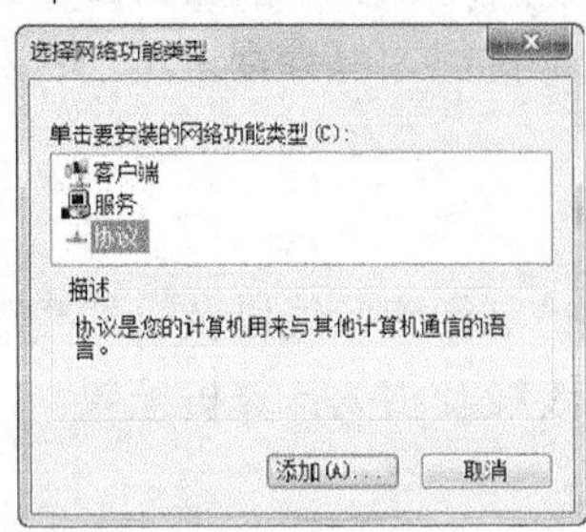

图7-7 添加协议

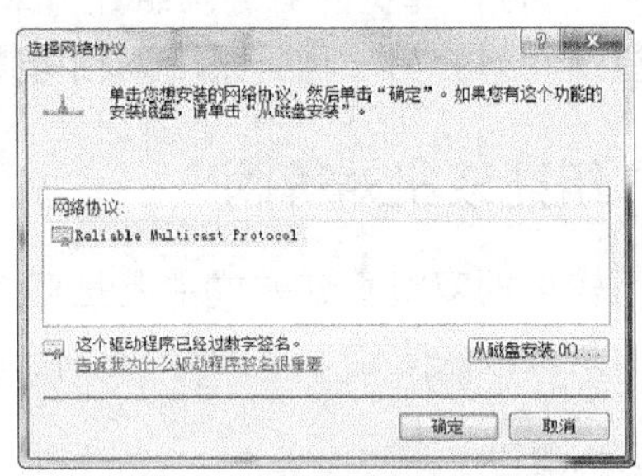

图7-8 网络协议选择与安装

（2）设置计算机名和工作组名

① 在【计算机】图标上单击鼠标右键，在弹出的快捷菜单中选择【属性】命令，弹出【系统】窗口，如图 7-9 所示。

② 单击【高级系统设置】选项打开【系统属性】窗口，切换到【计算机名】选项卡，如图 7-10 所示。

③ 单击更改(C)...按钮，在弹出的【计算机名/域更改】对话框中填写计算机名，在【隶属于】选项组中选中【工作组】单选钮，并设置工作组名称，如图 7-11 所示，然后单击确定按钮即可。

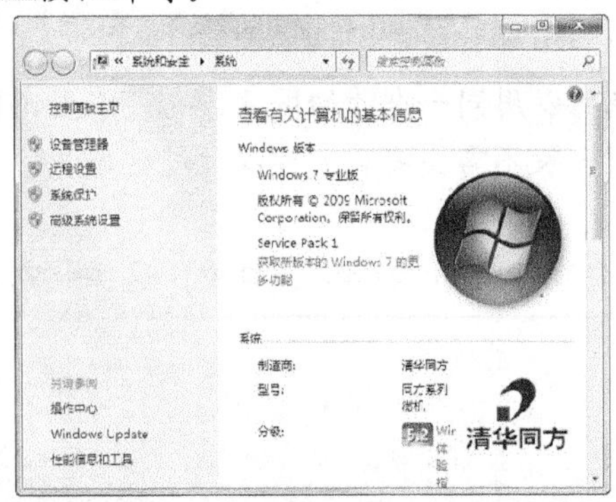

图7-9 【系统】窗口

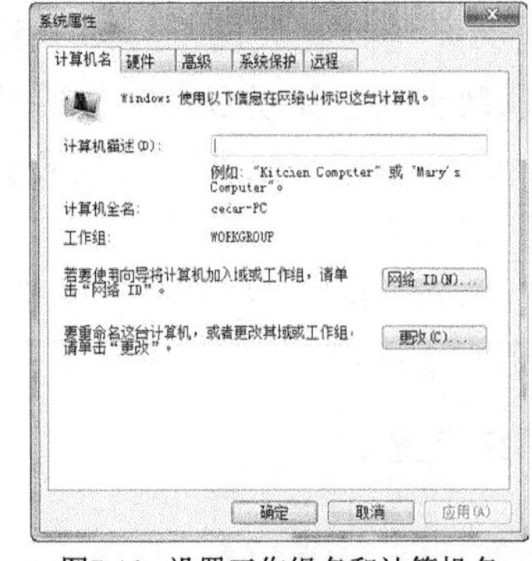

图7-10 设置工作组名和计算机名

要点提示 两台计算机的工作组名必须相同，计算机名必须不同，否则连机后双方将无法寻找对方。计算机名和工作组名可任意设置。

（3）IP 地址设置

两台计算机都各自手动设置 IP，其中一台设为 172.192.0.1，另一台设置为 172.192.0.2，子网掩码均为 255.255.255.0。

① 使用 ping 命令检测是否连接成功。

② 选择【开始】/【运行】命令，在命令栏里输入“ping 127.0.0.1 –t”。检查本地主机地址是否正常。此操作可以确定 TCP/IP 是否安装正确。

③ 若安装正确则显示如图 7-12 所示结果。

④ ping IP 地址。在 IP 是 172.192.0.1 的计算机上使用命令 ping 172.192.0.2，在 IP 是 172.192.0.2 的计算机上使用命令 ping 172.192.0.1，以查看两台计算机是否已经连通。若显示错误，就要对硬件进行检查，比如网卡是不是存在故障，是否没有插好。网线是不是存在故障。

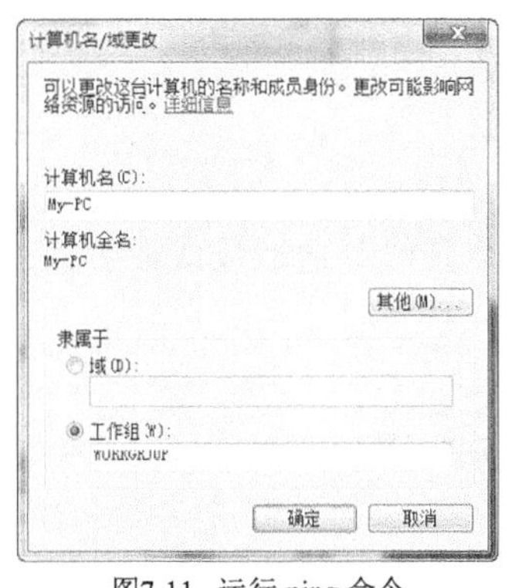

图7-11 运行 ping 命令

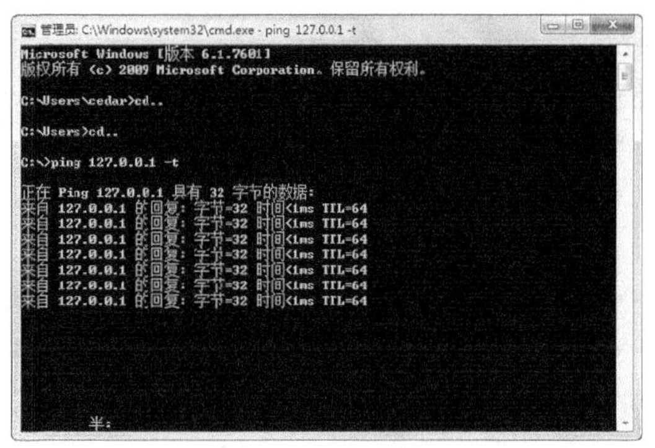

图7-12 Ping 通结果

完成上述操作之后，就可以在两台计算机之间进行通信了。由于目前多数计算机都需要用来上网和数据交换，所以单独的双机通信应用较少，但在家庭或者某些公司的内部职能部门之间，仍然需要进行这样的设置，以确保信息的安全。

7.2.3 组建家庭局域网

随着计算机的普及，现在许多家庭中已经拥有不止一台计算机，这时可以组建家庭局域网，以达到资源共享的目的。

1. 家庭局域网的功能

家庭局域网中的计算机数量较少，用户的需求也各不相同，因此应强调综合性、娱乐性和实用性，而对安全性等要求则可以适度放宽。

家庭局域网的主要功能如表 7-3 所示。

表 7-3 家庭局域网的主要功能

功能	说明
共享文件	让家庭局域网中所有计算机共享文件，特别是占用空间较大的视频文件或软件，由于对等局域网独享带宽，因此不必担心传输速率问题
共享 Internet 连接	一个家庭通常只有一个上网接口，家庭局域网应支持共享 Internet 连接的功能，以便让网络中所有计算机都能接入 Internet
共享光驱、打印机等硬件设备	可以将一台计算机上的光驱、打印机等硬件设备共享给其他计算机使用，从而达到节省成本的目的
进行局域网游戏	通过家庭局域网可以让家庭用户一起加入到大型游戏中

2. 家庭局域网的规划

组建家庭局域网时，可以根据家庭计算机的数量来决定采用以下哪种连接方式。

（1）双机互连。在每台计算机上安装一块网卡后，使用交叉双绞线将计算机连接起来即可，在前面已经详细介绍了相关的方法。

（2）3 机互连。3 机互连时，在其中一台计算机上安装双网卡，其余两台计算机安装一块网卡，然后使用交叉双绞线进行连接，如图 7-2 所示。

（3）多机互连。当计算机数量多于 3 台后，通常使用路由器或交换机将其连接起来组成小型星型网络，网络中的计算机之间采用直通双绞线进行连接，如图 7-3 所示。

使用路由器组建网络时，若某台计算机出现了故障，不会影响到其他计算机的局域网连接，这样可以提高网络的安全性，并方便用户判断和解决网络问题。家庭局域网的

规划如下。

- 局域网基本结构：采用对等网结构。
- 网络拓扑结构：采用星形拓扑结构。
- 传输介质：对等网中对带宽要求不高，采用最常见的普通双绞线即可，长度最好不要超过 10m。
- 路由器：通常采用 8 口或 16 口路由器。
- 操作系统：使用目前主流的操作系统 Windows 7 或 Windows 8。

操作步骤

（1）连接路由器与计算机

组建家庭局域网时，需要使用双绞线将计算机与计算机或计算机与路由器连接起来。首先将网线的一端插入路由器的接口，然后将网线的另一端插入计算机网卡接口中。

在搭建好家庭局域网的物理环境后，还必须对计算机操作系统的网络功能进行设置，内容包括配置网络协议、配置网络位置以及检查网络连通性等。

（2）配置网络协议

① 在【网络】图标上单击鼠标右键，在弹出的快捷菜单中选择【属性】命令，打开【网络和共享中心】窗口，窗口左侧单击【更改适配器设置】选项，在【本地连接】图标上单击鼠标右键，然后选择【属性】命令。

② 如图 7-13 所示，在弹出的【本地连接 属性】对话框中双击【Internet 协议版本 4（TCP/IPv4）】选项，弹出【Internet 协议（TCP/IP）属性】对话框。

③ 在【Internet 协议（TCP/IP）属性】对话框中选中【使用下面的 IP 地址】单选钮，然后输入 IP 地址、子网掩码、默认网关以及 DNS 服务器地址等参数，如图 7-14 所示，最后单击【确定】按钮。

要点提示 在设置 IP 地址时，应避免使用网络中其他计算机已经使用过的 IP 地址，否则会造成网络 IP 地址的冲突，无法正常实现网络通信。

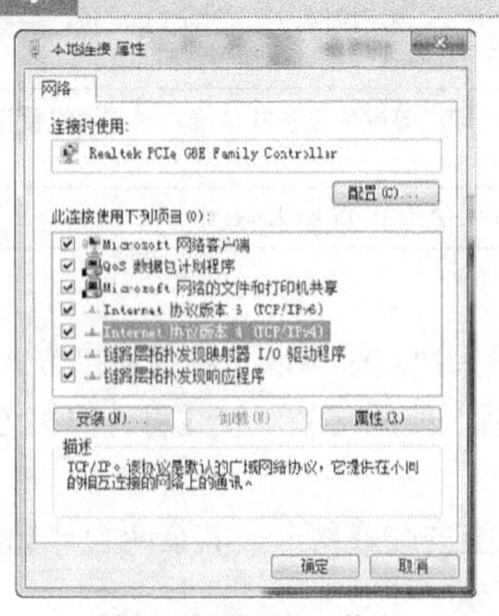

图7-13 设置 Internet 协议

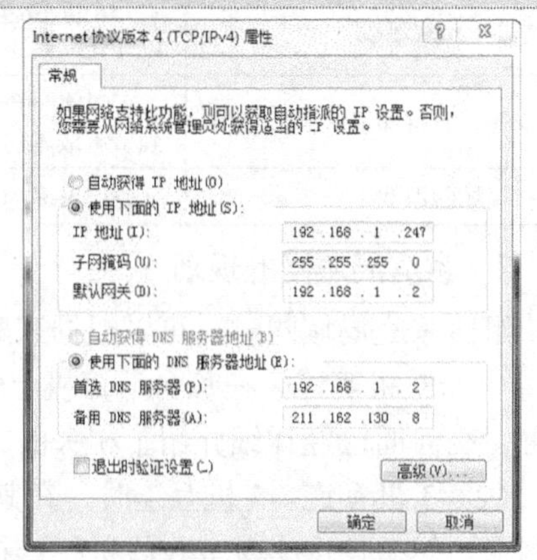

图7-14 配置网络参数

（3）测试网络连通性

配置完网络协议后，还需要使用 ping 命令来测试网络的连通性。

① 选择【开始】/【运行】命令，弹出【运行】对话框。

② 在【运行】对话框中输入 ping+局域网中其他计算机的 IP 地址。

③ 根据显示的信息确定网络是否连通，如图 7-15 和图 7-16 所示。

图7-15 网络连通

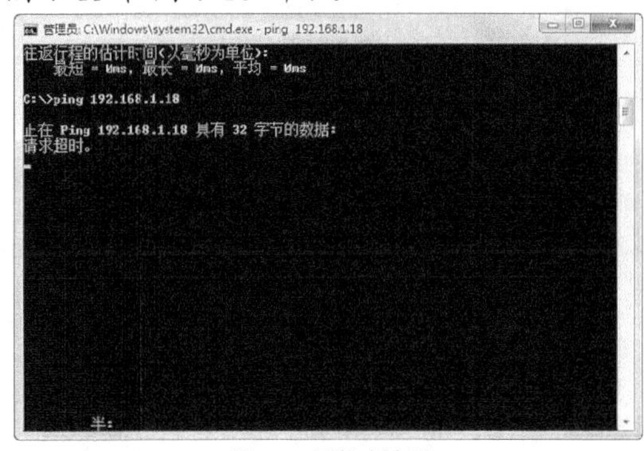

图7-16 网络未连通

（4）设置计算机名称

如果要让局域网中的其他用户能够访问自己的计算机，可以为自己的计算机设置一个简单且易于记住的名称，同时该名称还不能与局域网中其他计算机重名。

① 在【计算机】上单击鼠标右键，在弹出的快捷菜单中选择【属性】命令，在弹出的窗口左侧单击【高级系统设置】选项。

② 在弹出的【系统属性】对话框中选择【计算机名】选项卡，如图 7-17 所示。

③ 单击 更改(C)... 按钮，弹出【计算机名/域更改】对话框，然后在【计算机名】文本框中输入拟设置的计算机名称，如图 7-18 所示，最后单击 确定 按钮。

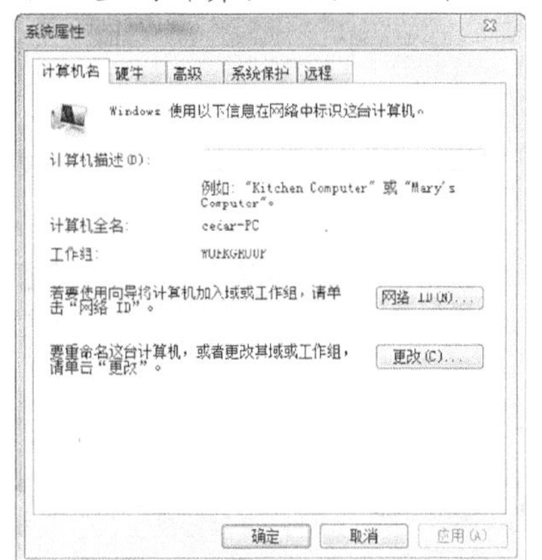

图7-17 【系统属性】对话框

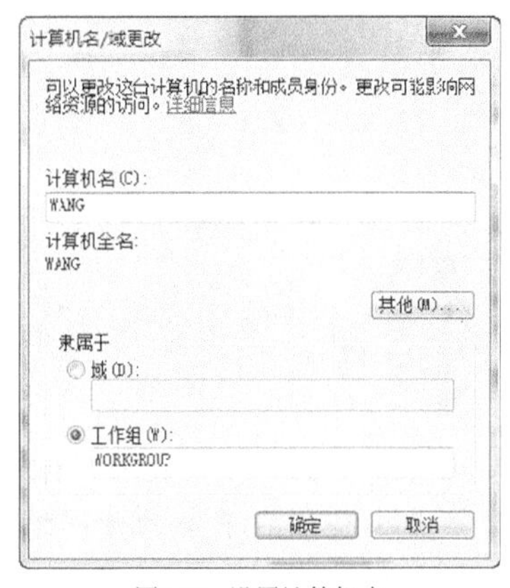

图7-18 设置计算机名

（5）共享 Internet 连接。目前大多数家庭都采用 ADSL 接入 Internet，共享连接主要步骤如下。

① 在【网络】图标上单击鼠标右键，在弹出的快捷菜单中选择【属性】命令，弹出【网络和共享中心】对话框，在右边的窗格中选择【设置新的连接或网络】选项，如图 7-19 所示。

② 在弹出的【设置连接或网络】对话框中选择【连接到 Internet】选项，然后单击 下一步(N) 按钮，如图 7-20 所示。

③ 进入【连接到 Internet】向导页，单击【宽带（PPPoE）（R）】选项，如图 7-21 所示。

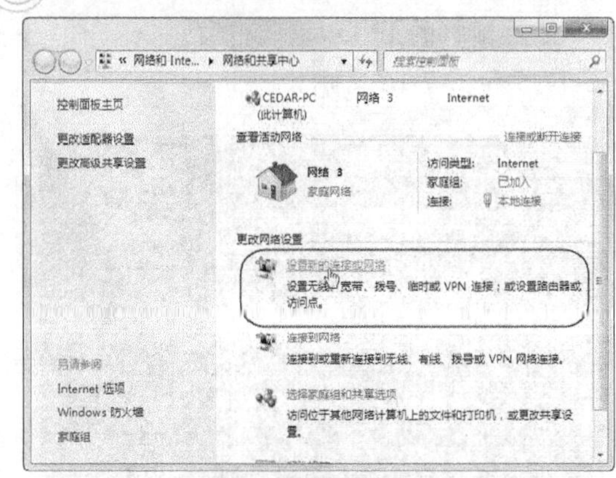

图7-19 新建网络连接 1

图7-20 新建网络连接 2

④ 进入下一个【连接到 Internet】向导页，输入申请到的宽带用户名和密码，如图 7-22 所示，然后单击 连接(C) 按钮。

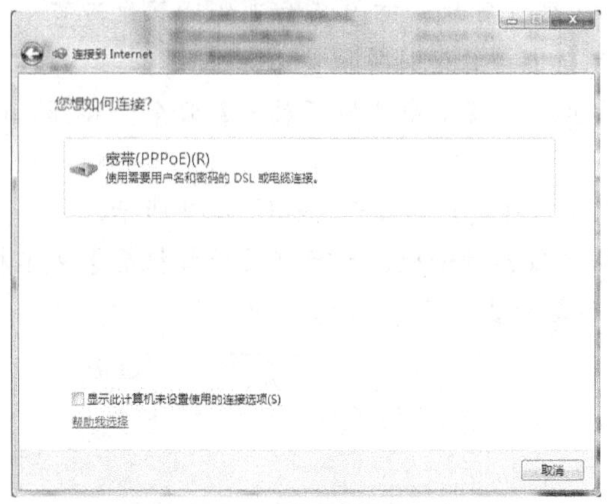

图7-21 新建网络连接 3

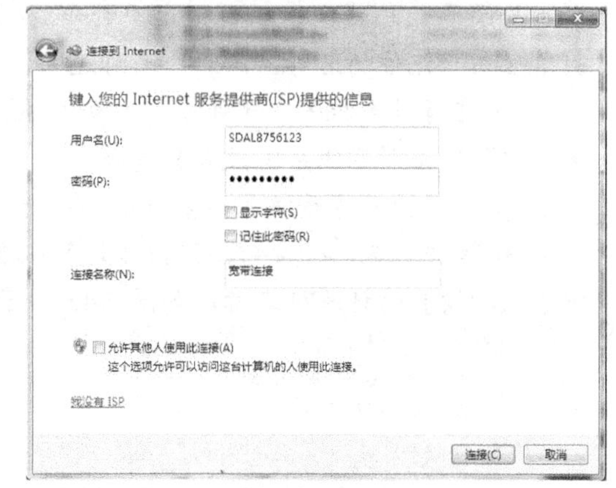

图7-22 新建网络连接 4

要点提示　在图 7-22 中选中【允许其他人使用此连接】复选框，可以让多个用户连接到该网络。

⑤ 随后显示连接可以使用，如图 7-23 所示，然后单击 关闭(C) 按钮。

⑥ 单击状态栏右下角的【网络连接】图标，可以看到刚刚创建的连接“宽带连接”，如图 7-24 所示。

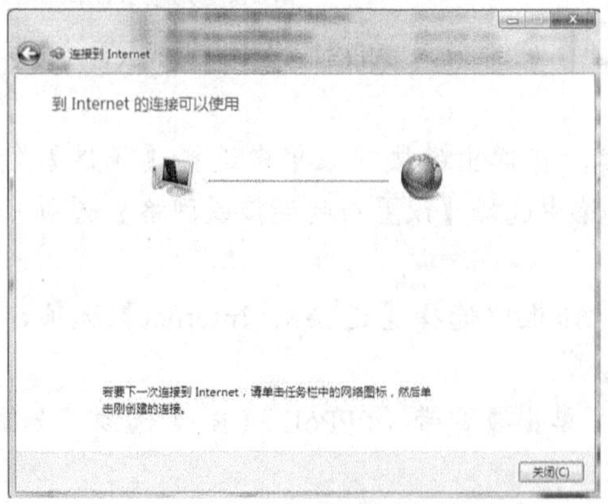

图7-23 新建网络连接 5

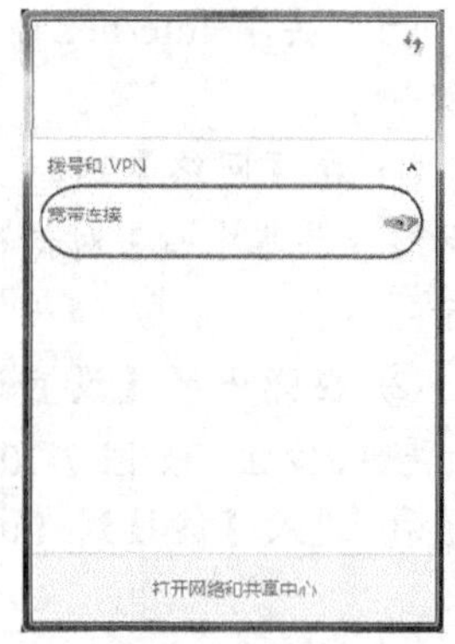

图7-24 连接结果

⑦ 双击该连接，弹出图 7-25 所示的对话框，确认用户名和密码后，单击【连接(C)】按钮即可将计算机连接到 Internet。

⑧ 在【网络】图标上单击鼠标右键，在弹出的菜单中选择【属性】选项打开【网络和共享中心】对话框，在左侧列表中单击【更改适配器设置】选项，如图 7-26 所示。

图7-25 输入用户名和密码

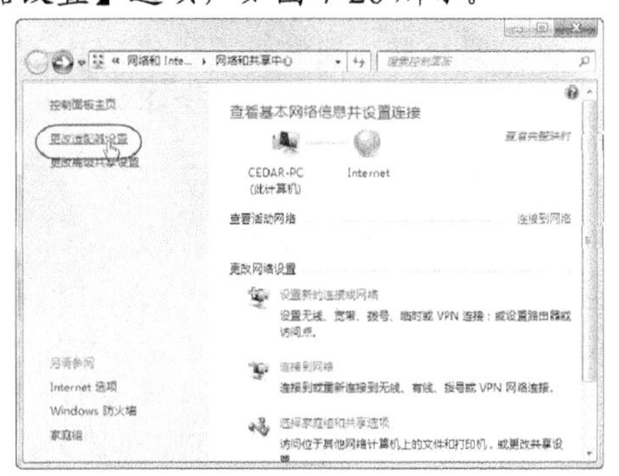

图7-26 【网络和共享中心】对话框

⑨ 在打开的窗口中可以看到已经创建的连接，在其上单击鼠标右键，可以对其进行删除、重命名以及创建快捷方式等操作，如图 7-27 和图 7-28 所示。

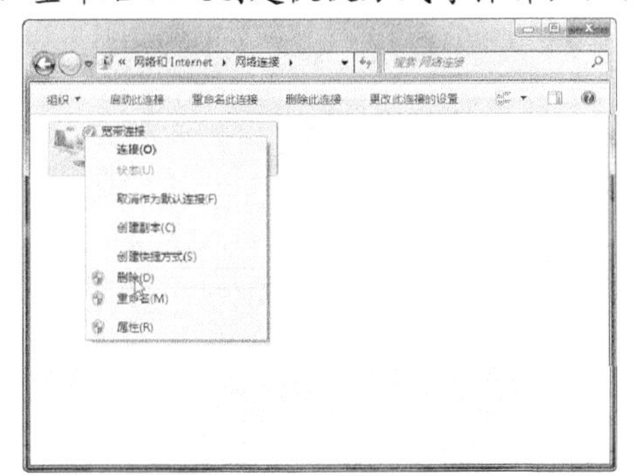

图7-27 删除连接

图7-28 重命名连接

7.2.4 组建宿舍局域网

如今，大学宿舍中组建的局域网可以用来共享资源、连网游戏。与家庭局域网相比，宿舍局域网中计算机较多，通常为 4～8 台。一般使用 8 口路由器组建一个星型对等网络，这样可以确保一台计算机没有开机时，不影响到其他计算机共享网络。

1. 宿舍局域网的基本功能

宿舍局域网主要满足学习和娱乐需要，主要功能如下。

- 资源共享。局域网中的计算机共享电影、音乐文件等，以节省硬盘空间和下载时间。
- 接入校园网和 Internet。让局域网计算机接入校园网和 Internet，以便与学校和校外联系。
- 共享 Internet 连接。不但可以节约开支，还能提高网络利用率。
- 局域网游戏。各个计算机用户可以通过局域网参与游戏。

2. 宿舍局域网规划

宿舍局域网依旧是一种小型局域网，其规划方案如下。

- 局域网基本结构。使用对等网络，各个计算机没有主从之分。

- 局域网拓扑结构。选用星型拓扑结构，以避免某台计算机出现故障或未开机导致局域网无法使用。
- 传输介质。宿舍局域网中的网线经常迁移或改动，一般选 20m 左右的超 5 类双绞线。
- 路由器。通常选用性价比较高的 8 口或 16 口路由器。
- 操作系统。使用目前主流的操作系统 Windows 7 或 Windows 8。

3. 组网前的设置

下面介绍组网前的基本设置。

操作步骤

（1）添加网络协议

在局域网中添加 IPX/SPX 协议的基本步骤如下。

① 在【网络】图标上上单击鼠标右键，在弹出的快捷菜单中选择【属性】命令，打开【网络和共享中心】窗口，在左侧列表中单击【更改适配器设置】选项，在弹出的对话框中的【本地连接】图标上单击鼠标右键，然后选择【属性】命令，如图 7-29 所示。

② 在弹出的【本地连接 属性】对话框中单击 安装(N)... 按钮，如图 7-30 所示。

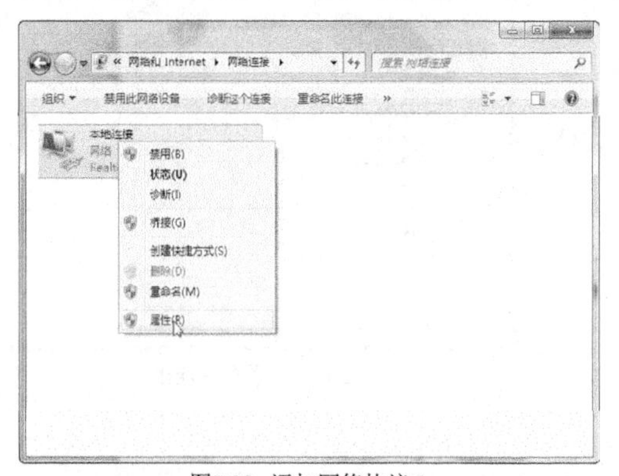

图7-29 添加网络协议 1

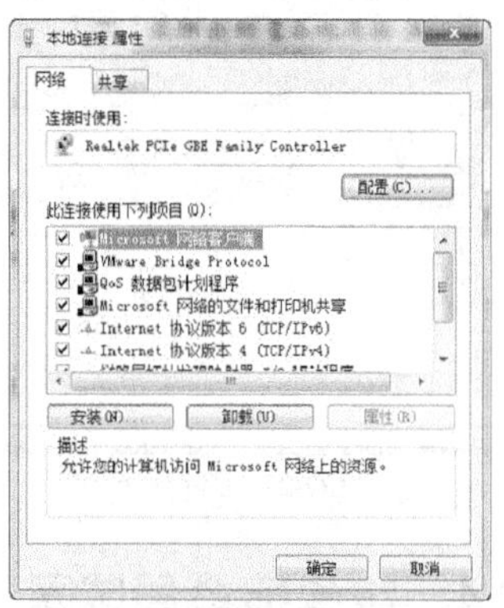

图7-30 添加网络协议 2

③ 在弹出的【选择网络组件类型】对话框中选择【协议】选项，然后单击 添加(A)... 按钮，如图 7-31 所示。

④ 在如图 7-32 所示的对话框中单击 从磁盘安装(H)... 按钮，可从系统安装光盘导入文件或导入下载的安装文件。然后根据系统提示完成安装过程。

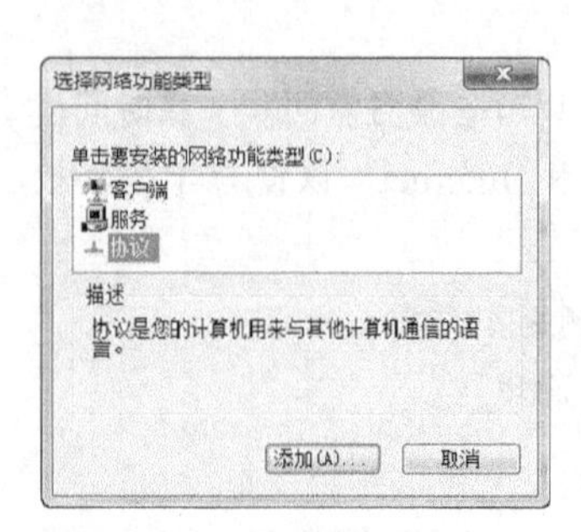

图7-31 添加网络协议 3

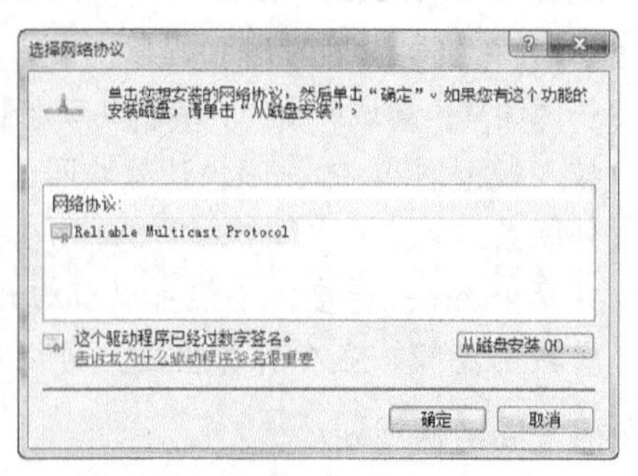

图7-32 添加网络协议 4

（2）加入工作组

所谓工作组就是一组共享文件和资源的计算机。加入工作组后，用户可以方便地访问本组中其他计算机，以便实现资源的共享。

① 在【计算机】上单击鼠标右键，在弹出的快捷菜单中选择【属性】命令，弹出【系统】面板，在左侧列表中选择【高级系统设置】选项打开【系统属性】对话框，切换到【计算机名】选项卡，如图 7-33 所示。

② 单击 网络 ID(N)... 按钮弹出【加入域或工作组】对话框，选择如图 7-34 所示选项，然后单击 下一步(N) 按钮。

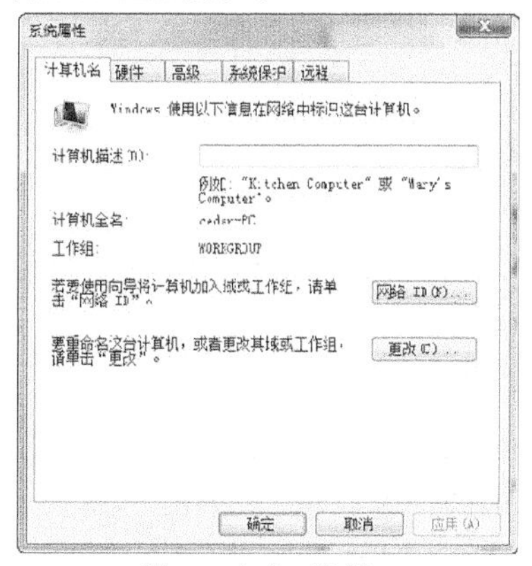

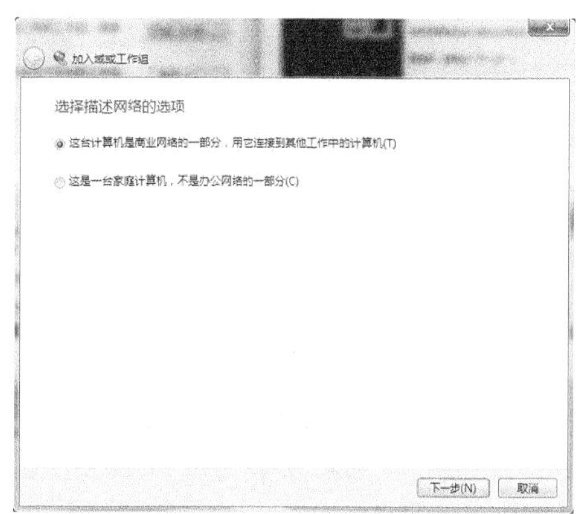

图7-33 加入工作组 1　　　　图7-34 加入工作组 2

③ 在图 7-35 所示的向导页中选中图示单选钮后，单击 下一步(N) 按钮。

④ 在图 7-36 所示的向导页中输入加入的工作组名称后，然后单击 下一步(N) 按钮。

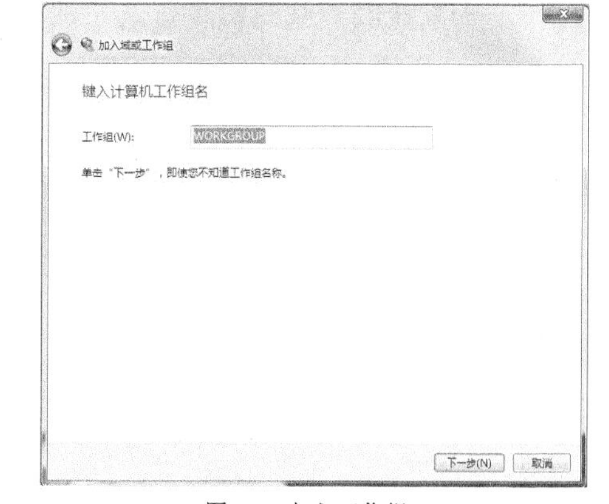

图7-35 加入工作组 3　　　　图7-36 加入工作组 4

⑤ 在图 7-37 所示的对话框中单击 完成(F) 按钮，重新启动计算机即可完成工作组的添加工作。

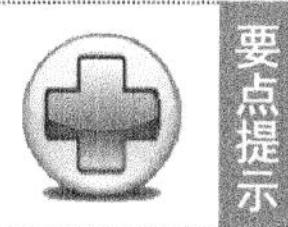

要点提示　路由器作为一种网络间的连接设备，其主要作用为连通不同的网络和选择信息发出的线路。选择畅通快捷的路径可以提高通信速率、减轻网络系统的负荷，节约网络资源。

4. 接入 Internet 接入的基本配置

下面以 TP-LINK 的 TL-R402 路由器为例，介绍以 ADSL 方式接入 Internet 后，通过路由器共享 Internet 接入的基本配置方法。随后只需要在与路由器连接的任何一台计算机上打开浏览器，输入路由器的 IP 地址后，即可进入相关页面进行设置。

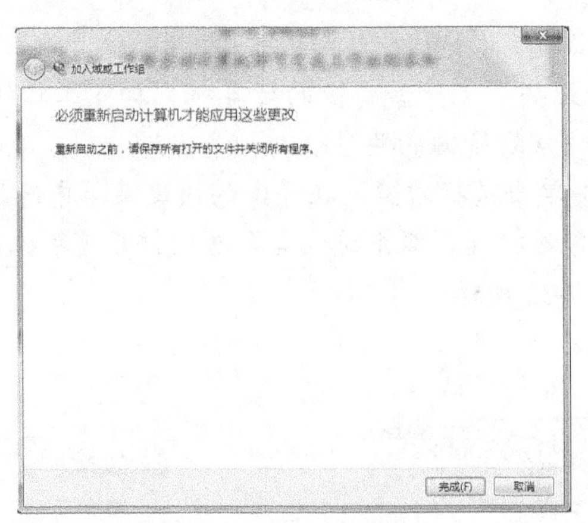

图7-37 加入工作组 5

（1）安装路由器

① 在【网络】图标上单击鼠标右键，在弹出的快捷菜单中选择【属性】命令，打开【网络和共享中心】窗口，在左侧列表中单击【更改适配器设置】选项，在弹出的对话框中的【本地连接】图标上单击鼠标右键，然后选择【属性】命令。

② 在弹出的【本地连接 属性】对话框中双击【Internet 协议版本 4（TCP/IPv4）】选项。

③ 将 IP 地址设置为 192.168.1.X（X 为 2~254 中的任意数值），如图 7-38 所示，然后单击 确定 按钮。

④ 选择【开始】/【运行】命令，在弹出的【运行】对话框中输入命令 ping 192.168.1.1，如图 7-39 所示。

⑤ 如果能顺利收到回复信息（见图 7-15），则表示计算机与路由器已经成功连接。

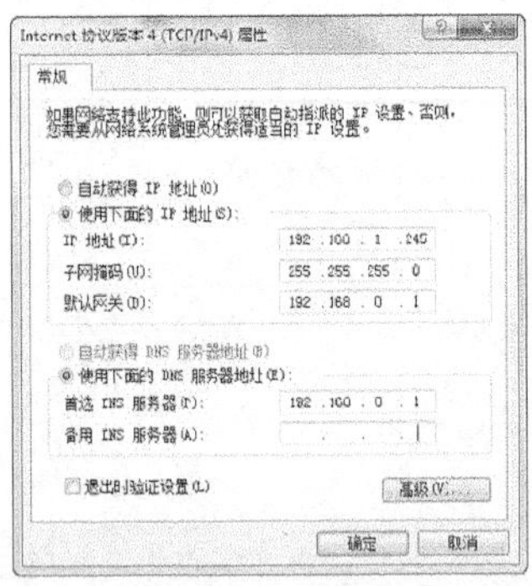

图7-38 输入 IP 地址

图7-39 检查网络连通

⑥ 打开 IE 浏览器，在地址栏输入 http://192.168.1.1，然后按 Enter 键。

⑦ 在随后打开的【连接到 192.168.1.1】对话框中输入登录用户名和密码。路由器的默认登录用户名和密码均为“admin”，如图 7-40 所示，然后单击 确定 按钮。

⑧ 随后打开路由器管理页面，表示已经成功安置了路由器，如图 7-41 所示。

（2）设置路由器连接 Internet

① 在图 7-41 左侧列表中选择【设置向导】选项，勾选图 7-42 所示的复选框后单击 下一步 按钮。

② 根据用户的实际情况选择网络类型，这里选中【ADSL 虚拟拨号】单选钮，如图 7-43 所示，然后单击 下一步 按钮。

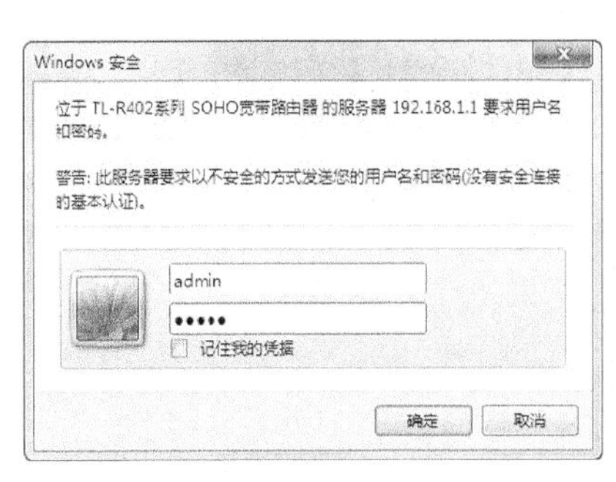

图7-40　输入用户名和密码

图7-41　路由器设置页面

要点提示　如果上网方式为 PPPoE，即 ADSL 虚拟拨号方式，则需要填写上网账号和密码，这些信息由 ISP 提供。如果上网方式为动态 IP，则可以自动从网络服务商处获得 IP 地址，不需要填写任何内容即可上网。如果上网方式为静态 IP，则需要分别填写由 ISP 提供的 IP 地址、子网掩码、网关和 DNS 服务器地址等信息。

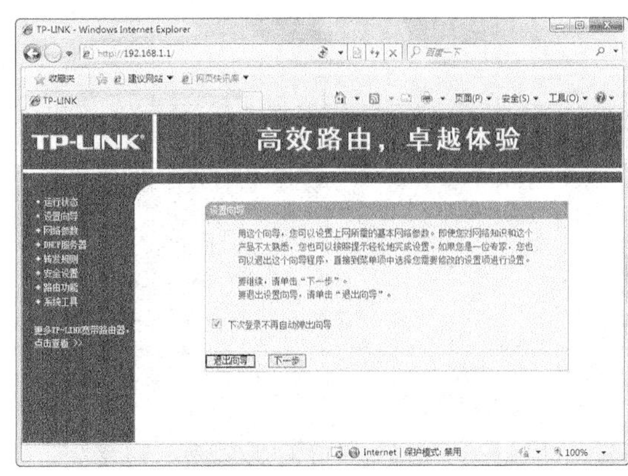

图7-42　使用向导

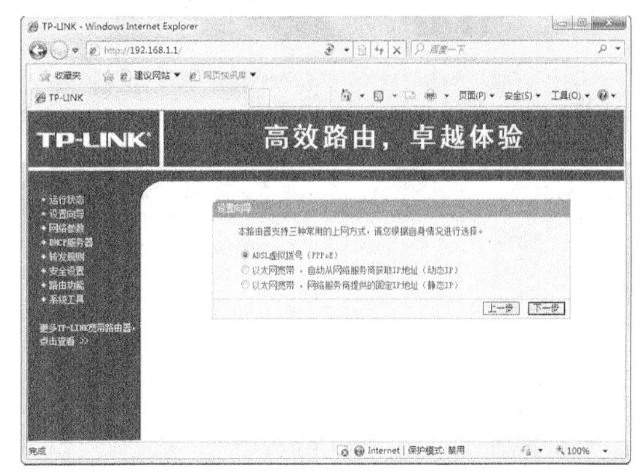

图7-43　选择网络类型

③ 在图 7-44 所示的页面中输入 ISP 提供的上网账号和密码后，单击下一步按钮即可连接到 Internet。

（3）设置路由器的局域网端口

接入 Internet 后，还需要设置局域网端的功能，才能让宿舍的计算机之间相互访问，并共享 Internet 连接。

① 在左侧列表中选择【网络参数】/【LAN 口设置】选项。

② 在图 7-45 所示的页面中输入 IP 地址 192.168.1.2，然后单击保存按钮。

③ 在左侧列表中选择【DHCP 服务器】/【DHCP 服务】选项。

④ 在图 7-46 所示的页面中首先选

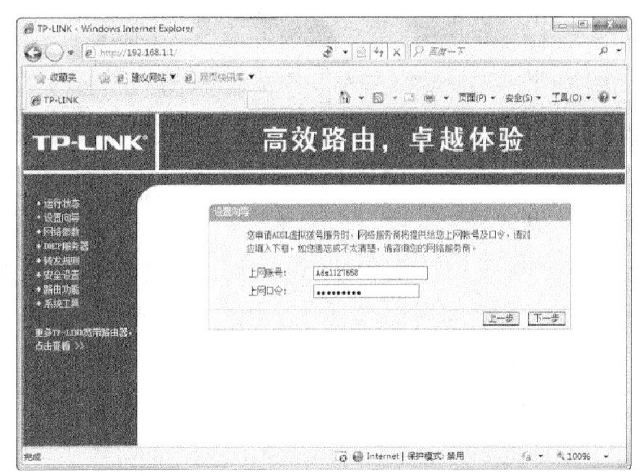

图7-44　输入上网账号和口令

中【启用】单选按钮，然后输入自动分配地址的范围和租期，最后单击保存按钮。

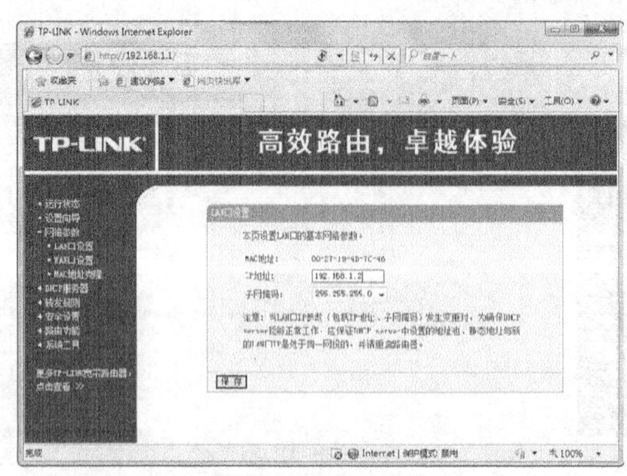

图7-45 设置IP地址

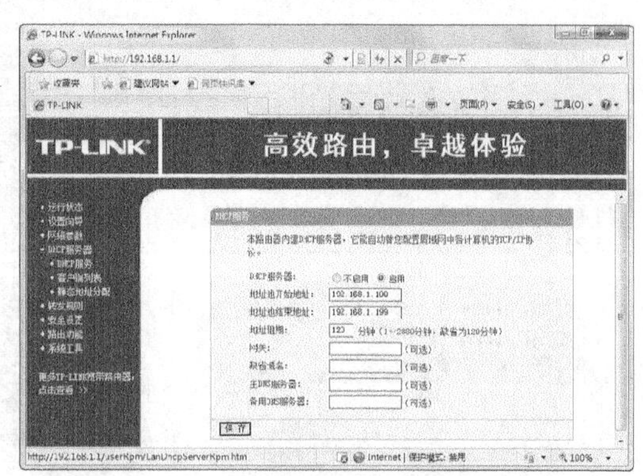

图7-46 设置DHCP服务

⑤ 在左侧列表中选择【DHCP 服务器】/【静态地址分配】选项，在图 7-47 所示的页面中，可以将网络中计算机的网卡绑定到固定的IP地址。

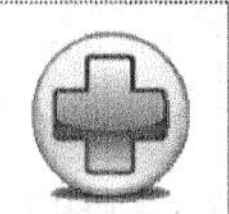

要点提示

查看本机 MAC 地址的方法：选择【开始】/【运行】命令，输入命令“CMD”后按Enter键，在打开的命令提示符中输入“ipconfig/all”。在随后打开的窗口中可以查看MAC地址，如图7-48所示。

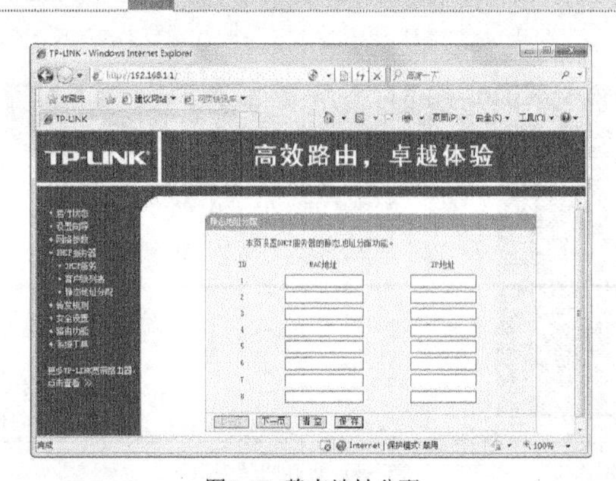

图7-47 静态地址分配

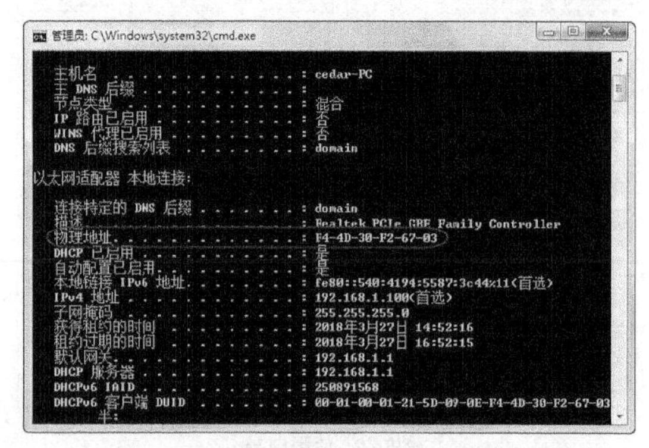

图7-48 查看MAC地址

（4）路由器的安全设置

① 在图 7-47 所示的页面左侧选择【安全设置】/【防火墙设置】选项，打开图 7-49 所示的窗口，这里可以设置开启防火墙、开启 IP 地址过滤、开启域名过滤以及开启 MAC 地址过滤等安全设置操作，设置完成后单击保存按钮。

② 选择【安全设置】/【域名过滤】选项，打开图 7-50 所示的页面，单击添加新条目按钮，设置需要过滤的IP地址。

③ 按照图7-51所示设置过滤的IP地址，然后单击保存按钮。

④ 选择【安全设置】/【域名过滤】选项，打开图 7-52 所示的页面，单击添加新条目按钮设置需要过滤的域名。

⑤ 按照图7-53所示设置过滤的域名www.abc.net，然后单击保存按钮。

图7-49 网络安全设置

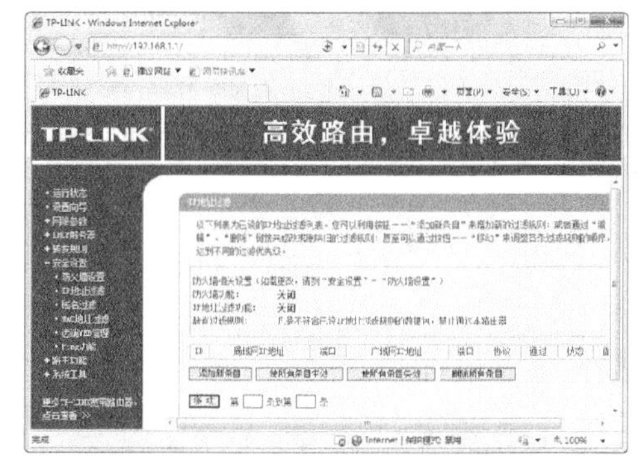

图7-50 启用 IP 地址过滤功能

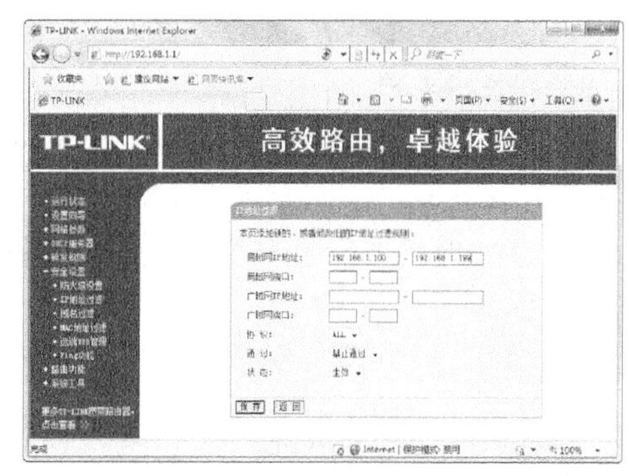

图7-51 设置过滤参数

图7-52 启用域名过滤功能

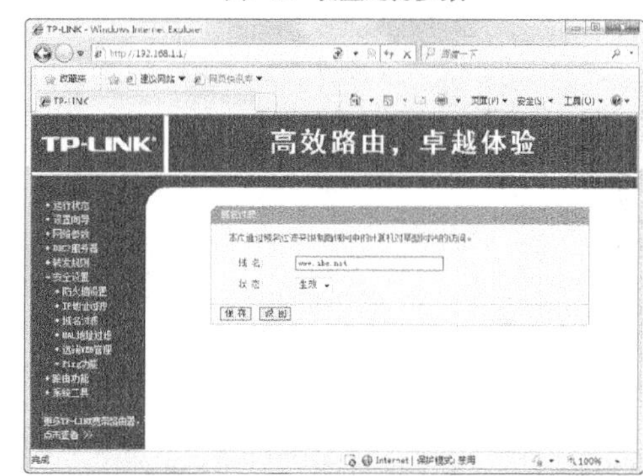

图7-53 设置过滤参数

7.3 实训 11 共享网络资源

组建局域网后，用户不仅可以使用网络功能在本地网络中查找信息和使用资源，还可以创建网络资源的快捷访问方式，以提高查找资源的速度，同时还可以对共享资源进行设置。

当计算机接入局域网后，可以方便地实现网络共享，例如共享磁盘驱动器或文件夹等。

操作步骤

（1）设置共享参数

① 在【网络】图标上单击鼠标右键，在弹出的菜单中选取【属性】选项打开【网络和

共享中心】窗口，选择左侧的【更改高级共享设置】选项，如图7-54所示。

② 在随后打开的窗口中按照图7-55所示方法选择项目后，单击【保存修改】按钮。

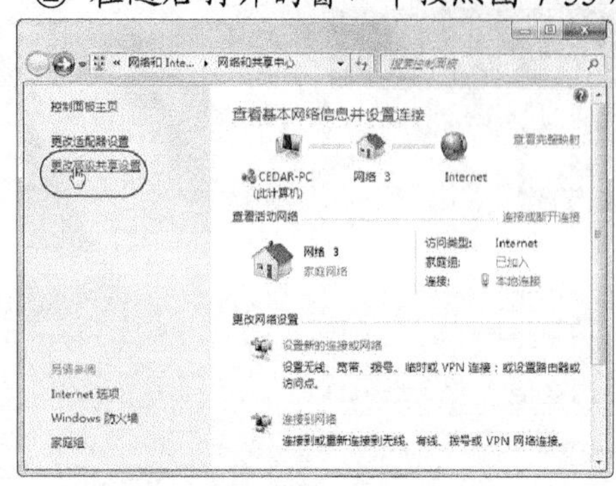

图7-54 【网络和共享中心】窗口

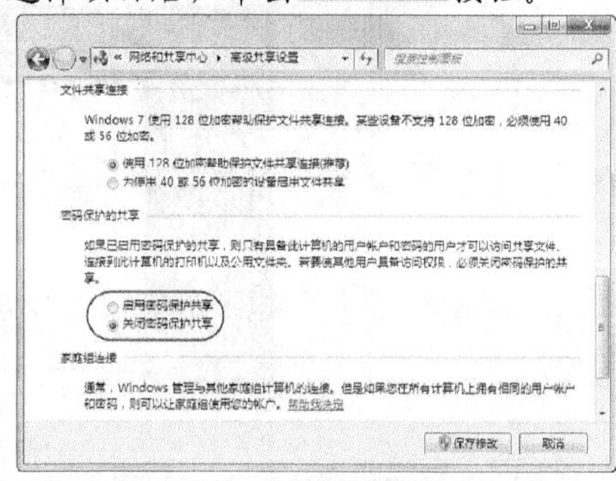

图7-55 设置共享参数

（2）共享文件

① 打开共享资源所在的目录，在共享资源上单击鼠标右键，在弹出的快捷菜单中选择【共享】/【高级共享】命令，如图7-56所示。

② 在打开的对话框中单击【高级共享(D)...】按钮，如图7-57所示。

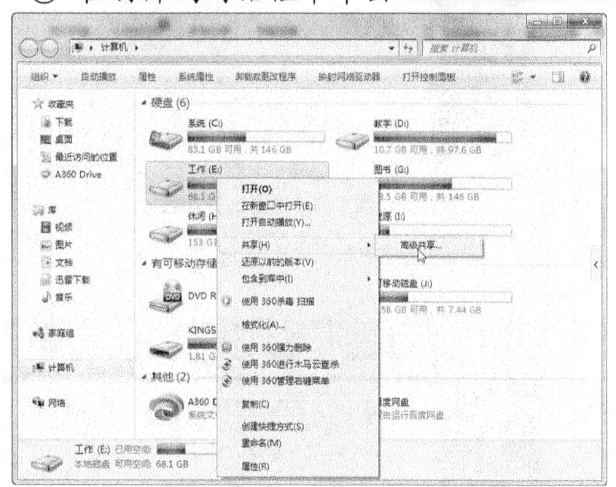

图7-56 共享文件1

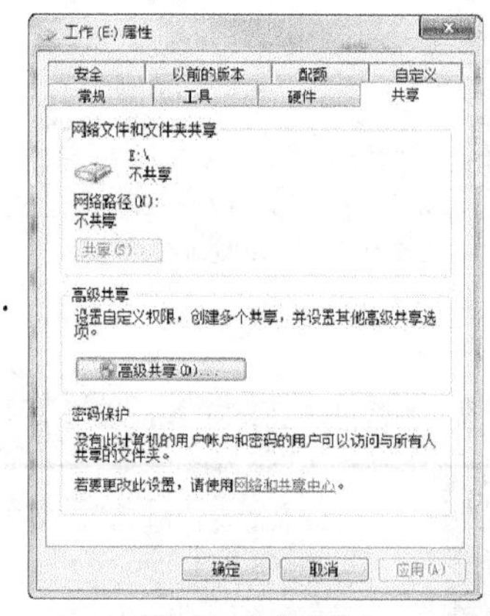

图7-57 共享文件2

③ 在打开的【高级共享】对话框中选中【共享此文件夹】选项，并设置共享名称和共享用户数量，如图7-58所示

④ 单击【权限(P)】按钮，为【Everyone】设置权限，其中包括【完全控制】、【更改】和【读取】等3项权限，如图7-59所示。

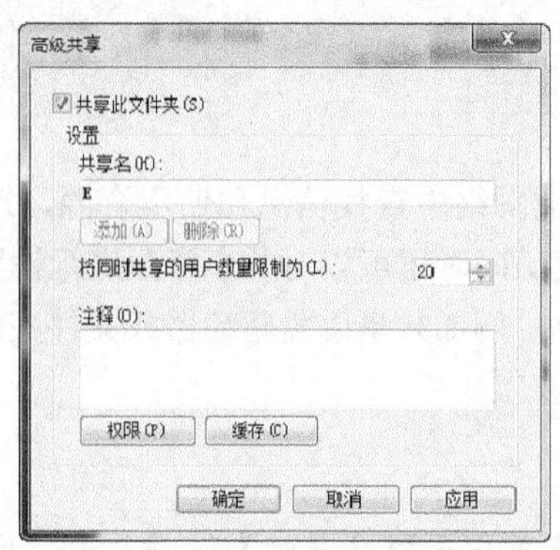

图7-58 共享文件3

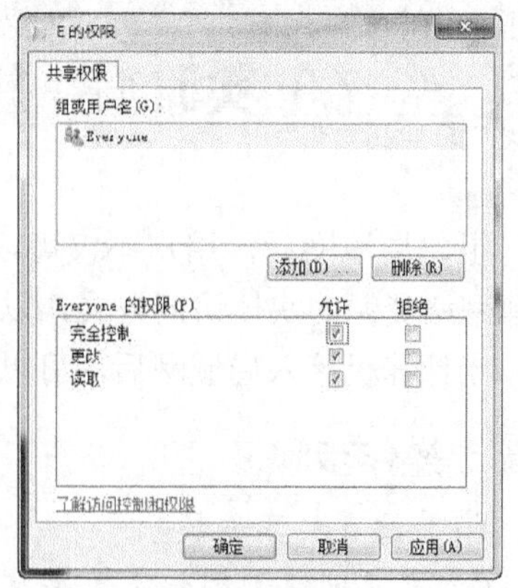

图7-59 共享文件4

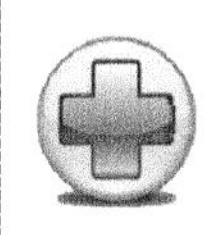

要点提示 如果要为特定用户添加权限，可以在图 7-59 中单击[添加(D)...]按钮打开【选择用户或组】对话框，如图 7-60 所示。单击[对象类型(O)...]按钮打开【对象类型】对话框设置用户所在的组别，如图 7-61 所示。单击[位置(L)...]按钮通过位置查找用户，单击[检查名称(C)]按钮可以通过名称来查找用户。

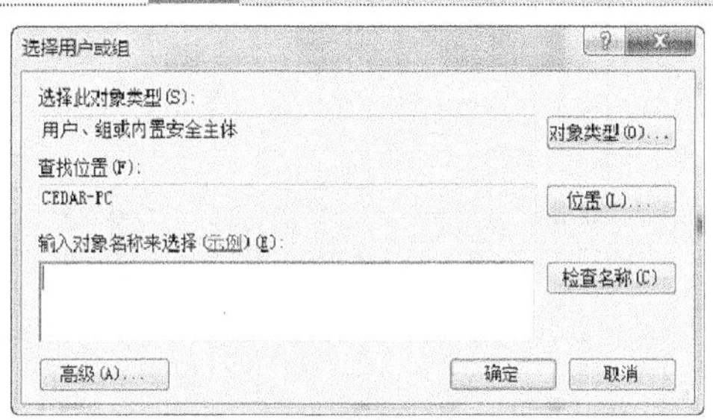

图7-60 共享文件 5

图7-61 共享文件 6

⑤ 单击[确定]按钮返回图 7-57 所示的【工作（E:）属性】对话框，切换到【安全】选项卡，如图 7-62 所示。

⑥ 单击[编辑(E)...]按钮打开图 7-63 所示的对话框，单击[添加(D)...]按钮。

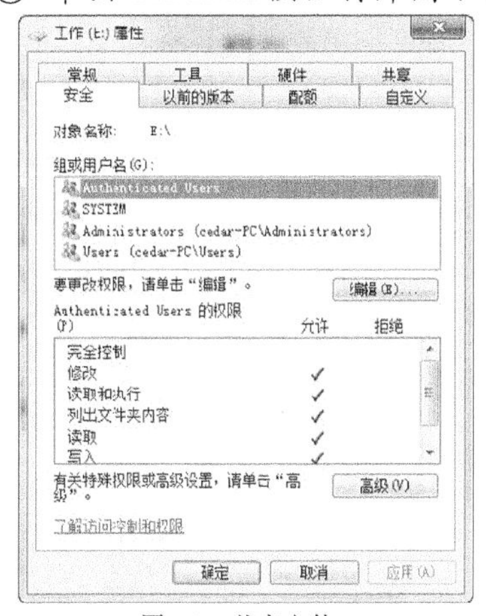

图7-62 共享文件 7

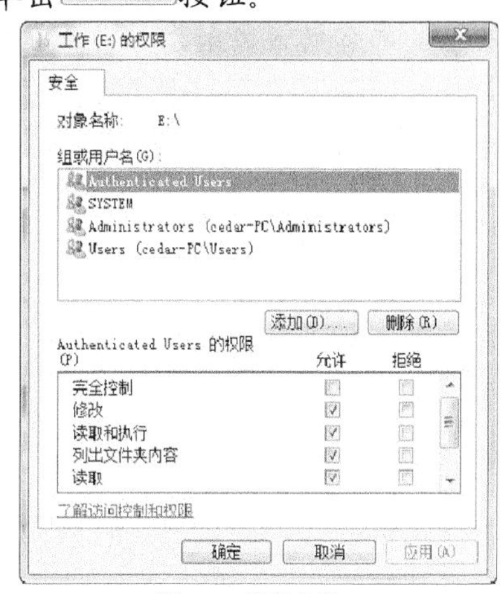

图7-63 共享文件 8

⑦ 继续在图 7-64 所示的对话框中单击[高级(A)...]按钮。

⑧ 在图 7-65 所示的对话框中单击[立即查找(N)]按钮，然后从下方的搜索结果中选取【Everyone】选项，然后单击[确定]按钮。返回到【选择用户和组】对话框，单击[确定]按钮。

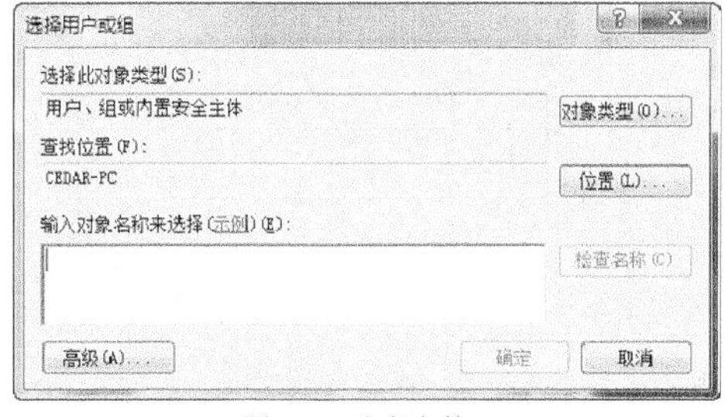

图7-64 共享文件 9

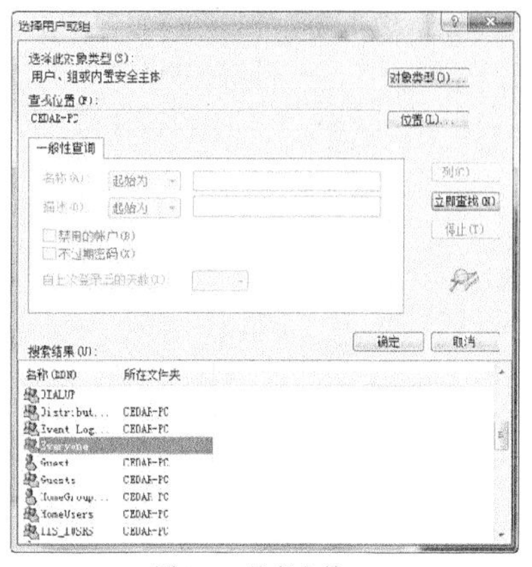

图7-65 共享文件 10

⑨ 在图 7-66 所示的对话框中为【Everyone】用户设置权限，然后单击 确定 按钮。随后依次为共享文件夹中的数据设置权限，如图 7-67 所示，完成后单击 确定 按钮。

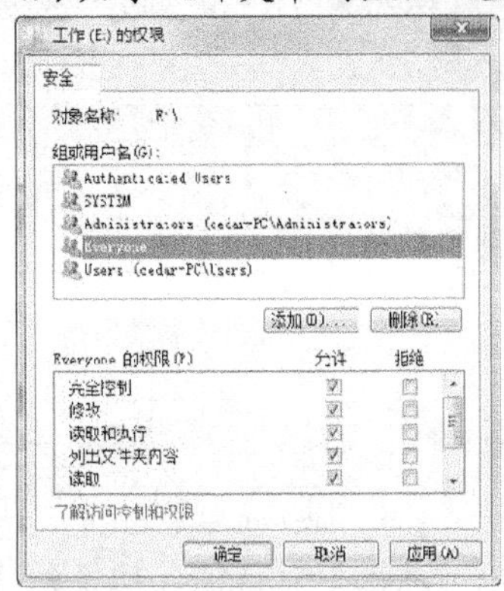

图7-66 共享文件 11

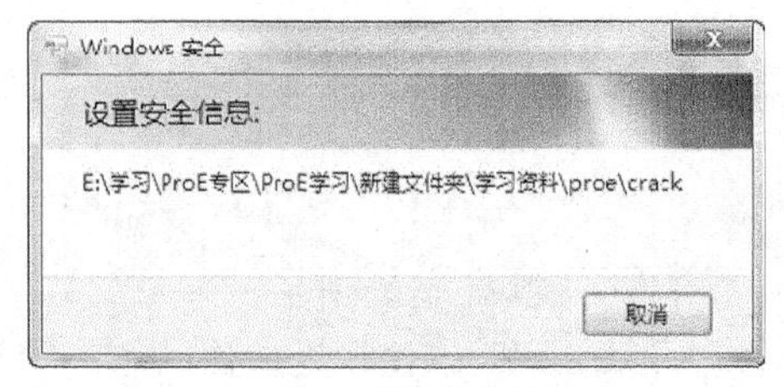

图7-67 共享文件 12

⑩ 共享设置完成后的【工作（E:）属性】对话框如图 7-68 所示，此时在【计算机】对话框中，对应的分区图标上将显示共享符号，如图 7-69 所示。

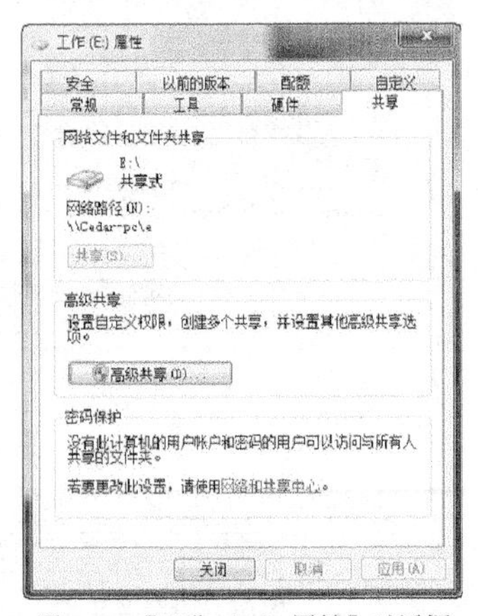

图7-68 【工作（E:）属性】对话框

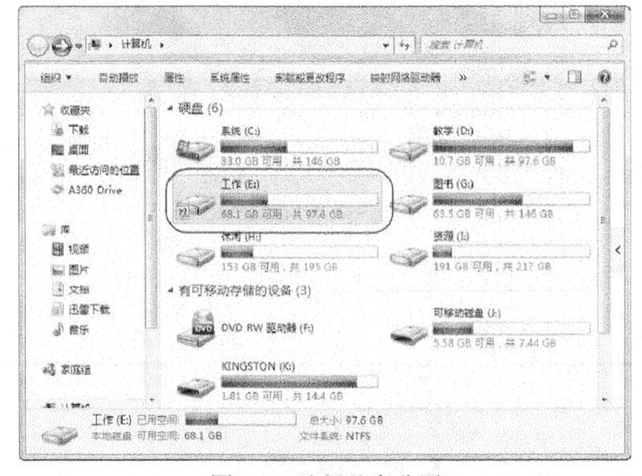

图7-69 选择共享分区

要点提示 如果要共享文件夹，可在该文件夹上单击鼠标右键，在弹出的菜单中选取【属性】选项，打开【属性】对话框，切换到【共享】选项卡，如图 7-70 所示。单击 高级共享(D)... 打开【高级共享】对话框，按照前述方法设置共享参数，如图 7-71 所示。

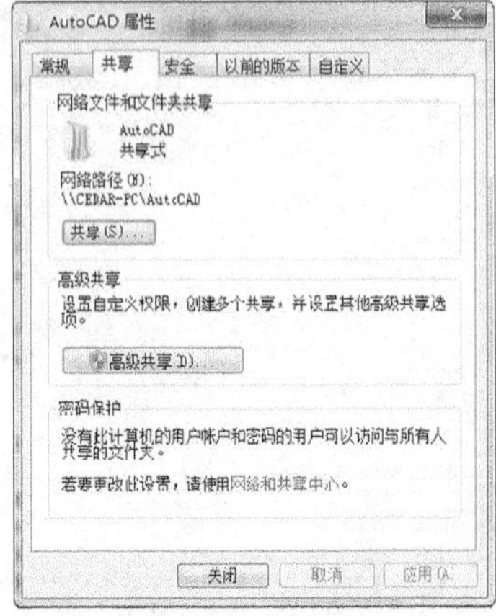

图7-70 【AutoCAD 属性】对话框

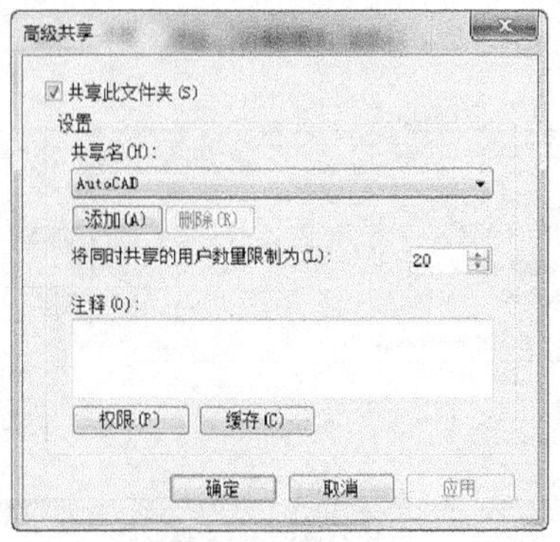

图7-71 设置共享参数

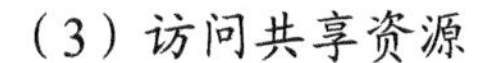

（3）访问共享资源

要访问局域网中的共享资源，可以按照以下操作进行。

① 双击桌面上的【网络】图标，打开【网络】窗口，这里显示可以访问到的网络计算机和其他共享设备，如图 7-72 所示。

图7-72 【网络】窗口

② 单击【计算机】图标打开【计算机】窗口，在空白处单击鼠标右键，在弹出的菜单中选取【添加一个网络位置】选项，如图 7-73 所示。

③ 在弹出的向导对话框中单击 下一步(N) 按钮，如图 7-74 所示。

图7-73 【计算机】窗口

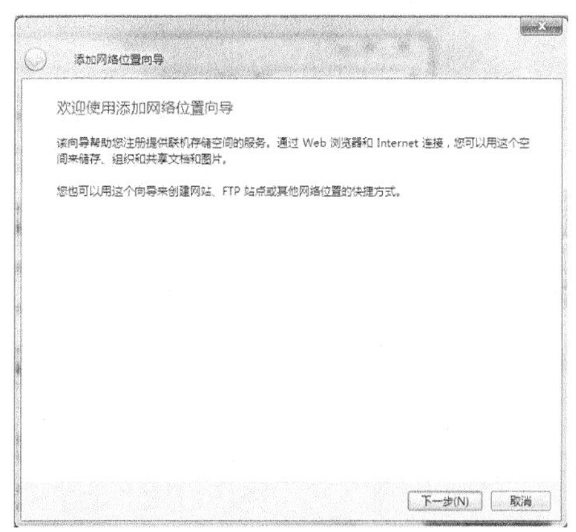

图7-74 【添加网络位置向导】对话框 1

④ 在弹出的对话框中单击【选择自定义网络位置】选项，如图 7-75 所示，然后单击 下一步(N) 按钮。

⑤ 仿照示例输入共享文件夹的位置，单击 下一步(N) 按钮，如图 7-76 所示。

要点提示

查看共享文件夹的位置（网络路径）可以在该共享文件夹上单击鼠标右键，在弹出的菜单中选取【属性】选项，在【共享】选项卡中即可查看到其网络路径，如图 7-77 所示。

（4）添加网络中的共享打印机

若局域网中有一台网络共享打印机，则网络中所有计算机都可以添加和共享该打印机，从而大大减少设备开销。

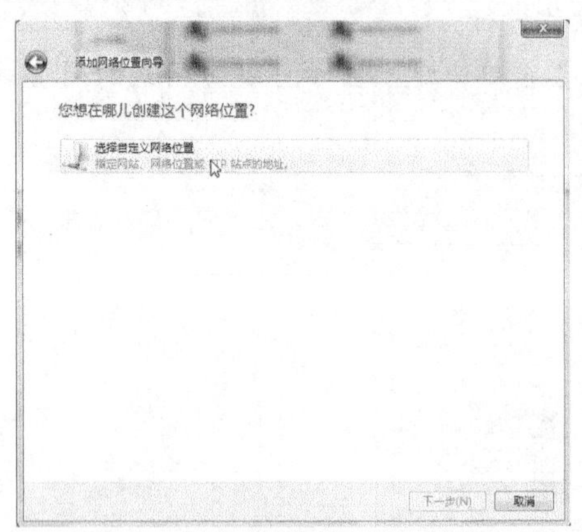

图7-75 【添加网络位置向导】对话框 2

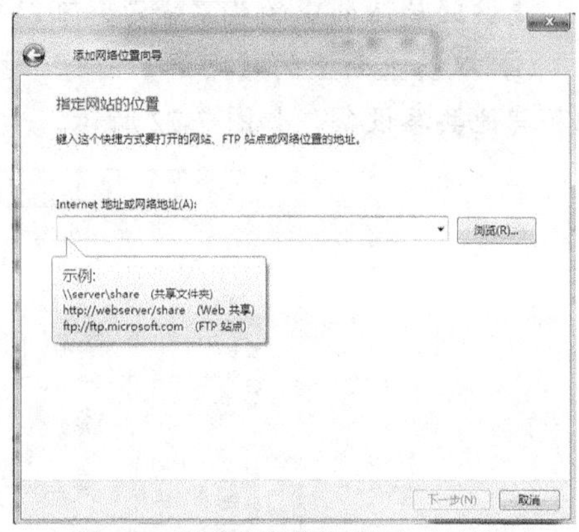

图7-76 【添加网络位置向导】对话框 3

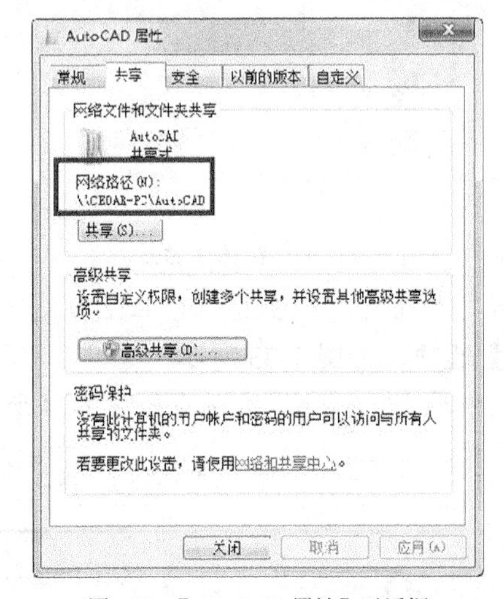

图7-77 【AutoCAD 属性】对话框

① 选择【开始】/【控制面板】命令打开【控制面板】窗口，双击【查看设备和打印机】选项，如图 7-78 所示。在打开的窗口中查看打印机等设备，如图 7-79 所示。

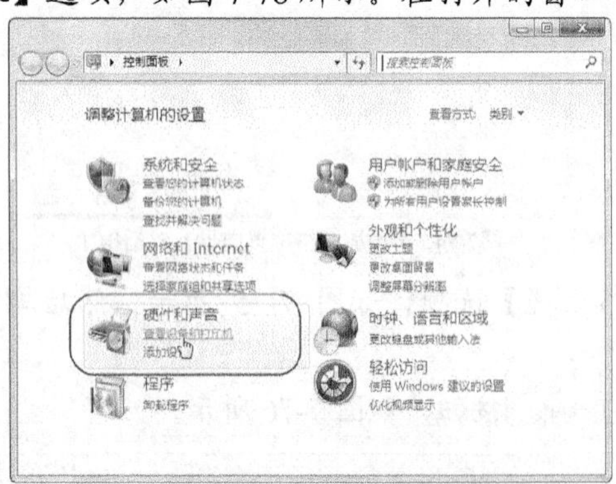

图7-78 控制面板

图7-79 查看打印机

② 选中拟共享的打印机后，在其上单击鼠标右键，在弹出的菜单中选取【打印机属性】选项，如图 7-80 所示。

③ 在弹出的打印机属性对话框中设置共享参数，如图 7-81 所示，最后单击 确定 按

钮。

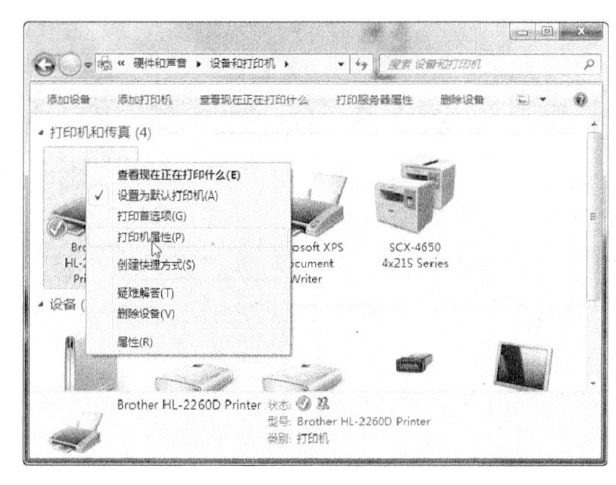

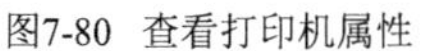
图7-80 查看打印机属性

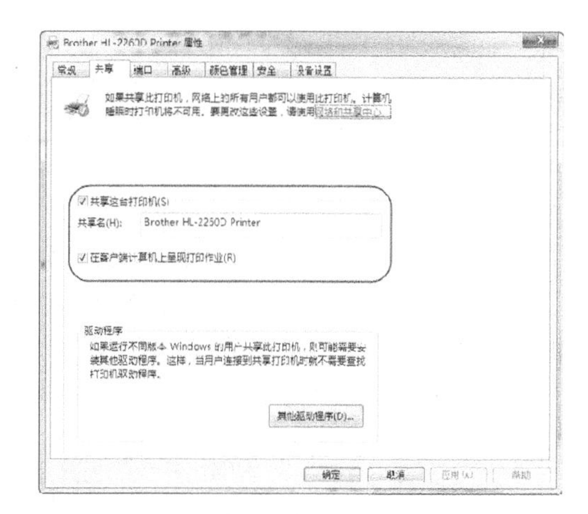

图7-81 查看打印机

习题

1. 简要说明局域网的特点和用途。
2. 组建局域网时采用的网络协议主要有哪些？各有何用途？
3. 路由器在局域网中主要承担什么功能？
4. 无线局域网和有线局域网在应用领域上有何不同？
5. 组建局域网后，如何共享网络资源和打印机等设备？

第8章 网络安全及管理

用户将计算机连接到 Internet 后，随之也带来了网络安全问题。为了确保网络以最佳状态运行，必须有效防止各种非法数据的访问破坏。而威胁网络安全的主要因素是来自计算机病毒和黑客，一旦危害网络安全的事故发生，将导致计算机性能下降，甚至用户会失去对网络的控制权。本章将介绍网络安全和管理的基础知识以及保护网络安全的基本方法。

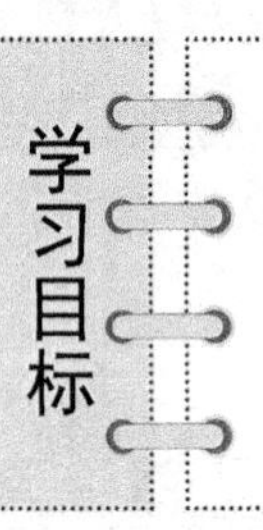

学习目标

- 了解网络安全的相关知识。
- 掌握网络管理员应具备的基本知识。
- 掌握典型网络管理软件的使用方法。
- 明确防火墙的用途。
- 掌握病毒防护和系统安全防护的基本知识。

8.1 网络安全

网络运行和维护过程中，网络管理员不仅要确保网络提供正常的服务，还要采取各种措施保证网络可靠、安全、稳定和高效地运行。

8.1.1 网络性能分析

网络在使用过程中，由于网络流量以及用户请求使用资源的随机性都会或多或少地影响网络的性能，所以在网络维护中应该周期性地收集、分析网络中各种资源的使用效率，及时发现影响网络性能的瓶颈因素，并提出合理的应对措施。

表 8-1 列出了网络中瓶颈产生的位置及其处理方案。

表 8-1　网络瓶颈及其处理

瓶颈位置	处理方案
CPU	（1）选择高速度、高性能的 CPU （2）使用多处理器，同时运行多个线程
内存	（1）如果是偶然因素导致的瓶颈，可以停止引发该因素的进程，待网络空闲时再运行该进程 （2）如果是经常性的瓶颈，则考虑增加物理内存 （3）减少用户数或同时登录的用户数
网卡	更换性能或速度更高级别的网卡
其他因素	分别予以考虑，首先看系统本身是否可以解决，然后再通过添加或升级硬件的方式来解决

8.1.2 网络安全的概念

网络安全是指网络系统的硬件、软件以及系统中的数据受到应有的保护，不会因为偶然或恶意攻击而遭到破坏、更改和泄露，系统能连续、可靠、正常地运行，网络服务不中断。

网络安全是一个涉及计算机科学、网络技术、通信技术、密码技术、信息安全技术、应用数学、数论、信息论等多种学科的边缘学科。

网络安全应包括物理安全、人员安全、符合瞬时电磁脉冲辐射标准（Transient Electromagnetic Pulse Emanation Standard，TEMPEST）、信息安全、操作安全、通信安全、计算机安全和工业安全等，如图 8-1 所示。

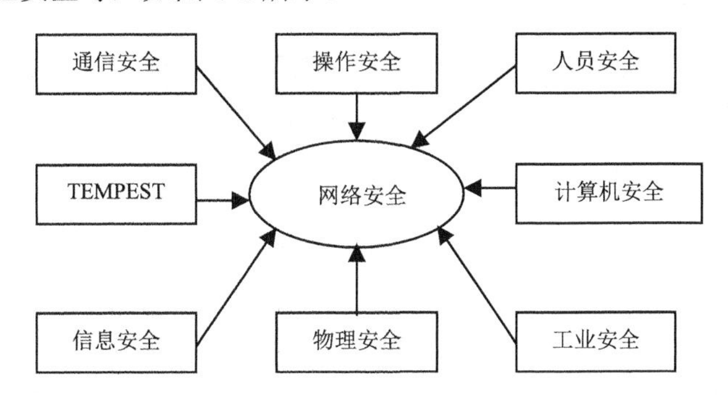

图8-1 网络安全的组成

网络安全的目标如图 8-2 所示。

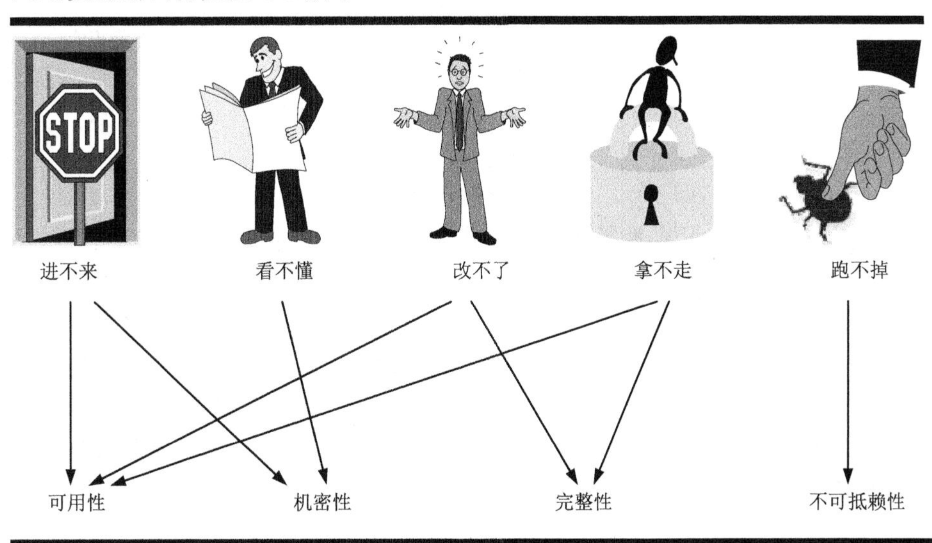

图8-2 网络安全的目标

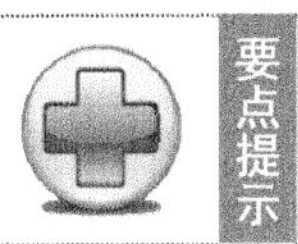

要点提示 网络如果收到病毒和黑客的攻击，轻则速度变慢，影响正常运行；重则网络口令被窃取、系统被摧毁、数据库中的数据被盗或丢失，这些将会给网络的正常运行带来相当大的损失。

8.1.3 网络安全的特征

网络安全主要包括 4 个方面的特征，如表 8-2 所示。

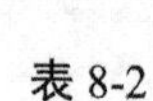

表 8-2 网络安全的特征

特征	说明
保密性	计算机中的信息不泄露给非授权用户、实体或过程，不被其所利用
完整性	计算机中的数据未经授权不能改变，信息在存储或传输过程中保持不被修改、不被破坏、不丢失
可用性	数据可被授权实体访问并按照需求使用
可控性	对信息的传播及内容具有控制能力

8.1.4 网络安全模型

一般可以建立图 8-3 所示的网络安全模型。信息需要从一方通过某种网络传送到另一方。在传送过程中居主体地位的双方必须合作起来进行交换。通过通信协议（如 TCP/IP）在两个主体之间可以建立一条逻辑信息通道。

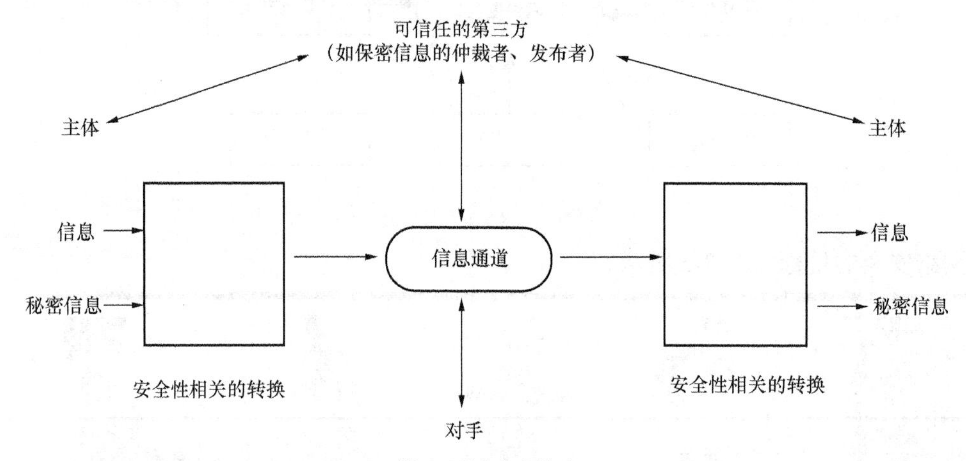

图8-3 网络安全模型

为防止信息的机密性、可靠性等被破坏，需要保护传送的信息。保证安全性的所有机制都包括以下两部分。

- 对被传送的信息进行与安全相关的转换。图 8-3 中包含了信息的加密和以信息内容为基础的补充代码。加密信息使对手无法阅读；补充代码可以用来验证发送方的身份。
- 两个主体共享不希望被别人得知的保密信息。例如，使用密钥连接，在发送前对信息进行转换，在接收后再转换过来。

要点提示　为了实现安全传送，可能需要可信任的第三方。例如，第三方可能会负责向两个主体分发保密信息，而向其他对手保密；或者需要第三方就两个主体间传送信息可靠性的争端进行仲裁。

8.1.5 网络安全面临的威胁和攻击

网络安全威胁是指某个人、物、事件或概念对某一资源的机密性、完整性、可用性或合法性所造成的危害。某种攻击就是某种威胁的具体实现。

安全威胁可分为故意的（如黑客渗透）和偶然的（如信息被发往错误的地址）两类。

故意威胁又可进一步分为被动和主动两类。表 8-3 列出了一些典型的安全威胁以及它们之间的相互关系。

表 8-3　典型的网络安全威胁

威胁	描述
授权侵犯	为某一特定的授权使用一个系统的人却将该系统用作其他未授权的目的
旁路控制	攻击者发掘系统的缺陷或安全脆弱性
拒绝服务	对信息或其他资源的合法访问被无条件地拒绝，或推迟与时间密切相关的操作
窃听	信息从被监视的通信过程中泄露出去
电磁/射频截获	信息从电子或机电设备所发出的无线射频或其他电磁场辐射中被提取出来
非法使用	资源被某个未授权的人或者以未授权的方式使用
人员疏忽	一个有授权的人为了金钱、利益或由于粗心将信息泄露给一个未授权的人
信息泄露	信息被泄露或暴露给某个未授权的实体
完整性破坏	通过对数据进行未授权的创建、修改或破坏，使数据的一致性受到损害
截获/修改	某一通信数据项在传输过程中被改变、删除或替代
假冒	一个实体（人或系统）伪装成另一个不同的实体
媒体清理	信息被从废弃的或打印过的媒体中获得
物理侵入	一个入侵者通过绕过物理控制而获得对系统的访问
重放	出于非法的目的而重新发送所截获的合法通信数据项的复制
否认	参与某次通信交换的一方，事后否认曾经发生过此次交换
资源耗尽	某一资源（如访问端口）被故意超负荷地使用，导致其他用户的服务被中断
服务欺骗	某一伪系统或系统部件欺骗合法的用户，或系统自愿地放弃敏感信息
窃取	某一安全攸关的物品被盗，如令牌或身份卡
通信量分析	通过对通信量的观察（有、无、数量、方向、频率）而造成信息被泄露给未授权的实体
陷门	将某一“特征”设立于某个系统或系统部件之中，使得在提供特定的输入数据时，允许安全策略被违反
特洛伊木马	含有察觉不出或无害程序段的软件，当它被运行时，会损害用户的安全

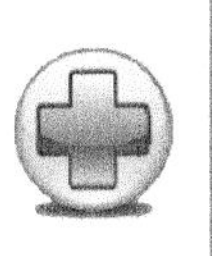

要点提示

安全威胁还可以分为：基本的安全威胁，包括信息泄漏或丢失、破坏数据完整性、拒绝服务攻击和非授权访问；主要的可实现的威胁，它又分为渗入威胁和植入威胁，渗入威胁如假冒、旁路控制、授权侵犯。植入威胁如特洛伊木马、陷门；潜在威胁，如窃听、通信量分析、人员疏忽、媒体清理等。

对于计算机或网络安全性的攻击，可以通过在提供信息时查看计算机系统的功能来记录其特性。图 8-4 所示为当信息从信源向信宿流动时，信息正常流动和受到各种类型的攻击的情况。

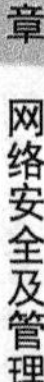

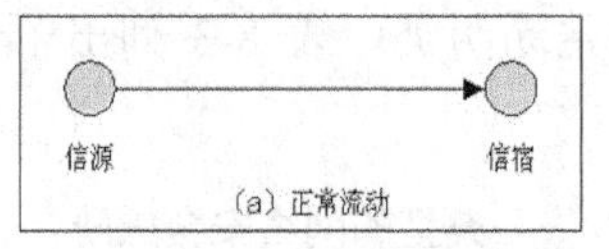

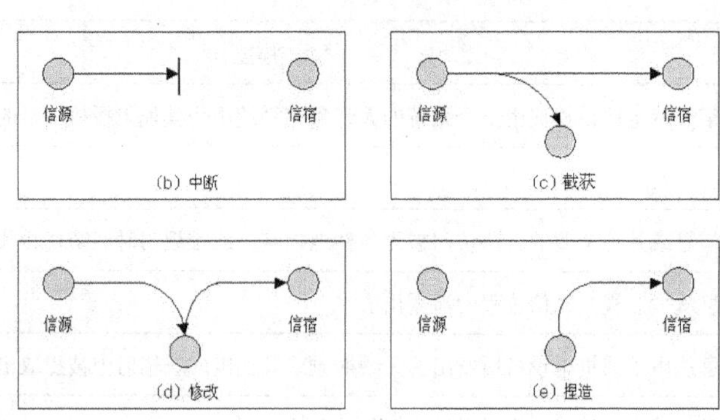

图8-4 安全攻击

视野拓展

攻击类型

- 中断：指系统资源遭到破坏或变得不能使用。这是对可用性的攻击。例如，对一些硬件进行破坏、切断通信线路或禁用文件管理系统。
- 截获：指未授权的实体得到了资源的访问权。这是对保密性的攻击。未授权实体可能是一个人、一个程序或一台计算机。例如，捕获网络数据的窃听行为，以及在未授权的情况下复制文件或程序的行为。
- 修改：指未授权的实体不仅得到了访问权，而且还篡改了资源。这是对完整性的攻击。例如，在数据文件中改变数值、改动程序使其按不同的方式运行、修改在网络中传送的信息内容等。
- 捏造：指未授权的实体向系统中插入伪造的对象。这是对真实性的攻击。例如，向网络中插入欺骗性的消息，或者向文件中插入额外的记录。

8.2 网络管理

网络管理指监督、组织和控制网络通信服务以及信息处理所必需的各种活动的总称，其目标是确保计算机网络的持续正常运行，并在计算机网络运行出现异常时能及时响应和排除故障。本节将介绍网络管理的基础知识和网络管理软件的使用实例。

8.2.1 网络管理的基础知识

这里着重介绍网络管理的目标、功能以及网络管理员的职责。

1. 网络管理的目标

网络管理的目标是最大限度地增加网络的可用时间，提高网络设备的利用率、网络性能、服务质量和安全性，简化多厂商混合网络环境下的管理和控制网络运行的成本，并提供网络的长期规划。通过提供单一的网络操作控制环境，网络管理可以在多厂商混合网络环境下管理所有的子网和设备，以统一的方式控制网络、排除故障和配置网络设备。

网络管理的目标可能各有不同，主要目标如下。

① 减少停机时间，改进响应时间，提高设备利用率。

② 减少运行费用，提高效率。

③ 减少或消除网络瓶颈。

④ 适应新技术。

⑤ 使网络更容易使用。

⑥ 确保网络安全。

2. 网络管理的功能

网络管理包括 5 个功能域，即配置管理、故障管理、性能管理、计费管理和安全管理。下面介绍这 5 个功能域的内容以及设计和实现的方法。

（1）配置管理

配置管理的目标是掌握和控制网络和系统的配置信息以及网络内各设备的状态和连接关系。现代网络设备是由硬件和设备驱动程序组成的，合理配置设备参数可以更好地发挥设备的作用，获得优良的整体性能。

配置管理的内容主要包括以下几点。

- 网络资源的配置及其活动状态的监视。
- 网络资源之间关系的监视和控制。
- 新资源的加入，旧资源的释放。
- 定义新的管理对象。
- 识别管理对象。
- 管理各个对象之间的关系。
- 改变管理对象的参数。

配置管理提供的网络设备清单不仅用于跟踪网络设备，还可以记录与厂商联系的信息、租用线路数目或网络备件数量。图 8-5 演示了利用网络设备清单为网络管理者提供各种报告的实例，如利用该清单建立一个当前运行在网络设备上的操作系统的各种版本的报告。

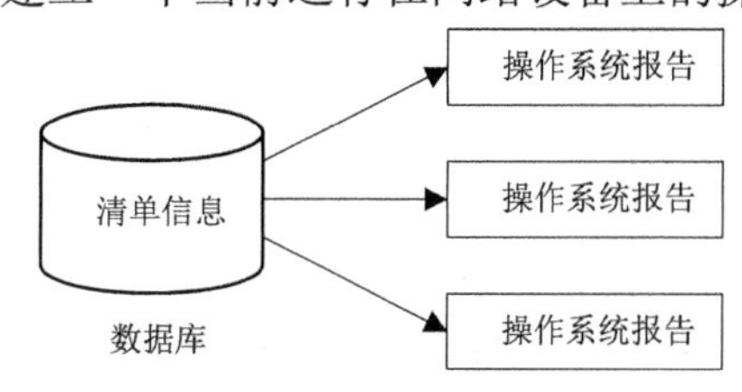

图8-5 利用网络设备清单产生各种报告

（2）故障管理

故障就是出现大量或者严重错误，需要修复的异常情况。故障管理是对计算机网络中的问题或故障进行定位的过程。

故障管理的目标是自动监测网络硬件和软件中的故障并通知用户，以便网络能有效地运行。当网络出现故障时，要进行故障的确认、记录、定位，并尽可能排除这些故障。

要点提示　故障都有一个形成、发展和消亡的过程，可以用故障选项卡对故障的整个生命周期进行跟踪。故障选项卡就是一个监视网络问题的前端进程。它对每个可能形成故障的网络问题、甚至偶然事件都赋予唯一的编号，自始至终对其进行监视，并且在必要时调用有关的系统管理功能解决问题。

以故障选项卡为中心，结合问题输入系统、报告和显示系统、解决问题的系统和数据库管理系统，形成从发现问题、记录故障到解决问题的完整过程链，这样组成的故障管理系统如图 8-6 所示。

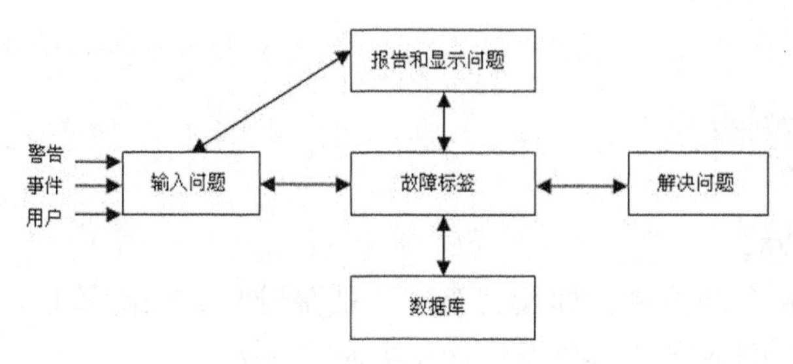

图8-6　故障选项卡

（3）性能管理

性能管理功能允许网络管理者查看网络运行的好坏。性能管理的目标是衡量和呈现网络特性的各个方面，使网络的性能维持在一个可以接受的水平上。性能管理使网络管理人员能够监视网络运行的关键参数，如吞吐率、利用率、错误率、响应时间、网络的一般可用度等。此外，性能管理能够指出网络中哪些性能可以改善以及如何改善。

（4）计费管理

计费管理的目标是跟踪个人和团体用户对网络资源的使用情况，对其收取合理的费用。这一方面可以促使用户合理地使用网络资源，维持网络正常的运行和发展，另一方面，管理者也可以根据情况更好地为用户提供所需的资源。

（5）安全管理

安全管理的目标是按照一定的策略控制对网络资源的访问，以保证网络不被侵害，并保证重要的信息不被未授权的用户访问。

要点提示　安全管理是对网络资源以及重要信息的访问进行约束和控制，包括验证用户的访问权限和优先级、监测和记录未授权用户企图进行的非法操作。安全管理的许多操作都与实现密切相关，依赖于设备的类型和所支持的安全等级。安全管理中涉及的安全机制有身份验证、加密、密钥管理、授权等。

3. 网络管理员的职责

为了保证网络的正常运转，通常需要一个或多个被称为网络管理员的计算机专家负责网络的安装、维护和故障检修等工作。网络管理的过程就是自动地或通过管理员的工作，进行数据的收集、分析和处理，然后提交给管理员，用于网络中的操作。

① 在实现一个计算机网络的过程中，网络管理员担负的责任和要完成的任务包括规划、建设、维护、扩展、优化和故障检修。

② 在制定网络建设规划时，网络管理员需要调查用户的需求，以确定网络的总体布局。规划设计可能包括在现有网络中添加新的设备以提供对新的网络或应用的访问，提供冗余以防止某条线路的故障而导致的隔离或增加网络连接的带宽。

③ 根据网络规划，管理员可以决定建设网络需要哪些软件、硬件和通信线路，是选择局域网还是广域网等。

④ 建立网络之后，网络管理员的任务就是对网络进行维护，包括改变运行在设备上的软件、更新网络设备、修复网络故障等。

⑤ 用户对需求的改变可能会影响整个网络计划。这就需要网络管理员进行网络的扩展。因为对已有网络进行扩展比重新设计和完全建立一个新的网络更为可取，所以需要管理员应用适当的网络连接方案来实现这些改变。

⑥ 考虑到一个典型的网络具有数百个不同的设备，每个设备都有其各自的特点，要想使它们一起协调工作，只有通过仔细规划，才能保证网络处于良好的运行状态。这就需要网络管理员对计算机网络进行优化。

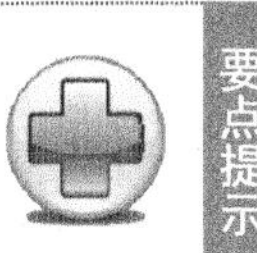

要点提示

一种新的产品或技术的发布可能会导致新旧设备的更换，以提高网络的服务性能。管理员需要仔细地配置这个设备，只有知道设备的哪些参数需要设置，哪些是与目前的情况无关的，管理员才能配置出最优的网络性能。

通过上面的工作，网络管理员可以使网络故障减少到最小。不过，无论网络管理得多么好，不可预见的事件总是会发生的，网络故障的检修就是网络管理员必不可少的任务之一。

8.2.2 网管软件的使用

Windows 7 的用户一定都注意过系统任务栏的右下角处有一个小图标。默认情况下，该图标的主要任务就是指示本机与网络是否有数据传输。单击该图标可以查看当前连接的网络，如图 8-7 所示。但对于平时经常对网络进行排除故障的专业网络工程师来说，还需要获取更多信息。

1. Nstat 的用途

Nstat 是一个完全免费的软件，其全称是 Network statistics （以下简称 Nstat）。下载后的 Nstat 是一个小的压缩包，双击将其打开后，就可以开始工作了，图 8-8 中左侧就是正在工作的 Nstat 图标。

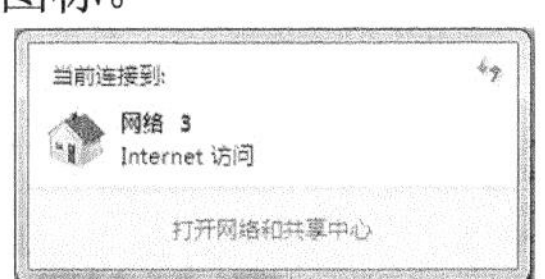

图8-7 【内网状态】对话框

图8-8 Nstat 图标

2. Nstat 的应用

双击 Nstat 图标，弹出【Adapter 状态】对话框，该对话框中包括【常规】、【支持】、【详细资料】、【网络】、【网络使用】和【连接】6 个选项卡。

（1）【常规】选项卡

双击 Nstat 图标，弹出【Adapter 状态】对话框，默认显示的是【常规】选项卡，如图 8-9 所示。其中显示了连接时间、连接速率和收发字节数等这样一些最基本的信息。

（2）【支持】选项卡

【支持】选项卡如图 8-10 所示。该选项卡中内容丰富。单击详细资料(D)...按钮，弹出【网络连接详细信息】对话框，如图 8-11 所示。

从【网络连接详细信息】对话框中，可以看到本机的很多重要网络参数，如主机名、MAC地址（软件显示为“物理地址”）、DNS服务器以及默认网关等，查询的时候非常方便。

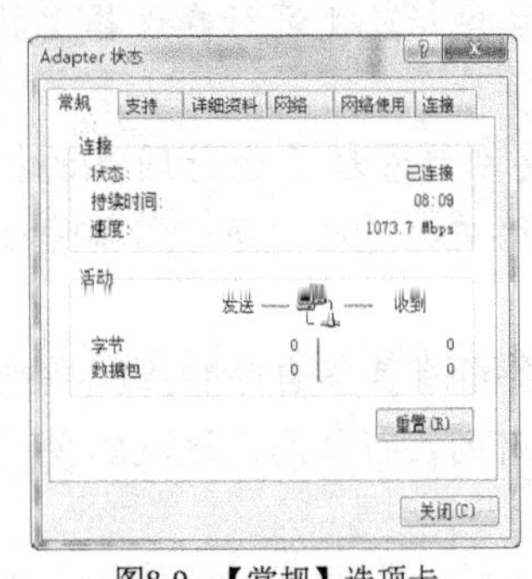

图8-9 【常规】选项卡

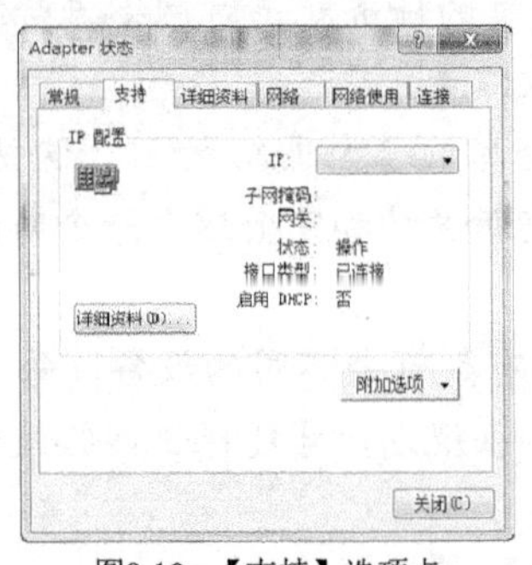

图8-10 【支持】选项卡

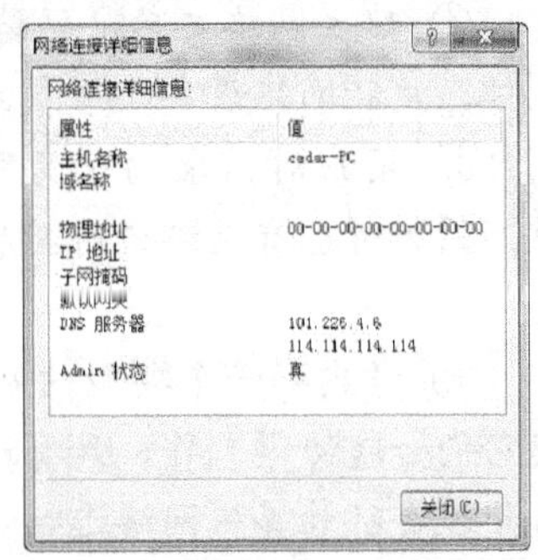

图8-11 【网络连接详细信息】对话框

另外，在图8-10中还包含一个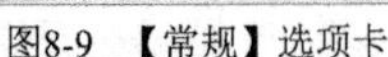按钮，单击该按钮，可以非常方便地手动编辑ARP表，无须到命令行窗口去输入命令。

（3）【详细资料】选项卡

通过【详细资料】选项卡，可以清楚地知道整个TCP/IP的活动情况。这些参数对于普通的计算机用户来说可能用处不大，但对经常检测网络故障的专业工程师来说是有很大价值的。【详细资料】选项卡如图8-12所示。

（4）【网络】选项卡

选择【网络】选项卡，如图8-13所示。虽然【网络】选项卡中并没有什么特有的功能，但把大量的网络功能安排在【网络】选项卡中，的确能让用户使用起来更加方便。

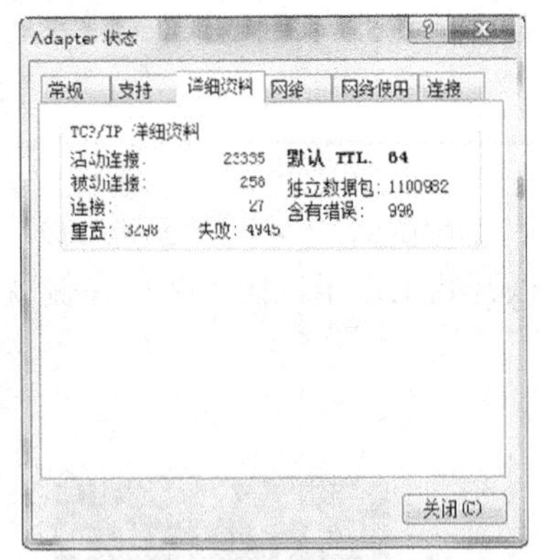

图8-12 【详细资料】选项卡

图8-13 【网络】选项卡

（5）【网络使用】选项卡

选择【网络使用】选项卡，可以看到一个曲线图，如图8-14所示。

在【网络使用】选项卡中，将上行和下行的流量以图形的形式表示出来，并且还能由用户自行设置上行、下行曲线的标识颜色。更为可贵的是，它的默认流量单位就是用户平时常用的kbit/s，同时它也能自动计算设备的当前速率、平均速率和最大速率，这种一目了然的记录方式显然更利于网络工程师的诊断工作。

（6）【连接】选项卡

【连接】选项卡如图8-15所示，其中显示出了本机所有已开放端口的工作情况。这是网络工程师们用得最多的一个选项卡。

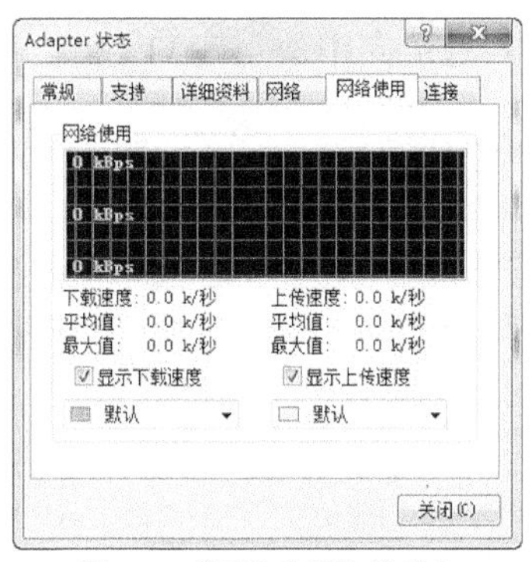

图8-14 【网络使用】选项卡

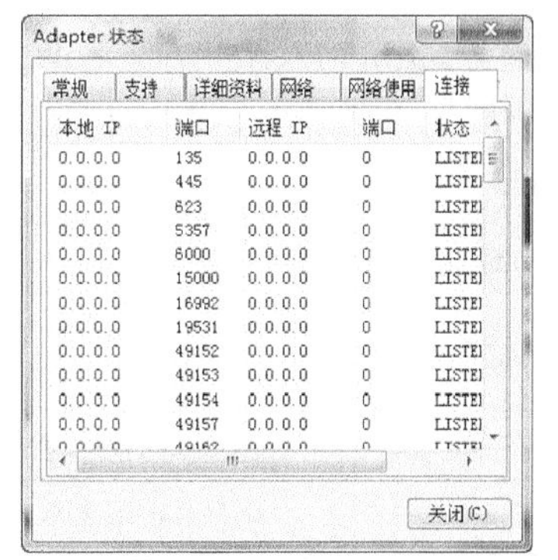

图8-15 【连接】选项卡

8.3 网络防火墙

防火墙是一个或一组系统，能够增强机构内部网络的安全性。该系统可以设定哪些内部服务可以被外界访问，外界的哪些用户可以访问内部的哪些服务，以及哪些外部服务可以被内部人员访问。所有来自和去往 Internet 的信息都必须经过防火墙的检查。防火墙只允许经过授权的数据通过，并且本身必须能够免于渗透。

8.3.1 防火墙的定义和功能

防火墙是不同网络或网络安全域之间信息的唯一出入口，能根据企业的安全政策控制（允许、拒绝、监测）出入网络的信息流，且本身具有较强的抗攻击能力，是网络提供信息安全服务，实现网络和信息安全的基础设施。

1. 防火墙的定义

防火墙是设置在不同网络（如可信任的企业内部网和不可信的公共网）或网络安全域之间的一道防御系统，是一系列软件、硬件等部件的组合，其工作示意图如图 8-16 所示。防火墙可以隔离风险区域与安全区域的连接，同时不会妨碍人们对风险区域的访问。

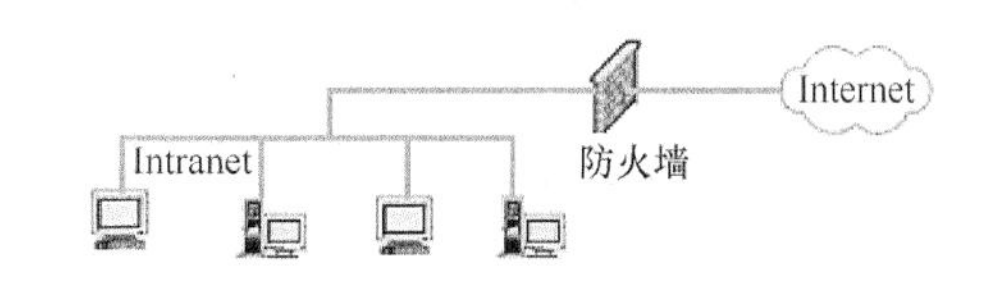

图8-16 防火墙示意图

要点提示

在逻辑上，防火墙是一个分离器，一个限制器，也是一个分析器，有效地监控了内部网和 Internet 之间的任何活动，保证了内部网络的安全。防火墙能极大地提高一个内部网络的安全性，并通过过滤不安全的服务而降低风险。

2. 防火墙的功能

由于只有经过精心选择的应用协议才能通过防火墙，所以安装了防火墙的网络环境变得更安全。如防火墙可以禁止诸如众所周知的不安全的 NFS（Network File System，网络文件系统）协议进出受保护网络，这样，外部的攻击者就不可能利用这些脆弱的协议来攻击内部网络。

防火墙同时可以保护网络免受基于路由的攻击，如 IP 选项中的源路由攻击和 ICMP

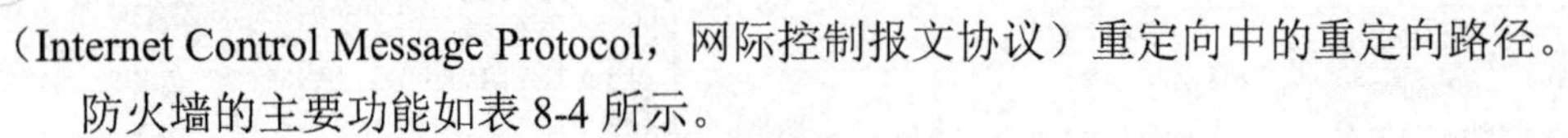

（Internet Control Message Protocol，网际控制报文协议）重定向中的重定向路径。

防火墙的主要功能如表 8-4 所示。

表 8-4　　防火墙的基本功能

功能	说明
保护端口信息	保护并隐藏用户计算机在 Internet 上的端口信息，使得黑客无法扫描到计算机端口，从而无法进入计算机发起攻击
过滤后门程序	过滤掉木马程序等后门程序
保护个人资料	保护计算机中的个人资料不被泄露，当有不明程序企图改动或复制资料时，防火墙会加以阻止，并提醒计算机用户
提供安全状况报告	提供计算机的安全状况报告，以便及时调整安全防范措施

3. 防火墙的设计目标

防火墙的设计目标如下。

（1）进出内部网的通信量必须通过防火墙。可以通过物理方法，阻塞除防火墙外的访问途径来做到这一点，可以对防火墙进行各种配置达到这一目的。

（2）只有那些在内部网安全策略中定义了的合法的通信量才能够进出防火墙。可以使用各种不同的防火墙来实现各种不同的安全策略。

（3）防火墙自身应该能够防止渗透。这就需要使用安装了安全操作系统的可信计算机系统。

8.3.2　Windows 7 系统墙规则设置

防火墙是网络安全的一道闸门，所有与计算机的连接都必须通过防火墙来实现，这样就需要防火墙具有很强的屏蔽网络攻击以及抗病毒干扰的能力。

操作步骤

（1）认识【Windows 防火墙】

① 打开【控制面板】，单击【系统与安全】选项，如图 8-17 所示。如图 8-18 所示，在展开的面板中选取【Windows 防火墙】选项，结果如图 8-19 所示。

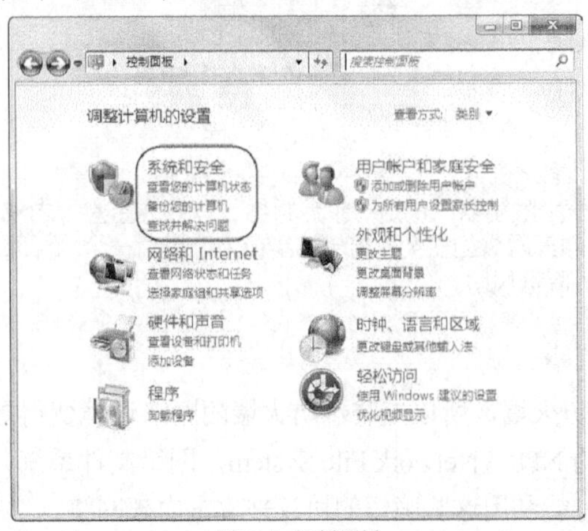

图8-17　控制面板

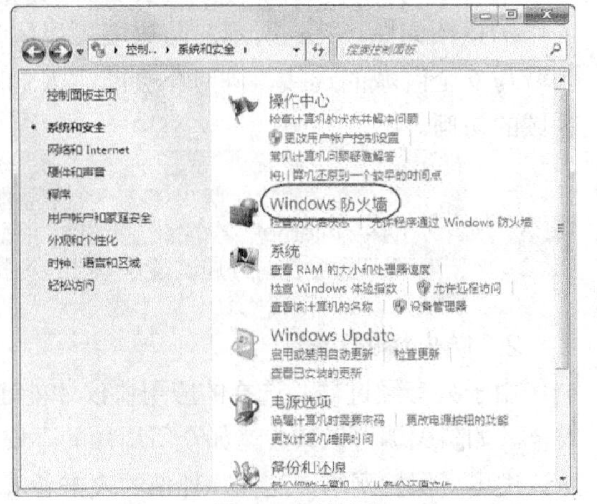

图8-18　控制面板

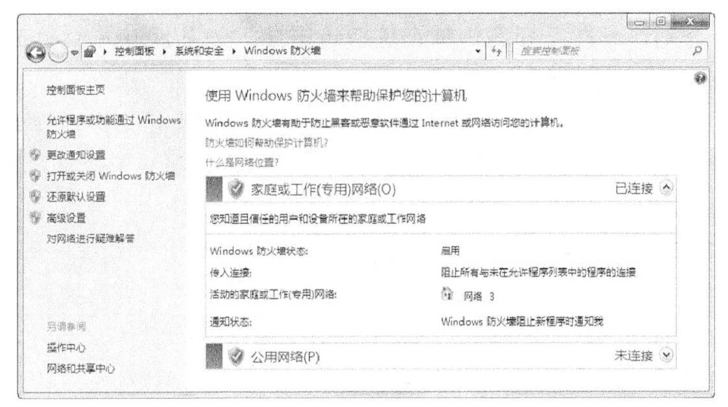

图8-19 使用 Windows 防火墙

② 在图 8-19 所示的页面左侧单击【高级设置】选项，打开【高级安全 Windows 防火墙】对话框，如图 8-20 所示。

图8-20 【高级安全 Windows 防火墙】对话框

要点提示

图 8-20 中有 3 种配置文件。一个配置文件可以解释成为一个特定类型的登录点所配置的规则设置文件，其取决于你在哪里登录网络。域配置文件用于连接上一个域；专用配置文件能在可信网络里面使用，如家庭网络中允许资源共享。公用配置文件用于直接连入 Internet 或者是不信任的网络，或者想与网络里面的计算机隔离开来。

③ 第一次连接上网络的时候，Windows 会检测你的网络类型。如果是一个域，那么对应的配置文件会被选中。如果不是一个域，防火墙会提示选择“公用的”还是“专用的”网络，从而决定使用哪个配置文件。

④ 在图 8-20 所示的页面右侧单击【属性】选项打开【本地计算机上的高级安全 Windows 防火墙属性】面板，如图 8-21 所示。在【域配置文件】选项卡【状态】分组框中做如下设置。

- 防火墙状态：查看防火墙的状态，设置配置文件是开启还是关闭。
- 入站连接：若选择【阻止（默认）】时，没有指定的所有连接都会被阻止，如果你设置了某个规则允许入站，例如共享文件和游戏服务，则需要在此选择；若选择【阻止所有连接】，则防火墙“阻止所有，而且没有例外”；若选择【允许】，则会允许所有没有具体阻止规则的连接。如果没有入站的阻止规则，那么所有的入站连接都会被允许。

- 出站连接：若选择【允许（默认）】，则会允许那些没有具体的阻止规则的连接出站；若选择【阻止】，则没有指定允许规则的出站连接都会被阻止。

⑤ 返回图 8-20 所示的【高级安全 Windows 防火墙】窗口，单击【出站规则】选项，在弹出的窗口中可以看到很多规则，绿色勾选的规则已经激活（正在使用），灰色则是被禁用的规则，如图 8-22 所示。

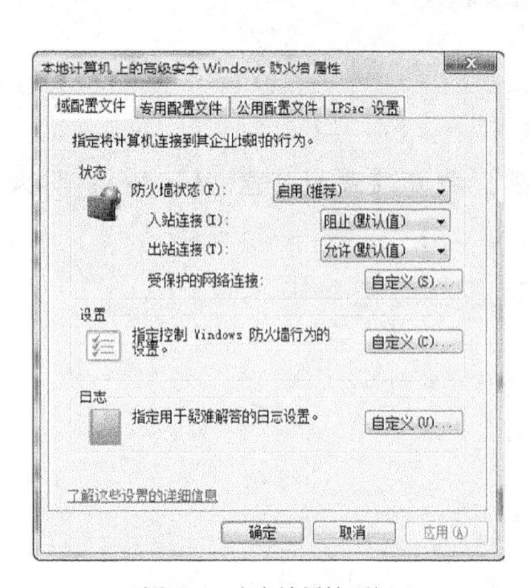

图8-21 防火墙属性面板

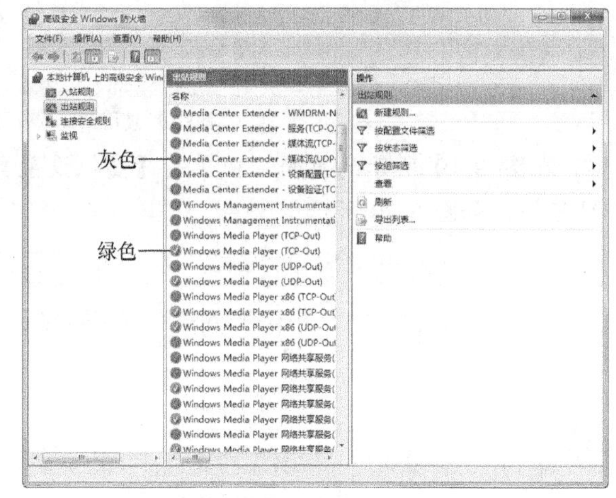

图8-22 查看出站规则

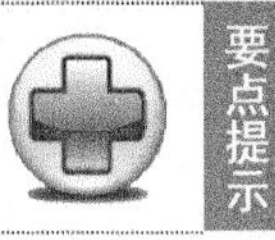

要点提示 每个规则都会被指派给一个或者多个配置文件。只有当相应的配置文件在使用中的时候这个规则才会被激活。

⑥ 为了知道哪些规则正在使用，可在图 8-22 中展开【监视】/【防火墙】选项，这里会显示当前使用的配置文件所有激活了的入站和出站规则，如图 8-23 所示。

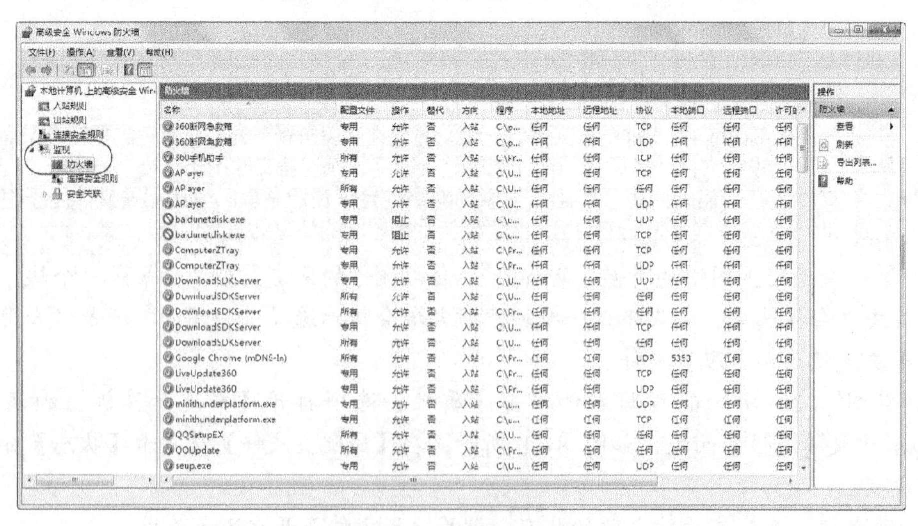

图8-23 查看规则的使用

（2）新建规则

下面以新建【文件和打印机共享】出站规则为例说明新建规则的方法。

① 在图 8-23 左侧选中【出站规则】，然后在右侧窗口中单击【新建规则】选项，如图 8-24 所示。

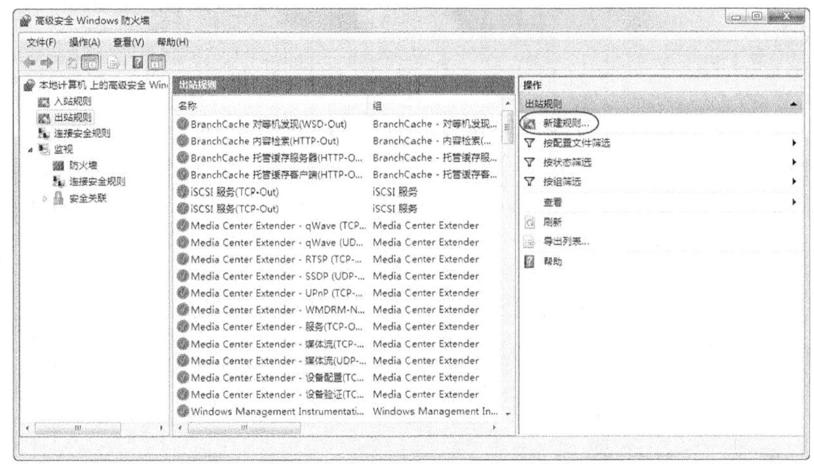

图8-24 新建规则

② 按照图 8-25 所示选择选项，完成后单击 下一步(N) > 按钮，随后显示全部规则，你可以根据需要进行选择，如图 8-26 所示。

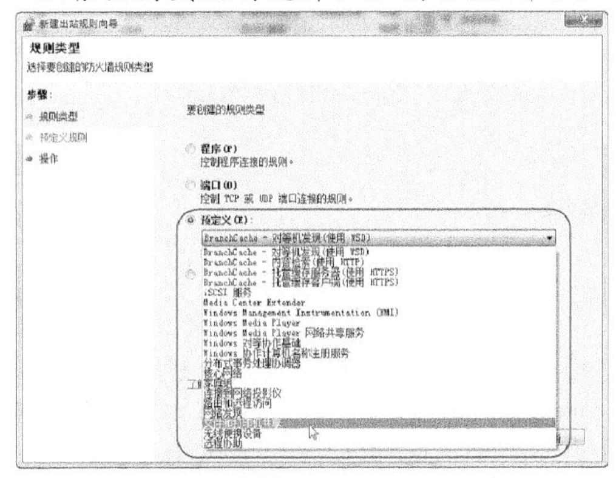

图8-25 选择项目

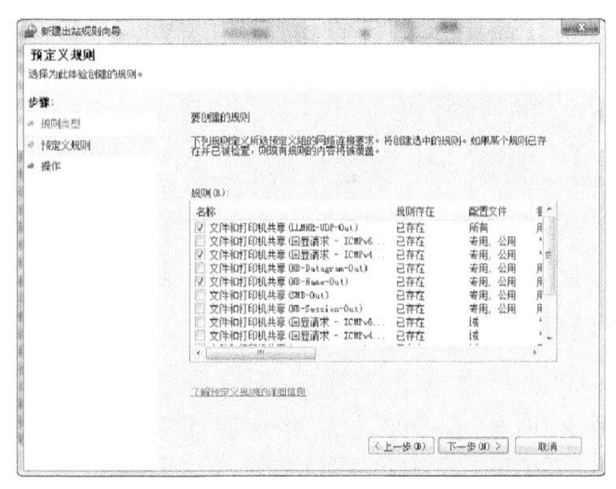

图8-26 选择规则

③ 单击 下一步(N) > 按钮执行操作方式。

④ 单击 完成(F) 按钮完成设置，如图 8-27 所示。

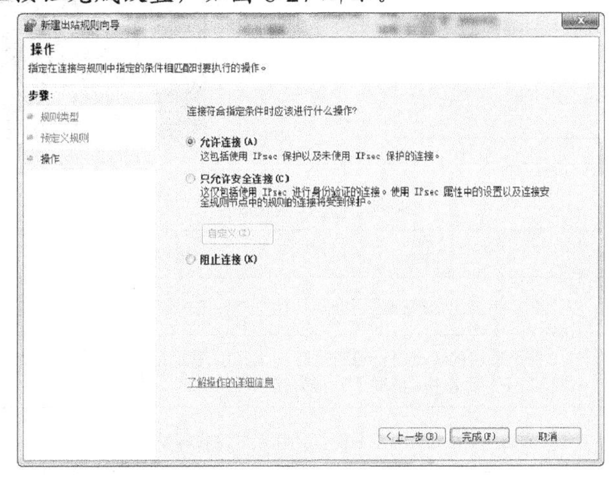

图8-27 设置操作

8.4 实训 12 使用 360 杀毒软件

网络为人们打开一扇通向外界的窗口，通过网络人们足不出户就可以同“地球村”中的每一个“村民”交流，同时分享网络资源。但同时网络也为各种病毒、黑客等不速之客入侵计算机提供了便捷的通道，为了确保网络环境的畅通，必须随时对其进行优化与维护。

360 杀毒是 360 安全中心出品的一款免费的云安全杀毒软件。360 杀毒具有查杀率高、资源占用少、升级迅速等优点。

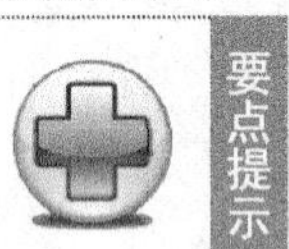

要点提示 “云安全”通过网络中的大量客户端对网络中软件行为的异常监测，获取互联网中木马、恶意程序的最新信息，传送到服务端进行自动分析和处理，再把病毒和木马的解决方案分发到每一个客户端，从而使得整个互联网变成了一个超级大的杀毒软件。

8.4.1 使用 360 杀毒软件杀毒

使用 360 杀毒方式灵活，用户可以根据当前的工作环境自行选择。“快速扫描”查杀病毒迅速，但是不够彻底；“全盘扫描”查杀彻底，但是耗时长；“指定位置扫描”可以对特定分区和存储单位进行查杀工作，可以针对性查杀病毒。

操作步骤

1. 认识 360 杀毒软件

启动 360 杀毒软件，其主要界面元素如图 8-28 所示。

（1）在主窗口中部有 3 项主要功能，分别是“全盘扫描”“快速扫描”和“功能大全”。其主要功能如表 8-5 所示。

（2）单击主窗口左上方按钮可以打开【360 多重防御系统】界面，对系统进行保护，如图 8-29 所示，单击图中的小圆点按钮可以返回上一界面。

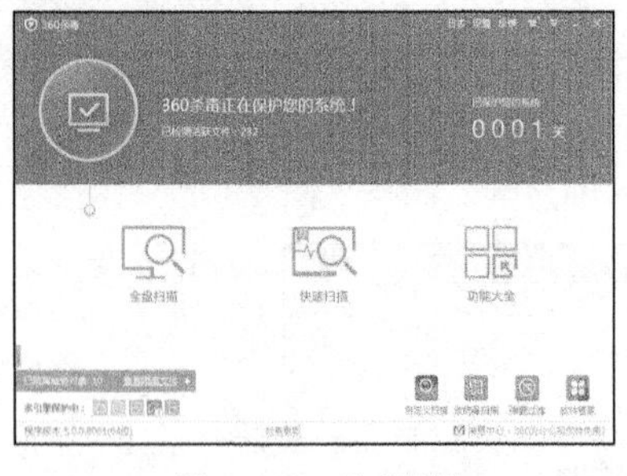

图8-28 360 杀毒界面

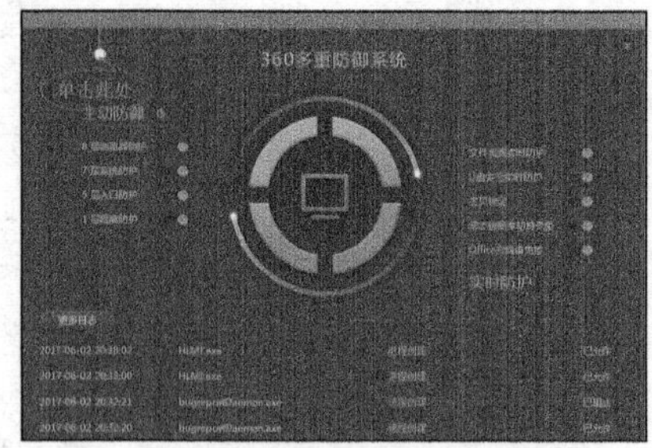

图8-29 360 多重防御系统

表 8-5 3 种扫描方式的对比

按钮	选项	含义
	全盘扫描	全盘扫描比快速扫描更彻底，但是耗费的时间较长，占用系统资源较多
	快速扫描	使用最快的速度对计算机进行扫描，迅速查杀病毒和威胁文件，节约扫描时间，一般用在时间不是很宽裕的情况下扫描硬盘
	功能大全	可以进行系统安全、系统优化和系统急救等操作

（3）在主窗口左下方单击查看隔离文件选项，可以查看被清除的文件，也可以恢复或者删除这些文件，如图 8-30 所示。

图8-30 【360 恢复区】对话框

在扫描结果中，通常包含病毒、威胁、木马等恶意程序，其特点如表 8-6 所示。

表 8-6 病毒、威胁和木马的特点

恶意程序	解释
病毒	一种已经可以产生破坏性后果的恶意程序，必须严加防范
威胁	虽然不会立即产生破坏性影响，但是这些程序会篡改计算机设置，使系统产生漏洞，从而危害网络安全
木马	一种利用计算机系统漏洞侵入计算机后窃取文件的恶意程序。木马程序伪装成应用程序安装在计算机上（这个过程称为木马种植）后，可以窃取计算机用户上的文件、重要的账户密码等信息

（4）在主窗口右下方有 4 个选项，分别是【自定义扫描】、【宏病毒扫描】、【弹窗过滤】和【软件管家】，其用途如表 8-7 所示。

表 8-7 4 个选项的用途

按钮	选项	作用
	自定义扫描	扫描指定的目录和文件
	宏病毒扫描	查杀文件中的宏病毒
	弹窗过滤	强力拦截各种弹窗广告
	软件管家	打开“360 软件管家”，对计算机上安装的软件进行管理

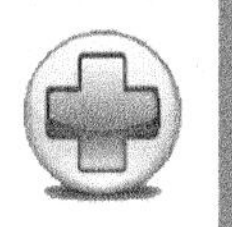

要点提示

宏病毒（常见于 Office 软件）是一种寄存在文档或模板的宏中的计算机病毒。一旦打开这样的文档，其中的宏就会被执行，于是宏病毒就会被激活，转移到计算机上，并驻留在 Normal 模板上。弹窗是指打开网页、软件、手机 App 等自动弹出的窗口，通过这些窗口可以为用户快速进入网页提供快捷途径，但是也会为用户带来各种困扰。

2. 全盘扫描

（1）在图 8-28 所示主窗口中单击（全盘扫描）按钮开始全盘扫描硬盘，扫描过程如

图 8-31 所示。

图8-31 【全盘扫描】过程

（2）扫描结束后显示扫描到的病毒和威胁程序，选中需要处理的选项，单击立即处理按钮进行处理，如图 8-32 所示。

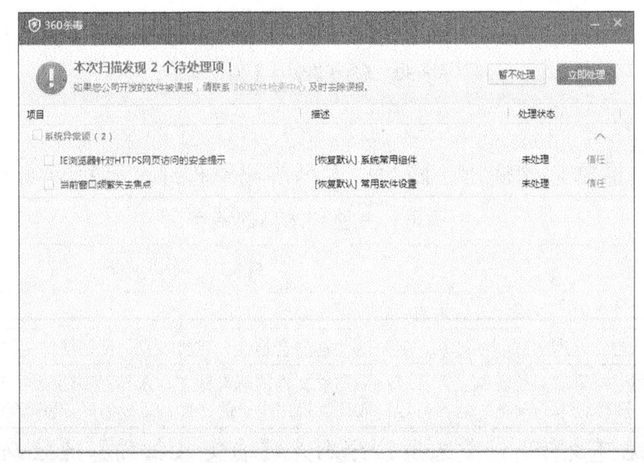

图8-32 显示扫描结果

要点提示 扫描时，在图 8-31 所示界面中可以根据需要选择【速度最快】和【性能最佳】两种扫描方式，前者可以获得最快的扫描速度，后者可以获得较高的扫描质量。单击暂停可以暂停本次扫描，根据需要时再恢复本次操作；单击停止按钮可以终止本次操作。如果选中【扫描完成后自动处理并关机】复选框，则扫描完后自动处理完威胁对象后关机。

3. 快速扫描

快速扫描可以使用最快的速度对计算机进行扫描，迅速查杀病毒和威胁文件，节约扫描时间，一般用在时间不是很宽裕的情况下扫描硬盘。

（1）在图 8-28 所示的主窗口中单击（快速扫描）按钮开始快速扫描硬盘，扫描结束后显示扫描到的病毒和威胁程序。

（2）扫描完成后，按照与全盘扫描相同的方法处理威胁文件。

4. 自定义扫描

自定义扫描可以指定扫描路径，然后对该路径下的文件进行扫描，能更加节约扫描时间。通常可以指定某个磁盘或文件夹作为扫描路径。

（1）在图 8-28 所示的主窗口右下角单击（自定义扫描）按钮，按照图 8-33 所示的方法选择扫描路径，扫描结束后显示扫描到的病毒和威胁程序。

（2）扫描完成后，与前面两种扫描方法类似处理威胁文件。

图8-33 选择扫描路径

8.4.2 应用【功能大全】

在窗口上单击【功能大全】按钮打开功能大全页面，如图 8-34 所示，具体各功能的用途如表 8-8 所示。

图8-34 功能大全界面

表 8-8 360 杀毒的主要功能

分类	选项	作用
系统安全	自定义扫描	扫描指定的目录和文件
	宏病毒扫描	查杀 Office 文件中的宏病毒
	人工服务	通过搜索计算机问题解决问题或咨询电脑专家解决问题
	安全沙箱	自动识别可疑程序并把它放入隔离环境安全运行
	防黑加固	加固系统，防止被黑客袭击

续表

分类	选项	作用
系统安全	手机助手	通过USB等连接手机，用计算机管理手机
	网购先赔	当用户进行网购时进行保护
系统优化	弹窗过滤	强力拦截弹窗广告
	软件管家	管理计算机上已经安装的软件或安装新软件
	上网加速	快速解决上网时卡、慢的问题
	文件堡垒	保护重要文件，以防被意外删除
	文件粉碎机	强力删除无法正常删除的文件
	垃圾清理	清理没有用的数据，优化计算机
	进程追踪器	追踪进程对CPU、网络流量的占用情况
	杀毒搬家	帮用户将360杀毒移动到任意硬盘分区，释放磁盘压力而不影响其功能
	软件净化	卸载捆绑软件安装，净化不需要的软件
系统急救	杀毒急救盘	用于紧急情况下系统启动或者修复
	系统急救箱	紧急修复严重异常的系统问题
	断网急救箱	紧急修复网络异常情况
	备份助手	对计算机上的数据进行备份和还原
	系统重装	快速安全地进行系统重装
	修复杀毒	下载最新版本，对360杀毒软件进行修复

8.5 实训13 使用360安全卫士

360 安全卫士是一款完全免费的安全类上网辅助工具，可以查杀流行木马、清理系统插件、在线杀毒、系统实时保护及修复系统漏洞等，同时还具有系统全面诊断以及清理使用痕迹等特定辅助功能，为每一位用户提供全方位系统安全保护。

8.5.1 使用常用功能

360 安全卫士拥有清理插件、修复漏洞、清理垃圾等诸多功能，可方便地对系统进行清理和维护。下面介绍其基本操作方法。

操作步骤

1. 启动360安全卫士

启动360安全卫士，其界面如图8-35所示。

图8-35　360 安全卫士软件界面

2. 电脑体检

（1）在图 8-35 中单击 立即体检 按钮，可以对计算机进行体检。通过体检可以快速给计算机进行“身体检查”，判断计算机是否健康，是否需要“求医问药”。

（2）体检结束后，单击 一键修复 按钮修复计算机中检测到的问题，如图 8-36 所示。

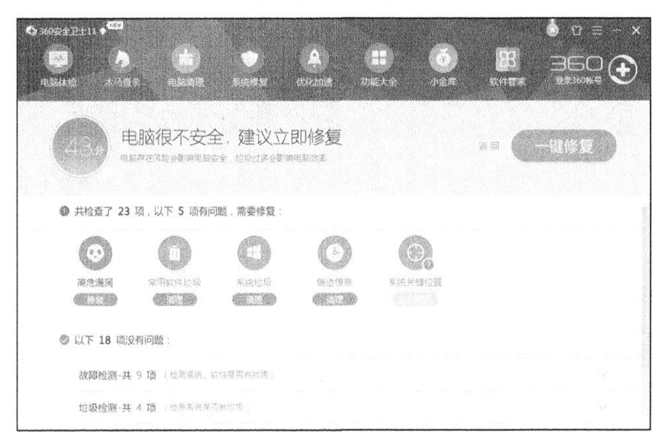

图8-36　体检结果

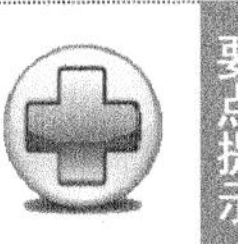

要点提示

系统给出计算机的健康度评分，满分 100 分，如果在 60 分以下，说明你的计算机已经不健康了。

3. 木马查杀

查杀木马的主要方式有 3 种，具体用法如表 8-9 所示。

表 8-9　查杀木马的方法

按钮	名称	含义
	快速查杀	快速扫描可以使用最快的速度对计算机进行扫描，迅速查杀病毒和威胁文件，节约扫描时间，一般用在时间不是很宽裕的情况下扫描硬盘
	全盘查杀	全盘扫描比快速扫描更彻底，但是耗费的时间较长，占用系统资源较多
	按位置查杀	扫描指定的硬盘分区或可移动存储设备

要点提示

木马是具有隐藏性的、自发性的、可被用来进行恶意行为的程序。木马虽然不会直接对计算机产生破坏性危害，但是木马通常作为一种工具被操纵者用来控制用户的计算机，不但会篡改用户的计算机系统文件，还会导致重要信息泄露，因此必须严加防范。

（1）在图 8-36 所示的界面顶部单击【木马查杀】按钮，打开图 8-37 所示的软件界面。

图8-37 查杀木马

（2）单击快速查杀按钮可以快速查杀木马，查杀过程如图 8-38 所示。

图8-38 查杀木马过程

（3）操作完毕显示查杀结果，如果没有发现病毒，结果如图 8-39 所示，单击完成按钮返回主界面。

图8-39 查杀木马结果 1

（4）如果发现木马，界面如图 8-40 所示。选中需要处理的选项前的复选框处理查杀到的木马。

图8-40　查杀木马结果 2

（5）处理完木马程序后，系统弹出图 8-41 所示的对话框提示重新启动计算机，为了防止木马反复感染，推荐单击 好的，立刻重启 按钮重启计算机。

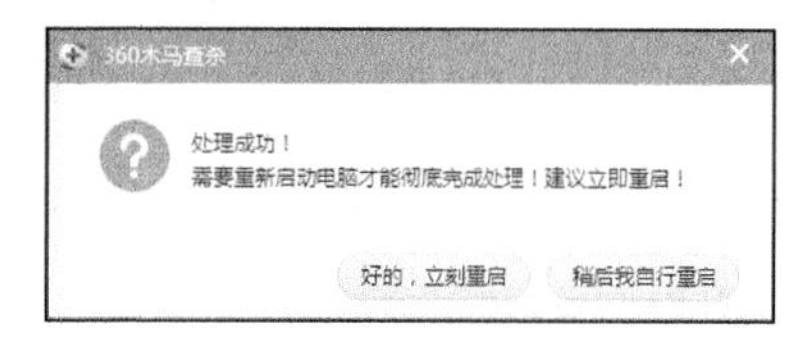

图8-41　重启系统

要点提示　与查杀病毒相似，还可以在图 8-37 所示的界面中单击【全盘查杀】和【按位置查杀】选项，分别实现对整个磁盘上的文件进行彻底扫描及扫描指定位置的文件。

4. 系统修复

（1）在图 8-39 所示的界面上方单击（系统修复）按钮进入系统修复界面，有【全面修复】和【单项修复】两个选项，如图 8-42 所示。二者的用法如表 8-10 所示。

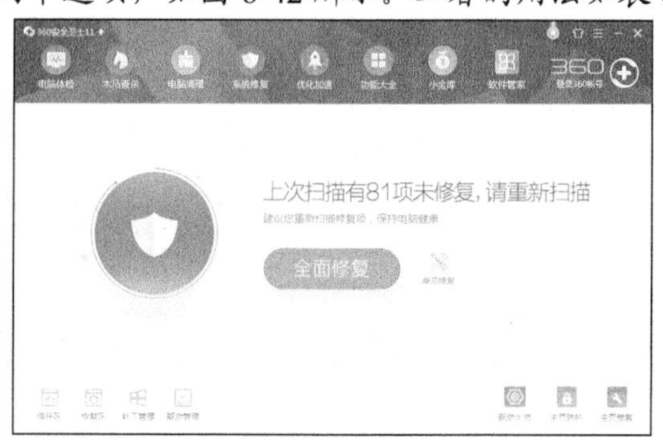

图8-42　系统修复

表 8-10　**常用修复方法**

按钮	名称	含义
	全面修复	操作系统使用一段时间后，一些其他程序在操作系统中增加如插件、控件、右键弹出菜单改变等内容，可以对系统中的问题进行全面修复，实际上就是自动依次执行常规修复、漏洞修复、软件修复和驱动修复
	单项修复	可以根据实际需要对系统进行常规修复、漏洞修复、软件修复和驱动修复

（2）单击全面修复按钮，系统将对计算机上的问题进行全面扫描，如图 8-43 所示。扫描结果如图 8-44 所示。选中需要修复的项目后，单击一键修复按钮进行修复。单击项目后的忽略按钮可以忽略该问题。

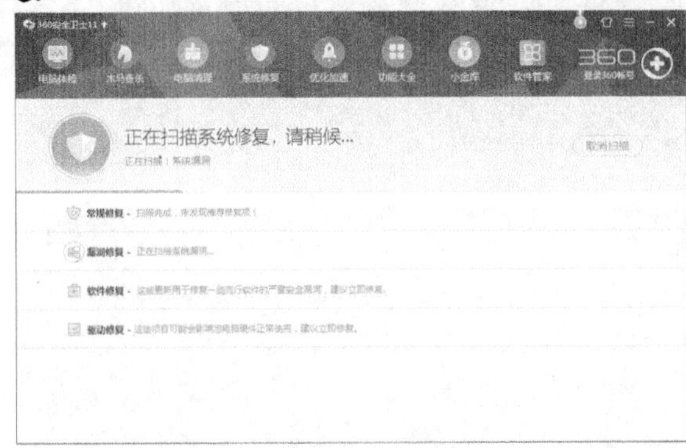

图8-43　系统全面修复

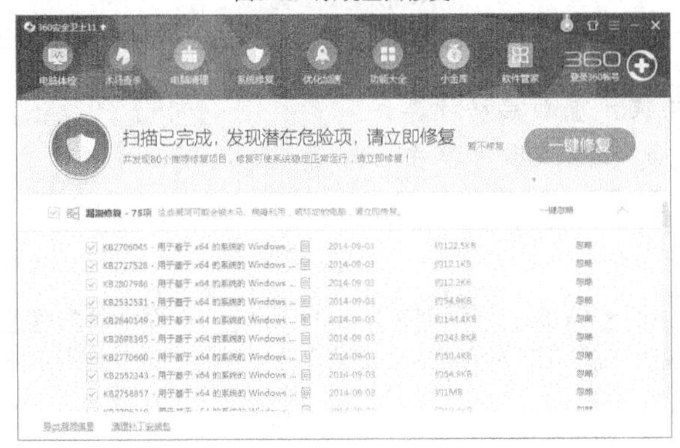

图8-44　【全面修复】扫描结果

（3）在图 8-43 所示的【系统修复】选项中单击【漏洞修复】选项可以对系统漏洞进行扫描和恢复，扫描结果与随后的处理方法与图 8-44 相似。

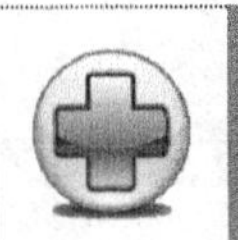

要点提示　漏洞是指系统软件存在的缺陷，攻击者能够在未授权的情况下利用这些漏洞访问或破坏系统。系统漏洞是病毒木马传播最重要的通道。如果系统中存在漏洞，就要及时修补，其中一个最常用的方法就是及时安装修补程序，这种程序称之为系统补丁。

（4）在图 8-43 所示的【系统修复】选项中单击【软件修复】选项可以对应用软件漏洞进行扫描，结果如图 8-45 所示，按照类似方法处理扫描结果。

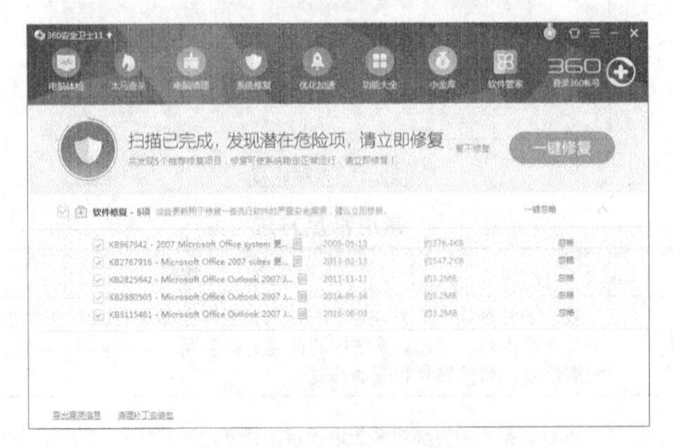

图8-45　【软件修复】扫描结果

（5）在图 8-43 所示的【系统修复】选项中单击【驱动修复】选项可以驱动程序漏洞进行扫描，结果如图 8-46 所示，按照类似方法处理扫描结果。

图8-46 【驱动修复】扫描结果

5. 电脑清理

（1）在主界面单击（电脑清理）按钮进入【电脑清理】界面，如图 8-47 所示，其中包括【全面清理】和【单项清理】两个大项。【单项清理】中又包括 6 项清理操作，具体用法如表 8-11 所示。

图8-47 【电脑清理】界面

表 8-11 常用的电脑清理操作

按钮	名称	含义
	清理垃圾	全面清除电脑垃圾，提升电脑磁盘可用空间
	清理插件	清理计算机上各类插件，减少打扰，提高浏览器和系统的运行速度
	清理注册表	清除无效注册表项，系统运行更加稳定流畅
	清理 Cookies	清理网页浏览、邮箱登录、搜索引擎等产生的 cookie，避免泄漏隐私
	清理痕迹	清理浏览器上网、观看视频等留下的痕迹，保护隐私安全
	清理软件	瞬间清理各种推广、弹窗、广告、不常用软件，节省磁盘空间

要点提示

垃圾文件是指系统工作时产生的剩余数据文件，虽然每个垃圾文件所占系统资源并不多，少量垃圾文件对计算机的影响也较小；但如果长时间不清理，垃圾文件会越来越多，过多的垃圾文件会影响系统的运行速度。因此建议用户定期清理垃圾文件，避免垃圾文件累积。

（2）单击 全面清理 按钮开始系统的全面清理，扫描过程如图 8-48 所示。

图8-48　全面清理系统

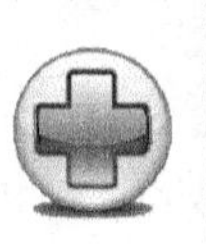

要点提示　插件是一种小型程序，可以附加在其他软件上使用。在 IE 浏览器中安装相关的插件后，IE 浏览器能够直接调用这些插件程序来处理特定类型的文件，如附着 IE 浏览器上的【Google 工具栏】等。插件太多时可能会导致 IE 故障，因此可以根据需要对插件进行清理。

（3）扫描完成后，选择需要清理的选项，单击界面右边的 一键清理 按钮清理垃圾，如图 8-49 所示。

图8-49　一键清理扫描到的垃圾文件

（4）清理完成后，将弹出相关界面，可以看到本次清理的内容，如图 8-50 所示。完成后返回软件主界面。

图8-50　电脑清理完成

（5）如果有需要，在【单项清理】中选取选项进行单项清理。

6. 优化加速

（1）在主界面顶部单击 （优化加速）按钮进入【优化加速】界面，如图 8-51 所示。其中包括【全面加速】和【单项加速】两个大项。【单项加速】中又包括 4 项加速操作，其用途如表 8-12 所示。

图8-51　优化加速界面

表 8-12　　常用的优化加速方法

选项	含义
开机加速	对影响开机速度的程序进行统计，用户可以清楚地看到各程序软件所用的开机时间
系统加速	优化系统和内存设置，提高系统运行速度
网络加速	优化网络配置，提高网络运行速度
硬盘加速	通过优化硬盘传输效率、整理磁盘碎片等办法，提高计算机速度

（2）单击 全面加速 按钮开始扫描系统，扫描结果如图 8-52 所示。

图8-52　系统优化

（3）选中需要优化的选项，然后单击 立即优化 按钮进行系统优化。完成后返回主界面。

（4）如果有需要，在【单项加速】中选取选项进行单项清理。

7. 功能大全

对于计算机上出现的一些特别的问题，一时无法解决的，可以通过【功能大全】选项进行解决，或者通过网络搜索处理方法。

（1）在主界面顶部单击（功能大全）按钮，打开【功能大全】窗口，如图8-53所示。

图8-53 【功能大全】窗口

（2）在右上角【搜索工具】文本框中，可以直接输入关键字进行搜索，通过“人工服务”按照给出的方案解决问题。

（3）如果需要详细了解问题的分类，可以从左侧【全部工具】列表中选取问题的大类，例如【电脑安全】、【网络优化】以及【系统工具】等，然后再使用其中的工具。图8-54是【数据安全】工具；图8-55是【网络优化】工具。

图8-54 【数据安全】工具

图8-55 【网络优化】工具

8.5.2 使用【软件管家】

在主界面上方单击▦（软件管家）按钮，打开【360 软件管家】窗口，如图 8-56 所示。在这里可以对当前软件进行安装、卸载和升级操作。

图8-56 360 软件管家

1. 软件安装

（1）默认系统将自动进入软件【宝库】界面。

（2）在左侧软件分类列表中选择软件分类，图 8-57 所示是选中【全部软件】后的结果，将显示可以在计算机上安装的全部推荐软件。图 8-58 所示是选中【聊天工具】后的结果。

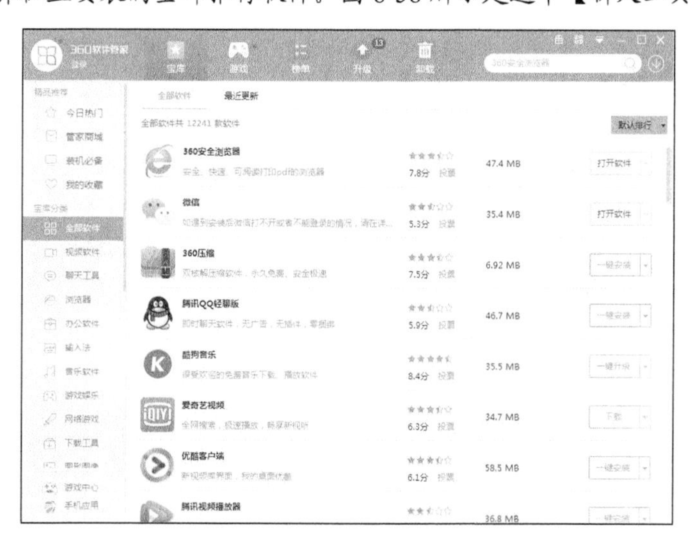

图8-57 全部软件

（3）在软件名称后面列出当前软件的安装状态，对于已安装的软件可以单击右侧操作列表对其执行【打开软件】、【重装】和【分享】等操作，如图 8-59 所示。

图8-58 聊天软件

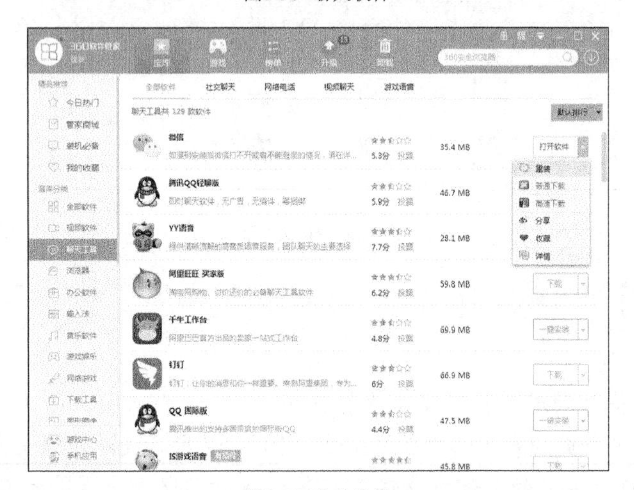

图8-59 软件操作

（4）对于尚未在本机中安装的软件，可以对其执行【下载】操作，具体又可分为【普通下载】和【高速下载】两种方式。图 8-60 所示的是软件下载进度。下载完成后根据安装向导安装软件即可，如图 8-61 所示。

图8-60 下载软件

图8-61 安装软件

（5）对于已经在本机安装且有新版本的软件，可以在软件名称后面单击【一键升级】命令对其进行升级操作，如图 8-62 所示。随后系统将自动下载升级软件包并执行升级操作，如图 8-63 所示。

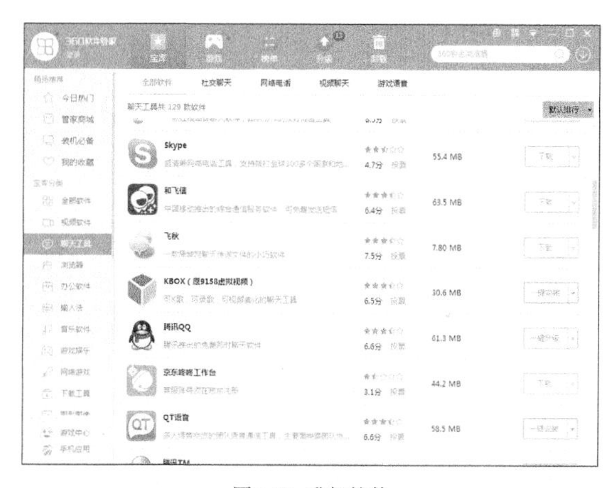
图8-62 升级软件

图8-63 升级过程

（6）通过界面顶部的软件分类选项卡，可以按照用途对软件进行详细分类。图 8-64 所示是【社交聊天】类软件列表，图 8-65 所示是【网络电话】软件列表。可以根据需要选择要安装的软件。

图8-64 社交聊天软件

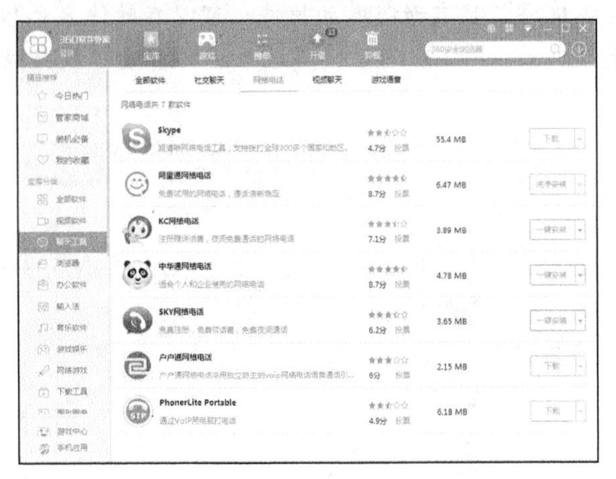

图8-65 网络电话软件

2. 软件升级

（1）单击界面顶部的按钮切换到【软件升级】选项界面，将显示目前可以升级的软件列表，单击软件后的操作列表中的各种升级方式（如升级、一键升级和纯净升级等）可完成升级操作，如图 8-66 所示。

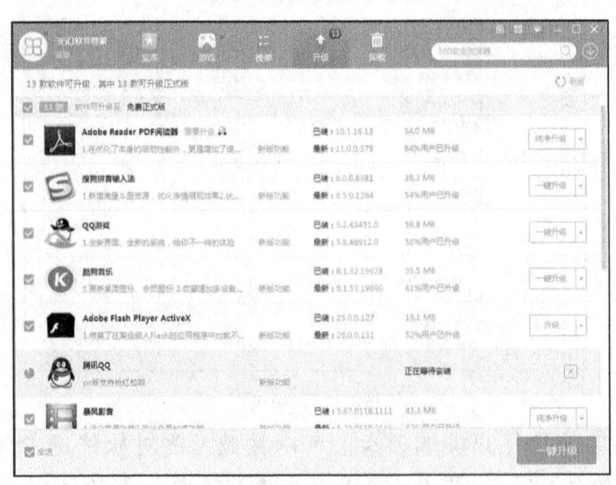

图8-66 软件升级

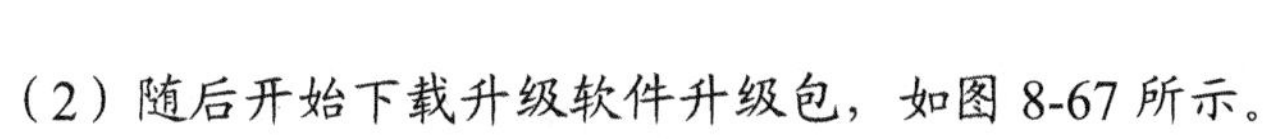

（2）随后开始下载升级软件升级包，如图 8-67 所示。

图8-67 下载升级软件

（3）下载完成后，自动开始安装工作，这一步骤与安装新软件类似，并显示安装进度，如图 8-68 所示。

图8-68 安装软件

（4）升级完成后，对应的项目从可升级项目列表中消失，如图 8-69 所示。

图8-69 升级完成

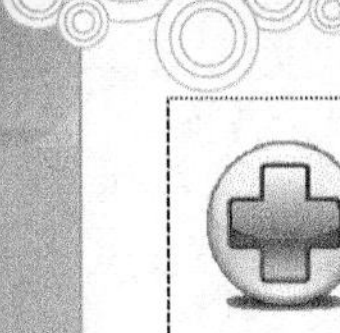

要点提示

也可以单击软件底部的 一键升级 按钮一次完成全部软件升级操作。

3. 软件卸载

在窗口顶部单击 （卸载）按钮，将显示当前计算机中安装的所有软件列表，在界面左侧的分组框中选中项目可以按照类别筛选软件，单击软件后的 卸载 按钮即可卸载软件，如图 8-70 所示。

图8-70 卸载软件

习题

1. 什么是网络安全？它包括哪些具体内容？
2. 什么是网络安全威胁和网络安全攻击？二者有什么区别和联系？
3. 什么是网络管理？为什么要进行网络管理？
4. 防火墙有什么作用？
5. 结合自己的理解和经历，谈谈如何实现网络的安全性。

第9章 网络的维护与使用技巧

为了保障网络运转正常，网络维护就显得尤其重要。由于网络协议和网络设备的复杂性，网络故障比个人计算机的故障要复杂很多。网络故障的定位和排除，既需要掌握丰富的网络知识和长期积累经验，也需要一系列的软件和硬件工具。因此，网络管理员应该积极学习最新的网络知识，学会使用各种诊断工具，以便维持网络的正常工作状态。

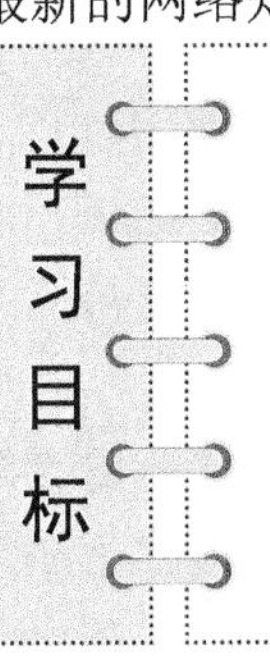

- 了解系统安全维护的基本内容。
- 了解用户网络安全设置的方法。
- 掌握事件查看器的作用和使用方法。
- 了解注册表的有关知识及常用设置方法。
- 掌握常用的系统管理和维护技巧。
- 掌握常用的网络操作命令的用法。

9.1 操作系统的安全与维护

进入 21 世纪以来，计算机性能得到了数量级的提高，遍及世界各个角落的计算机都通过网络互联。随之而来且日益严峻的问题是计算机信息的安全问题，但人们在这方面所做的研究与计算机性能和应用的飞速发展不相适应。

在计算机网络和系统安全问题中，常有的攻击手段和方式有以下几种。

- 利用系统管理的漏洞直接进入系统。
- 利用操作系统和应用系统的漏洞进行攻击。
- 进行网络窃听，获取用户信息及更改网络数据。
- 伪造用户身份窃取信息。
- 传输并释放病毒。
- 使用 Java/ActiveX 控件来对系统进行恶意控制。

目前，Windows Server 2012 是国内比较流行的网络操作系统，但还是有很多的漏洞，还需要进一步进行细致的配置。网络管理员安全、有效地配置操作系统是网络安全的前提。

9.1.1 Guest 和 Administrator 账户的重命名及禁用设置

安装 Windows 操作系统后，为了安全起见，必须重新设置某些组件。对服务器端操作系统而言，安全问题配置不好，极容易遭到攻击，造成系统故障甚至整个网络瘫痪。

- Guest 账户：该账户即来宾账户，它可以访问计算机，但权限受到系统限制。

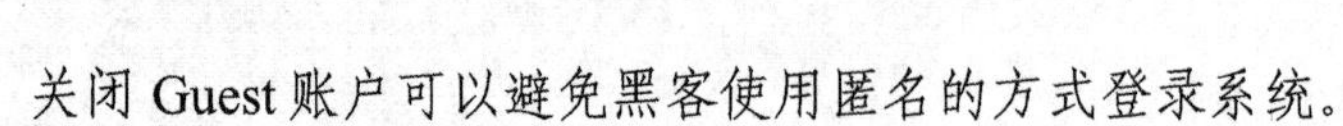

关闭 Guest 账户可以避免黑客使用匿名的方式登录系统。

- Administrator 账户：该账户是系统默认的管理员账户，拥有最高的系统权限。黑客入侵的常用手段之一就是试图获得 Administrator 账户的密码，然后侵入系统进行恶意修改。修改 Administrator 账户则可以有效避免上述事件的发生。

要点提示

Guest 账户和 Administrator 账户是系统安装之后默认的两个账户。在 Windows Server 2012 和 Windows 7 系统中，如果 Guest 账户被激活，建议大家对其权限进行修改，特别是服务器端系统，更要注意这一点。

操作步骤

（1）关闭 Guest 账户（以 Windows 7 为例）

① 在桌面【计算机】图标上单击鼠标右键，在弹出的菜单中选择【管理】选项，打开【计算机管理】窗口，在左侧列表中依次展开【系统工具】/【本地用户和组】/【用户】选项，选择右侧的【Guest】选项，如图 9-1 所示。

② 用鼠标右键单击【Guest】选项，在弹出的菜单中选择【属性】命令，弹出图 9-2 所示的【Guest 属性】对话框，选择【常规】选项卡，在选项列表中根据需要对账户密码进行管理并决定是否禁用账户，然后单击 确定 按钮。

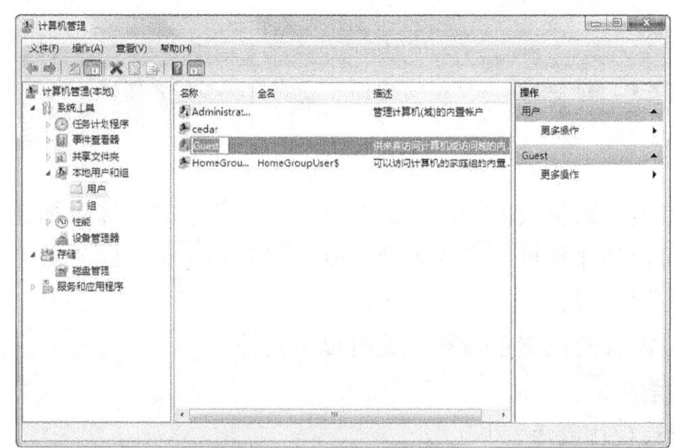

图9-1 【计算机管理】窗口

图9-2 停用 Guest 账户

③ 如果禁用【Guest】账户，查看【本地用户和组】，就会发现右侧【Guest】账户上面出现了一个向下的箭头，表明该账号已被停用。

（2）设置账户策略（以 Windows 7 为例）

① 打开【控制面板】，单击【系统与安全】命令，如图 9-3 所示，在弹出的窗口中单击【管理工具】命令，如图 9-4 所示。

② 在弹出的窗口中双击【本地安全策略】命令，如图 9-5 所示，随后打开【本地安全策略】对话框，如图 9-6 所示。

③ 在左侧列表中依次展开【账户策略】/【密码策略】选项，在右侧的列表中可以对用户登录的安全性进行相应设置，如图 9-7 所示。

④ 在左侧列表中依次展开【账户策略】/【账户锁定策略】选项，在右侧的列表中可以对选定的账户进行锁定，并设定锁定时间，如图 9-8 所示。

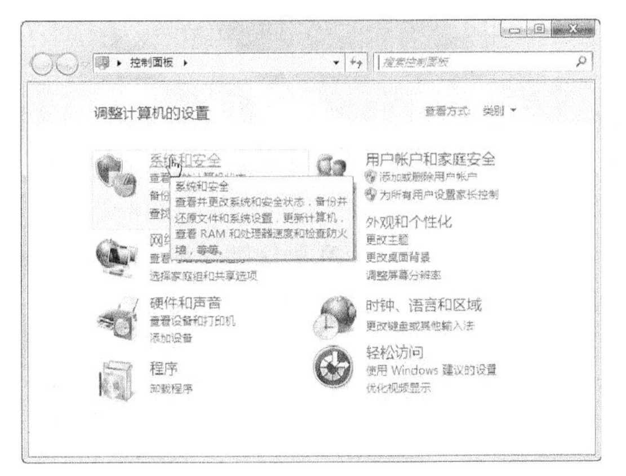

图9-3 控制面板

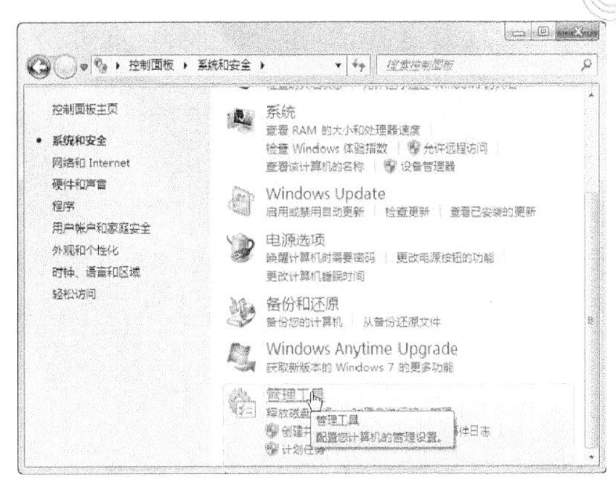

图9-4 【系统和安全】窗口

图9-5 【管理工具】窗口

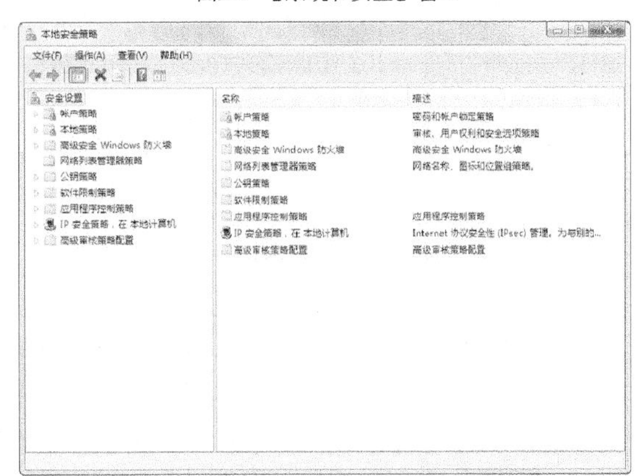

图9-6 【本地安全策略】对话框

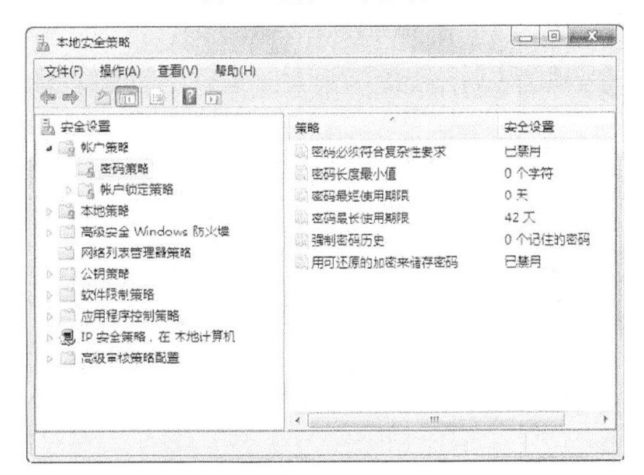

图9-7 【密码策略】设置

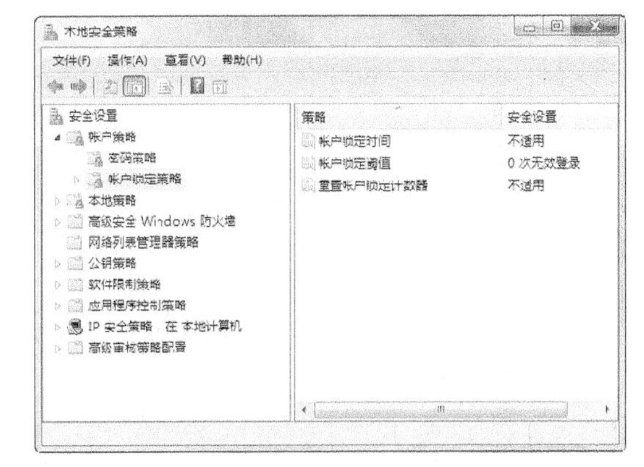

图9-8 【账户锁定策略】设置

要点提示

账户锁定时间：设置账户锁定后经过多长时间自动解锁，取值为 0～999，设置为 0 时，必须由管理员手动解锁。账户锁定阈值：设置用户输入错误密码次数，达到该次数账户将锁定，取值为 0～999，设置为 0 时，不锁定账户。重置账户锁定计数器：用户输入错误密码开始计数时，计数器保持的时间，超过该时间，计数器自动复位为 0。例如，设置账户锁定时间为 30，账户锁定阈值为 5，设置重置账户锁定计数器为 10，则 10 分钟内若连续 5 次输入密码错误则锁定该账户 30 分钟，若 10 分钟内只有 4 次错误输入，则 10 分钟后将自动清除该登录记录。

（3）设置本地策略（以 Windows 7 为例）

① 在图 9-8 所示的窗口左侧列表中依次展开【本地策略】/【审核策略】选项，如图 9-9 所示。每当用户执行指定的操作后，审核日志就会记录一个审核项，可以审核操作中的成

功尝试和失败尝试。

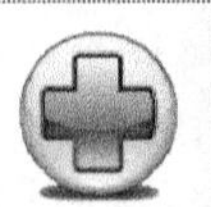

要点提示　安全审核对于任何企业系统来说都极其重要，因为只能使用审核日志来说明是否发生了违反安全的事件。如果通过其他某种方式检测到入侵，正确的审核设置所生成的审核日志将包含有关此次入侵的重要信息。

② 在图 9-8 所示的窗口左侧列表中依次展开【本地策略】/【用户权限分配】选项，如图 9-10 所示。如果你是系统管理员，可以指派特定权限给组账户或单个用户账户。

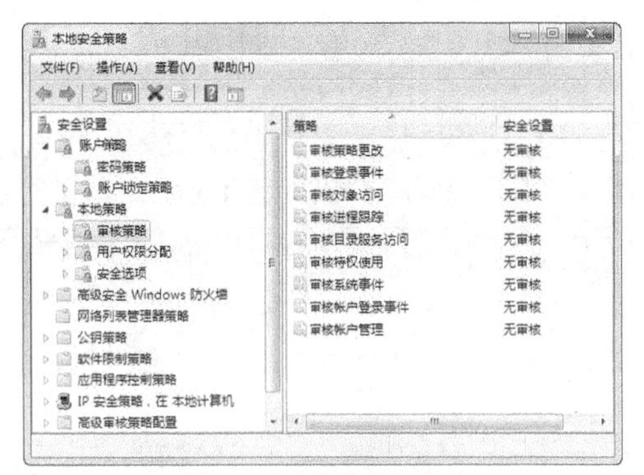

图9-9 【审核策略】选项

图9-10 【用户权限分配】选项

例如，如果希望某用户获得某对象所有权，则首先在图 9-10 右侧列表中找到【获得文件或其他对象的所有权】选项，在其上单击鼠标右键，选取【属性】选项，如图 9-11 所示。在弹出的【获得文件或其他对象的所有权 属性】对话框中单击 添加用户或组(U)... 按钮，如图 9-12 所示，在弹出的【选择用户或组】对话框中输入对象名称，然后单击 确定 按钮，如图 9-13 所示。

图9-11 【用户权限分配】选项

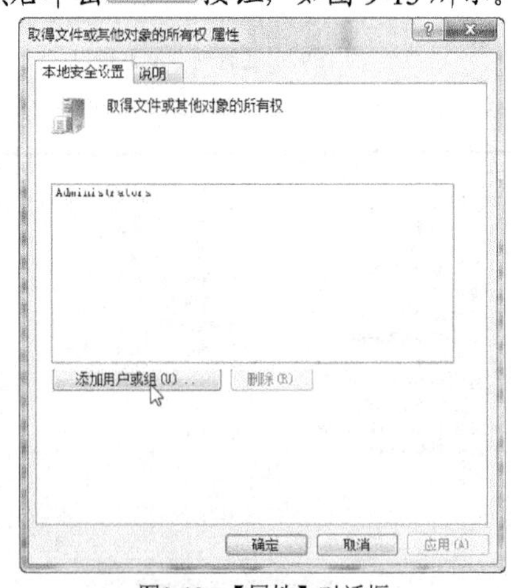

图9-12 【属性】对话框

③ 在图 9-8 所示的窗口左侧列表中依次展开【本地策略】/【安全选项】选项，如图 9-14 所示，在这里可以设置与网络安全有关的选项。

例如，在图 9-14 右侧的列表中选择【账户：重命名系统管理员账户】选项，如图 9-15 所示。双击该项，在弹出的文本框中输入想要设置的名称即可，如图 9-16 所示。

9.1.2 用户安全设置

用户安全是对于客户端计算机而言的，局域网内的个人计算机也需要进行保护，特别是在企业内的某些涉密部门，更要注意防范资料被盗或被恶意更改。

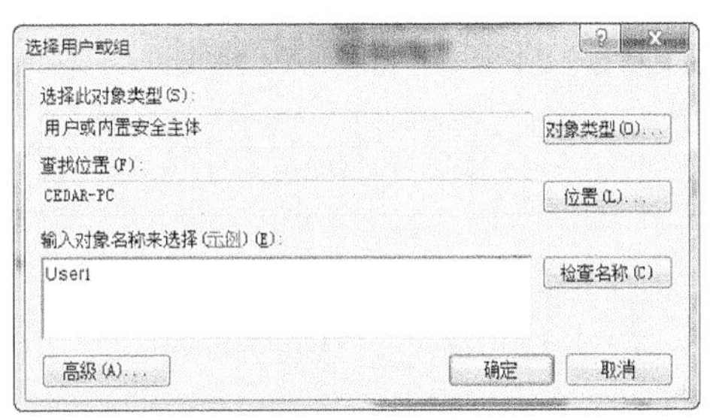

图9-13 【选择用户或组】对话框

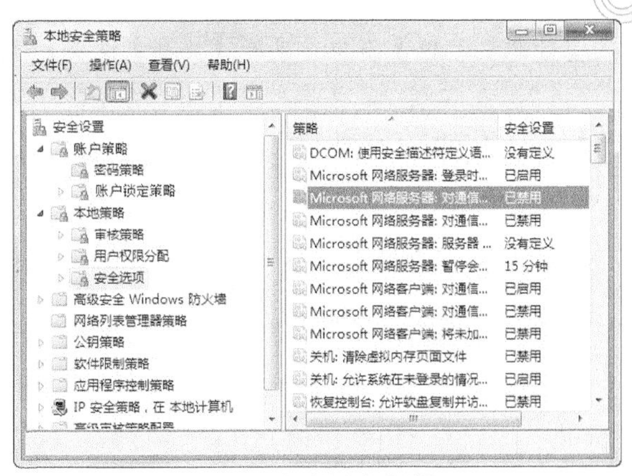

图9-14 选项【安全选项】

图9-15 选择【账户：重命名系统管理员账户】选项

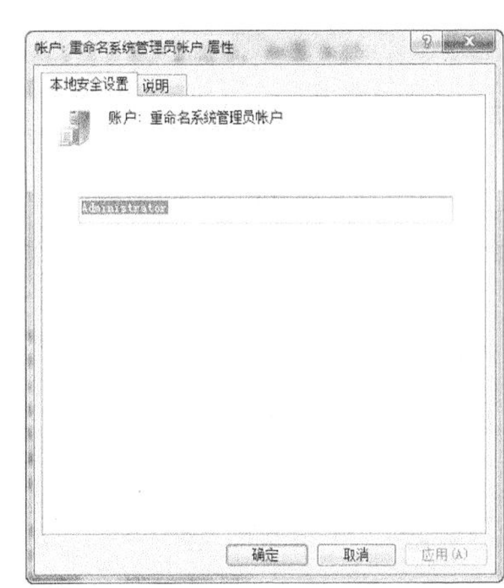

图9-16 修改 Administrator 名称

操作步骤

1. 基本安全设置要领

（1）在桌面【计算机】图标上单击鼠标右键，在弹出的菜单中选择【管理】选项，打开【计算机管理】窗口。在【计算机管理】窗口中，设置禁止使用【Guest】账户，或者给【Guest】账户设置复杂的密码，密码最好是包含特殊字符和英文字母的长字符串。

（2）在【组】策略中设置相应的权限，以便经常检查系统的用户。应将那些已经不再使用的用户账号删除。

（3）创建两个管理员账号：一个账号用于收信以及处理一些日常事务，另一个账号只在需要的时候使用。改变【Administrator】账号的名称，防止别人多次尝试密码。

（4）创建陷阱用户，即创建一个名称为【Administrator】的本地用户，把它的权限设置成最低，并且加上一个长度超过8位的超级复杂密码。这样可以增加密码破解的难度，借此发现想要入侵人员的企图。

（5）不让系统显示上次登录的用户名。默认情况下，登录对话框中会显示上次登录的用户名，这使得其他人可以很容易地得到系统的一些用户名，从而做密码猜测。

2. 删除共享权限为【Everyone】的组或用户名称

（1）在桌面【计算机】图标上单击鼠标右键，在弹出的菜单中选择【管理】选项，打

开【计算机管理】窗口，展开【共享文件夹】/【共享】选项，如图9-17所示。

（2）在右侧任意共享对象（例如共享打印机）上单击鼠标右键，在弹出的菜单中选取【属性】选项，如图9-18所示。

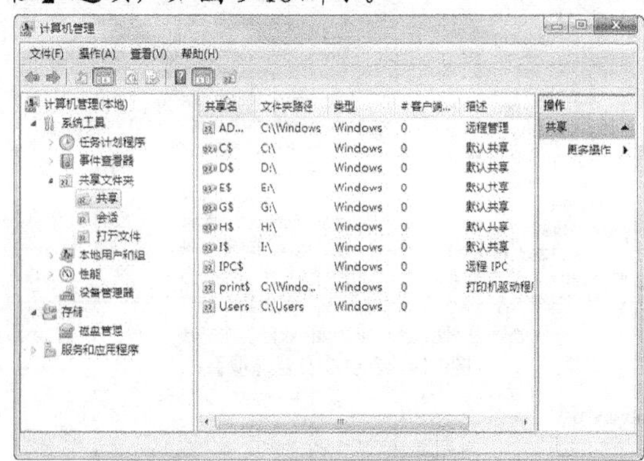

图9-17 【计算机管理】窗口

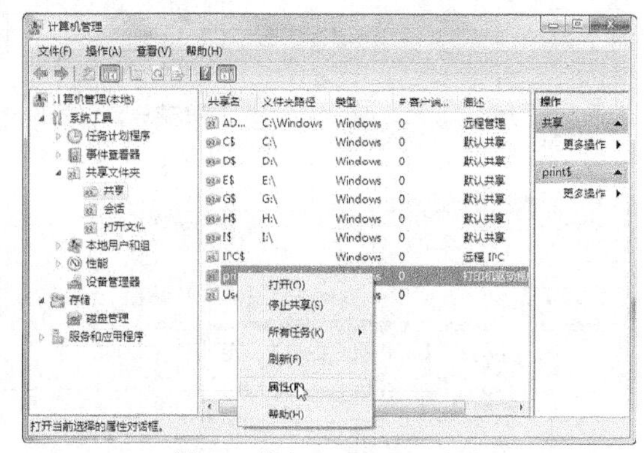

图9-18 修改Administrator名称

（3）在打开的属性对话框的【常规】选项卡中设置常规参数，如图9-19所示。

（4）切换到【共享权限】选项卡，任何时候都不要把共享文件的用户设置成【Everyone】组，如图9-20所示。选择【Everyone】图标，单击 删除(R) 按钮将其删除。

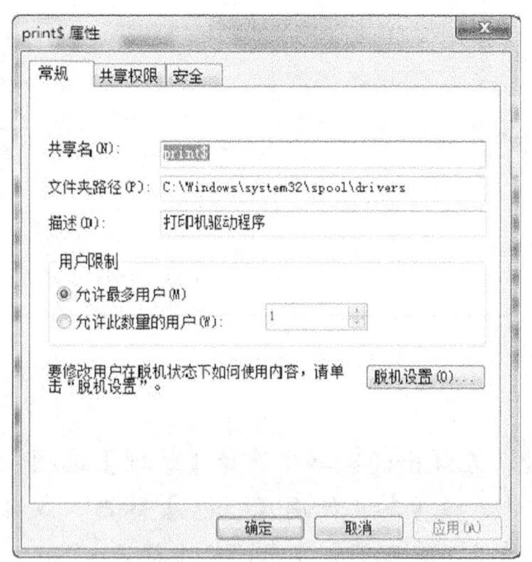

图9-19 【计算机管理】窗口

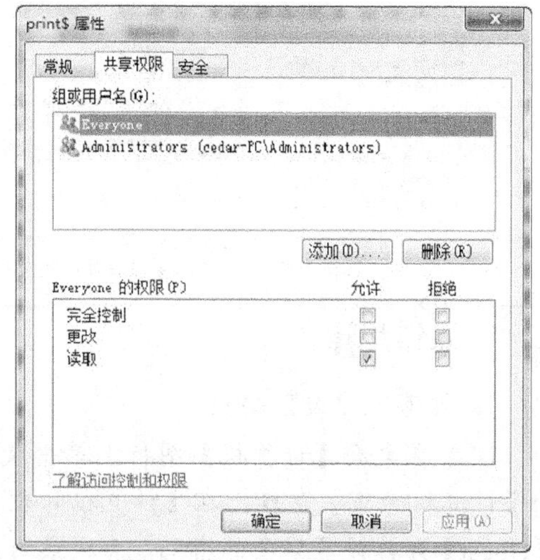

图9-20 修改Administrator名称

3. 设置【账户锁定策略】

（1）按照上一小节讲述的方法打开【本地安全策略】窗口，在左侧列表中依次展开【账户策略】/【账户锁定策略】选项。

（2）分别设置【重置账户锁定计数器】为“10分钟之后”，【账户锁定时间】为“30分钟”，【账户锁定阈值】为“3次无效登录”。

（3）当然，也可以根据需要对这些值进行相应的设置，设置后的结果如图9-21所示。

4. 控制上次登录用户名显示

（1）选择【开始】/【运行】命令，输入“regedit”，打开注册表编辑器，如图9-22所示。

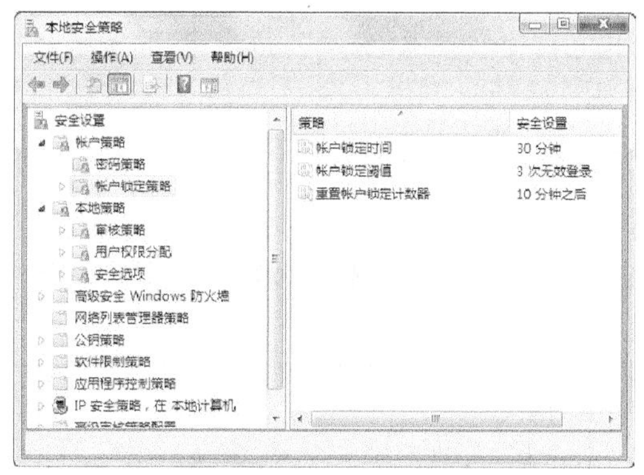

图9-21 设置账户锁定策略

图9-22 注册表编辑器

（2）展开【HKEY_LOCAL_MACHINE\SOFTWARE\Microsoft\WindowsNT\CurrentVersion\Winlogon】，如图 9-23 所示，将【DefaultUserName】项修改为空白，如图 9-24 所示，以便隐藏上次登录控制台时的用户名。

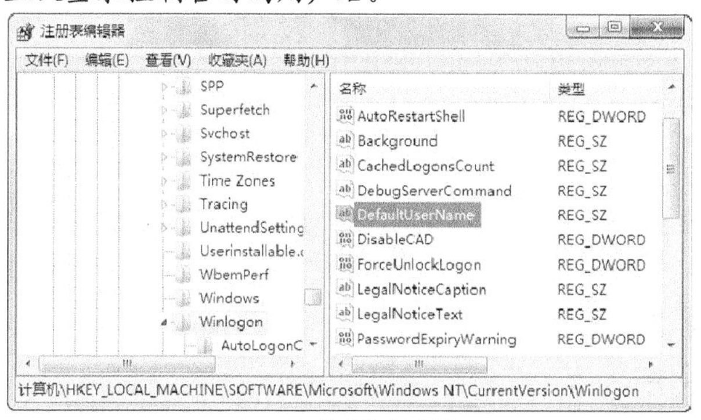

图9-23 注册表编辑器

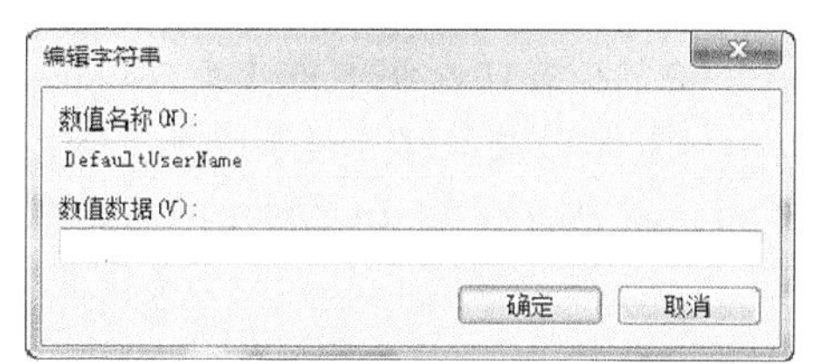

图9-24 【编辑字符串】对话框

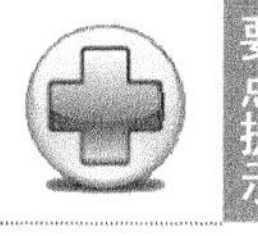

要点提示 在中小型企业内部，需要进行安全配置的多为客户端计算机，因此，掌握本操作中所讲述的安全配置方法是非常重要的，这能有效防范黑客攻击和防止某些恶意破坏本机内部资料的病毒。

9.1.3 系统安全设置

系统安全设置主要针对系统密码策略、网络端口、IIS（Internet Information Services，互联网信息服务）等方面的配置，有效设置这些项目可以很好地防止病毒入侵和黑客的攻击。

IIS 是 Microsoft 的组件中漏洞最多的一个，平均两三个月就要出一个漏洞。Microsoft 的 IIS 组件的默认安装同样十分不合理，所以 IIS 的安全配置是要重点考虑的。

操作步骤

1. 密码设置

（1）密码尽量由比较复杂的字符组成。

（2）设置屏幕保护密码以防止内部人员破坏服务器。在桌面的空白区域单击鼠标右键，从弹出的快捷菜单中选择【属性】/【屏幕保护程序】/【在恢复时使用密码保护】命令即可。

（3）如果条件允许，用智能卡来代替复杂的密码。

（4）按照上一小节介绍的方法命令打开【本地安全设置】窗口，依次展开【账户策略】/【密码策略】选项，修改密码设置：设置密码长度的最小值为 6 个字符，设置强制密码历史为 5 次（为“0”表示没有密码），时间为 42 天，如图 9-25 所示。

2. 端口设置（以 Windows 7 为例说明）

（1）在桌面【网络】图标上单击右键，在弹出的菜单中选取【属性】选项，打开【网络和共享中心】窗口，如图 9-26 所示。

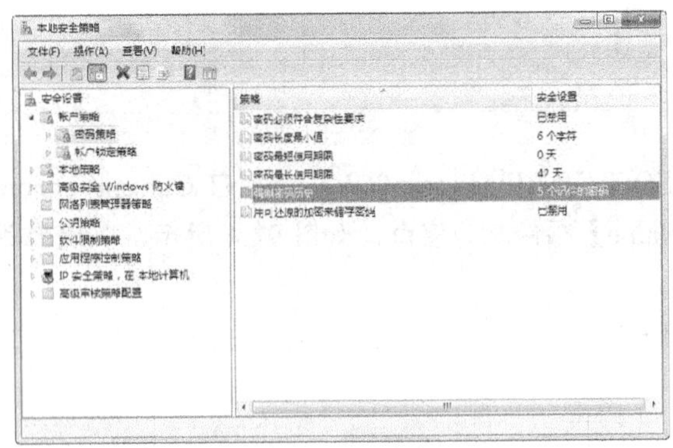

图9-25　本地安全策略设置

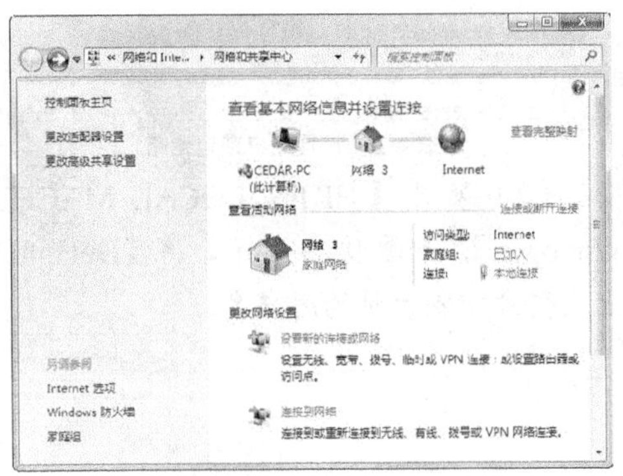

图9-26　【网络和共享中心】窗口

（2）在窗口左侧单击【更改适配器设置】选项，在【本地连接】图标上单击右键，在弹出的菜单中选取【属性】选项，如图 9-27 所示，随后打开【本地连接 属性】窗口，选中【Internet 协议版本 6（TCP/IPv6）】选项，如图 9-28 所示。

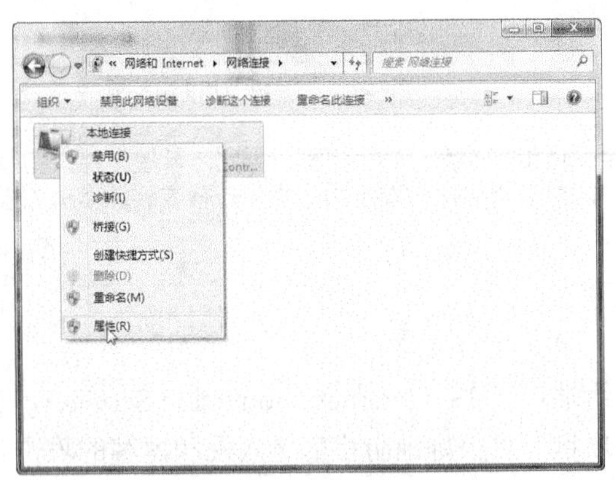

图9-27　查看属性

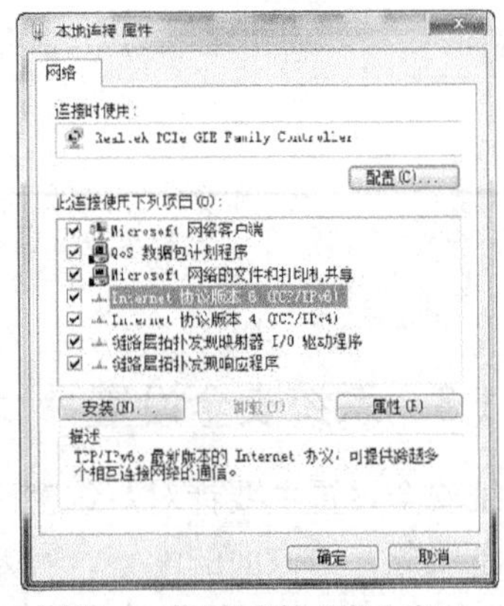

图9-28　【本地连接 属性】窗口

（3）单击 属性(R) 按钮，打开【Internet 协议版本 6（TCP/IPv6）属性】对话框，如图 9-29 所示。单击 高级(V)... 按钮，打开【高级 TCP/IP 设置】对话框，在这里可以添加需要的 IP 地址和网关，如图 9-30 所示。

3. 修改注册表来禁止建立空链接

（1）通过修改注册表来禁止建立空链接。防止任何用户都可通过空链接连上服务器，从而列举出账号。

（2）打开【注册表编辑器】窗口，依次展开【Local Machine\System\CurrentControlSet\Control\ Lsa】项，将右侧【restrictanonymous】的值设置为“1”。

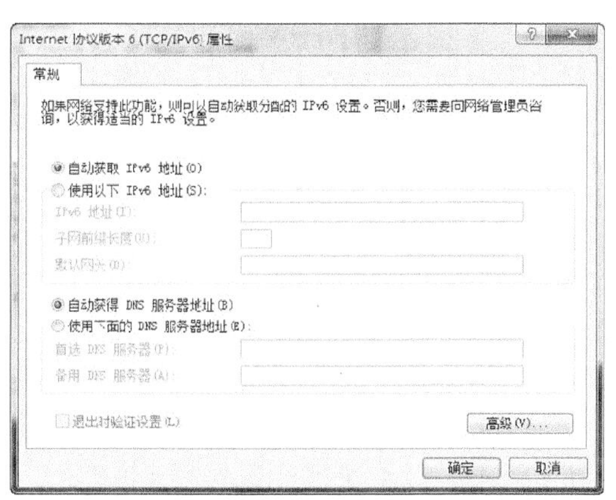

图9-29 【Internet 协议版本 6（TCP/IPv6）属性】对话框

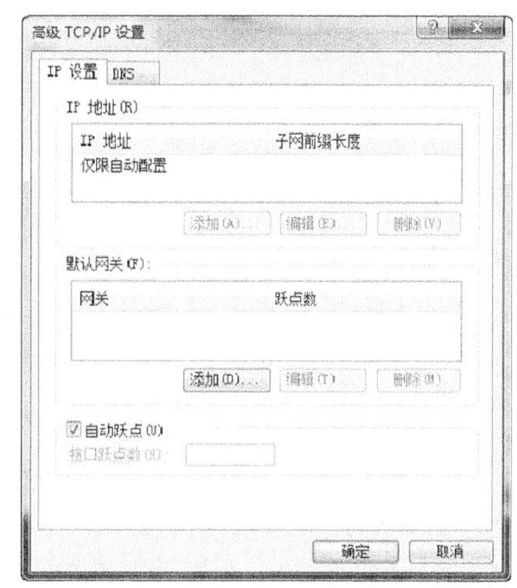

图9-30 【高级 TCP/IP 设置】对话框

4. IIS 设置

（1）把 C 盘中的 Inetpub 目录彻底删掉，在 D 盘创建一个 Inetpub 文件夹。

（2）将 IIS 安装时默认的 scripts 等虚拟目录一概删除，如果需要什么权限的目录可以自建，需要什么权限开什么。需特别注意权限和执行程序的“写”权限，没有绝对的必要千万不要开。

要点提示

重装系统后一定要对系统进行安全配置，否则登录网络后会很容易被攻击。对于服务器操作系统，首先要设置管理员和密码，尽量设置得安全性高一些，如用户名复杂些、密码长些等。对于客户端系统，应注意对 Inetpub 目录的删除，在浏览网页或下载资料时病毒很容易进入该文件夹而无法删除。

9.2 常见网络故障和排除方法

在遇到网络故障时，管理人员不能着急，而应该冷静下来，仔细分析故障原因，通常解决问题的顺序是“先软件后硬件”。在动手排除故障之前，最好先准备笔和记事本，将故障现象认真仔细地记录下来（这样有助于积累经验和排除日后同类故障）。在观察和记录时一定要注意细节，排除大型网络的故障是这样，排除十几台计算机的小型网络故障也是这样，因为有时正是通过对一些细节的分析，才使得整个问题变得明朗化。

9.2.1 网络故障诊断综述

要识别网络故障，必须确切地知道网络上到底出了什么问题。知道出了什么问题并能够及时识别，是成功排除故障的关键。为了与故障现象进行对比，管理员必须知道系统在正常情况下是怎样工作的。

1. 网络故障产生的原因

由于网络协议和网络设备的复杂性，经常会出现各种网络故障，概括起来，产生网络故障的主要原因有以下几点。

- 计算机操作系统的网络配置不正确。
- 网络通信协议的设置不正确。
- 网卡的安装和驱动程序不正确。
- 网络传输介质出现问题。
- 网络交换设备出现故障。
- 计算机病毒对网络的损害。
- 人为操作导致网络故障。

网络故障类型多样，可以从不同角度进行划分。

（1）根据故障性质分类。根据故障性质，可将网络故障分为物理故障和逻辑故障两种类型。

- 物理故障：主要包括设备或线路损坏、插头松动、线路受到严重电磁干扰等。
- 逻辑故障：主要指因为网络设备的配置原因而导致的网络异常或故障。一些重要的进程或端口被关闭，以及系统负载过高（CPU 利用率太高、内存剩余量太少等）也将导致逻辑故障。

（2）根据故障对象分类。根据故障对象不同，可将网络故障分为以下 3 类。

- 线路故障：由于线路不通畅引发的故障。这种情况下首先检查线路流量是否存在，然后用 ping 命令检查线路远端的路由器端口是否有响应。
- 路由器故障：路由器故障通常使用 MIB 变量浏览器收集路由器的路由表、端口流量数据、CPU 温度、负载以及内存余量等数据，然后判断路由器是否存在故障。路由器发生故障时，需要对路由器进行升级、扩大内存，或重新规划网络拓扑结构。
- 计算机故障：常见的计算机故障是计算机配置不当，例如 IP 地址与其他计算机冲突等。另外，计算机遭受攻击或破坏引发的安全故障也是计算机故障的常见形式。

2. 排除网路故障的思路

网络建成后，网络故障诊断成为网络管理中的重要技术工作。

（1）网路故障诊断的任务。网络故障诊断应该实现以下目标。

- 确定故障点，恢复网络的正常运行。
- 发现网络规划和配置中需要改进的地方，改善和优化网络性能。
- 观察网络的运行状况，及时预测网络通信质量。

（2）识别网络故障的方法。当网络出现故障时，网络管理员可以亲自操作出错的程序，并注意观察屏幕上的出错信息。例如，在使用 Web 浏览器进行浏览时，无论输入哪个网址都返回“该页无法显示”之类的信息。在排除故障前，可以按图 9-31 所示的步骤进行分析。

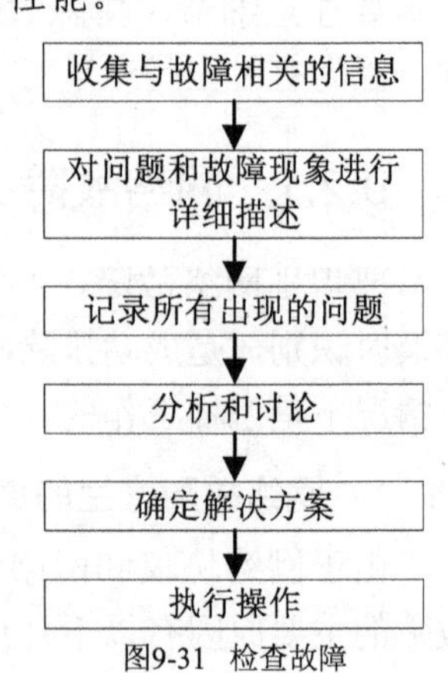

图9-31 检查故障

识别故障现象时，还可以向操作者询问以下几个问题。

- 当被记录的故障现象发生时，正在运行什么进程（即操作者正在对计算机进行什么操作）？
- 这个进程以前运行过吗？

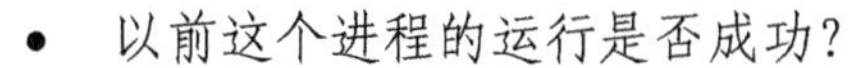

- 以前这个进程的运行是否成功？
- 这个进程最后一次成功运行是什么时候？
- 从那时起，哪些发生了改变？

（3）排除网络故障的步骤。发生网络故障后，可以按照以下步骤确定故障点，查找问题根源，排除故障。

① 首先确定故障的具体现象，然后确定造成这种故障现象的原因的类型。例如，主机不响应客户请求服务，可能的原因包括主机配置问题、接口卡故障或路由器配置故障等。

② 向用户和网络管理员收集有关故障的基本信息，广泛地从网络管理系统、协议分析跟踪、路由器诊断命令的输出报告以及软件说明书中收集有用信息。

③ 根据收集的信息分析故障原因。首先排除某些故障原因，再设法逐一排除其他故障原因，尽快制定出有效的故障诊断计划。

④ 根据最后确定的可能故障原因，制定诊断计划。

⑤ 执行诊断计划，按照计划测试和观察故障，直至故障症状消失。

（4）故障诊断方法。作为网络管理员，应当考虑导致无法正常运行的原因可能有哪些，如网卡硬件故障、网络连接故障、网络设备（如集线器、交换机）故障、TCP/IP 设置不当等。诊断时，不要急于下结论，可以根据出错的可能性把这些原因按优先级别进行排序，然后再一个个地加以排除。处理网络故障的方法多种多样，比较方便的有参考实例法、硬件替换法、错误测试法等。

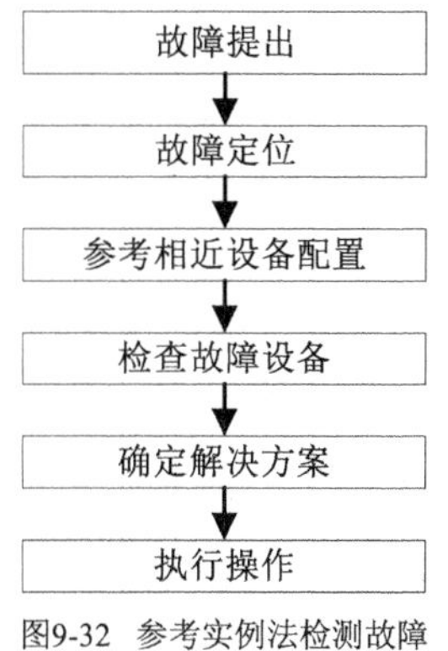

图9-32 参考实例法检测故障

① 参考实例法。参考实例法是指参考附近有类似连接的计算机或设备，然后对比这些设备的配置和连接情况，查找问题的根源，最后解决问题。其操作步骤如图 9-32 所示。

② 硬件替换法。硬件替换法是用正常设备替换有故障的设备，如果测试正常，则表明被替换的设备有问题。要注意一次替换的设备不能太多，且精密设备不适合用这种方法。

③ 错误测试法。错误测试法指网络管理员凭经验对出现故障的设备进行测试，最后找到症结所在。

故障的原因虽然多种多样，但总的来讲不外乎就是硬件问题和软件问题，说得再确切一些，就是网络连接问题、配置文件选项问题及网络协议问题。

9.2.2 连通性故障及排除方法

网络连接性是故障发生后首先应当考虑的原因。连通性的问题通常涉及网卡、跳线、信息插座、网线、集线器、调制解调器等设备和通信介质。其中任何一个设备的损坏都会导致网络连接的中断。

1. 故障表现

（1）计算机无法登录到服务器、计算机无法通过局域网接入 Internet。

（2）单击桌面上的【网络】图标，在打开的网络计算机列表中只能看到本地计算机，而看不到其他计算机，从而无法使用其他计算机上的共享资源和共享打印机。

（3）计算机在网络内无法访问其他计算机上的资源。网络中的部分计算机运行速度异常缓慢。

2. 故障原因

（1）网卡未安装，或未安装正确，或与其他设备有冲突。

（2）网卡硬件故障。

（3）网络协议未安装，或设置不正确。

（4）网线、跳线或信息插座故障。

（5）集线器或交换机电源未打开，集线器或交换机硬件故障。

操作步骤

（1）当出现一种网络应用故障时，首先查看能否登录比较简单的网页，如百度搜索界面“www.baidu.com”，然后查看周围计算机是否有同样问题，如果没有，则主要问题在本机。

（2）使用 ping 命令测试本机是否连通，选择【开始】/【运行】命令，在弹出的【运行】对话框中输入命令以及本机的 IP 地址。查看是否能 ping 通，若 ping 通，则说明并非连通性故障。

（3）通过 LED 灯判断网卡的故障。首先查看网卡的指示灯是否正常。正常情况下，在不传送数据时，网卡的指示灯闪烁较慢，传送数据时，闪烁较快。无论是不亮，还是长亮不灭，都表明有故障存在。如果网卡的指示灯不正常，需关掉计算机更换网卡。

（4）查看网卡驱动程序是否存在问题，若存在问题，则需要重新安装网卡驱动程序。

（5）在确认网卡和协议都正确的情况下，网络还是不通，可初步断定是集线器（或交换机）和双绞线的问题。为了进一步进行确认，可再换一台计算机用同样的方法进行判断。如果其他计算机与本机连接正常，则故障一定是在先前的那台计算机和集线器（或交换机）的接口上。

（6）如果集线器（或交换机）没有问题，则检查计算机到集线器（或交换机）的那一段双绞线和所安装的网卡是否有故障。判断双绞线是否有问题可以通过“双绞线测试仪”或用两块万用表分别在双绞线的两端测试。主要测试双绞线的 1、2 和 3、6 共 4 条线（其中 1、2 线用于发送，3、6 线用于接收）。如果发现有一根不通就要重新制作。

通过上面的故障分析，就可以判断故障出在网卡上、双绞线上或是集线器上。

要点提示

当网络出现故障时，通过上述步骤，基本上可以排除是哪一方面的问题，如果仍然不能解决，则考虑是否是协议故障或中毒等原因，再进行其他方面的检查。

9.2.3 使用事件查看器

无论是普通计算机用户，还是专业计算机系统管理员，在操作计算机的时候都会遇到某些系统错误。很多人经常为无法找到出错原因、解决不了故障问题感到困扰。

1. 事件查看器的用途

使用 Windows 内置的事件查看器，加上适当的网络资源，可以很好地解决大部分的系统问题。Microsoft 公司在以 Windows NT 为内核的操作系统中集成有事件查看器，这些操作系统包括 Windows XP、Windows Server 2012、Windows 7 等。事件查看器可以完成许多工作，比如审核系统事件和记录系统日志、安全日志及应用程序日志等。

事件查看器内包含所有的系统日志信息，计算机所有的操作在事件查看器中都可以查找到其历史记录。

2. 系统日志

系统日志包含系统组件记录的事件。例如，管理器预先确定了由系统组件记录的事件类型，在启动过程将加载的驱动程序或其他系统组件的失败情况记录在系统日志中。

3. 安全日志

安全日志用于记录安全事件，如有效的和无效的登录尝试以及与创建、打开或删除文件等资源所使用的相关联的事件。管理器可以指定在安全日志中记录什么事件。例如，如果用户已启用登录审核，登录系统的尝试将记录在安全日志里。

4. 应用程序日志

应用程序日志包含由应用程序或系统程序记录的事件。例如，数据库程序可在应用日志中记录文件错误。程序开发员决定记录哪一个事件。

5. 事件查看器显示的事件类型

- 错误：重要的问题，如数据丢失或功能丧失。例如，如果在启动过程中某个服务加载失败，这个错误将会被记录下来。
- 警告：并不是非常重要，但有可能说明将来潜在问题的事件。例如，当磁盘空间不足时，将会记录警告。
- 信息：描述了应用程序、驱动程序或服务的成功操作的事件。例如，当网络驱动程序加载成功时，将会记录一个信息事件。
- 成功审核：成功的审核安全访问尝试。例如，用户登录系统成功会被作为成功审核事件记录下来。
- 失败审核：失败的审核安全登录尝试。例如，如果用户试图访问网络驱动器并失败了，则该尝试将会作为失败审核事件记录下来。

操作步骤

1. 查看事件日志

（1）在【开始】菜单的【搜索程序和文件】框中输入“事件查看器”搜索程序，如图 9-33 所示，双击打开【事件查看器】窗口，如图 9-34 所示。

（2）在【事件查看器】窗口左侧的树形窗格中展开【Windows 日志】选项，选择事件的类型（单击某个选项），如图 9-35 所示，在右侧的窗格中右键单击某日志，从弹出的快捷菜单中选择【事件属性】命令，弹出日志的属性对话框。

（3）在日志的属性对话框中对事件发生的起因和解决方法进行了分析，为用户提供一个解决方案。如果要查看前后事件日志的属性，则单击或者按钮，如图 9-36 所示。

2. 清除事件日志

（1）打开【事件查看器】窗口，展开【Windows 日志】选项，在左侧的树形窗格中右键单击所要清除的事件日志（如【系统】日志），在弹出的快捷菜单中选择【清除日志】命令，如图 9-37 所示。

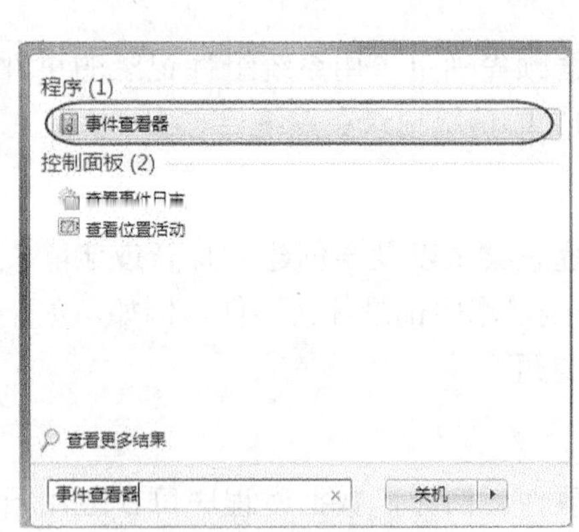

图9-33 搜索程序

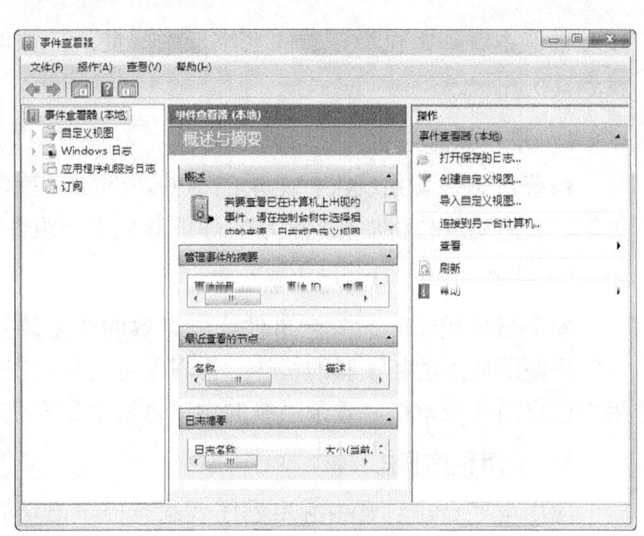

图9-34 【事件查看器】窗口

图9-35 查看应用程序日志

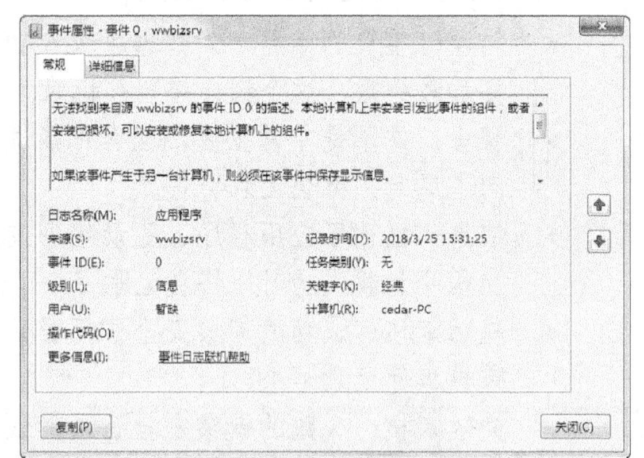

图9-36 错误日志详细信息

（2）系统弹出提示，问用户是否要保存事件日志的对话框，如图 9-38 所示。清除所选的程序事件日志后，在该类型的日志中就会显示为“此视图中没有可显示的项目”。

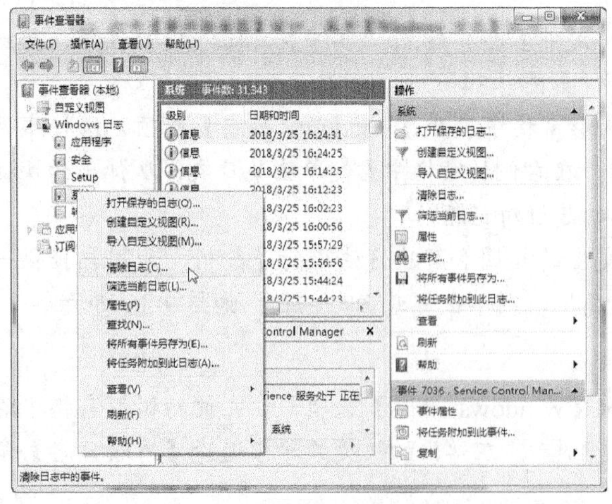

图9-37 清除事件日志

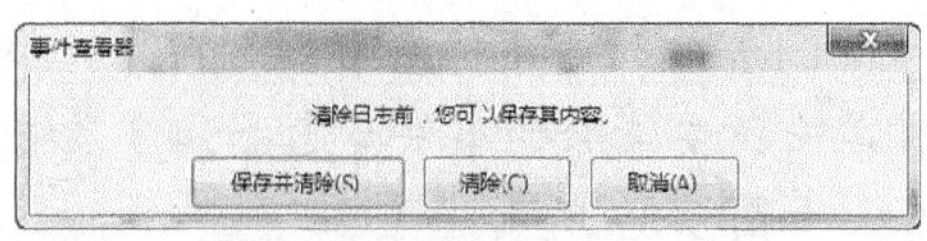

图9-38 选择是否保存事件日志

3. 保存事件日志文件

（1）打开【事件查看器】，在左侧的树形窗格中，右键单击所要保存的事件日志（如【安全】日志），在弹出的快捷菜单中选择【将所有事件另存为】命令，如图 9-39 所示，弹出【另存为】对话框。

（2）输入所要保存事件日志的文件名，单击 保存(S) 按钮将日志保存为指定的文件。建议用户将文件名设置为“时间 + 日志”格式类型，如在 2018 年 3 月 5 日备份系统日志，则将备份的系统日志文件命名为“2018-3-5.evt”，以便于今后查看服务器的运行情况。

4. 设置事件日志属性

（1）打开【事件查看器】窗口，在左侧的树形窗格中，右键单击所要设置属性的事件日志（如【系统】日志），在弹出的快捷菜单中选择【属性】命令，如图 9-40 所示，弹出【系统 属性】对话框。

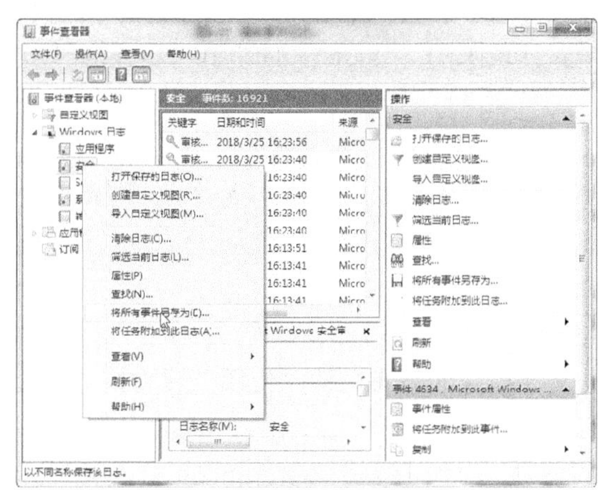

图9-39 保存日志文件

图9-40 设置事件日志属性

（2）在【日志属性-系统（类型管理的）】对话框的【常规】选项卡中，默认的系统日志文件大小为 20 480KB。日志文件达到上限时，服务器将按需要覆盖事件，这可以根据需要进行详细设置，如图 9-41 所示。

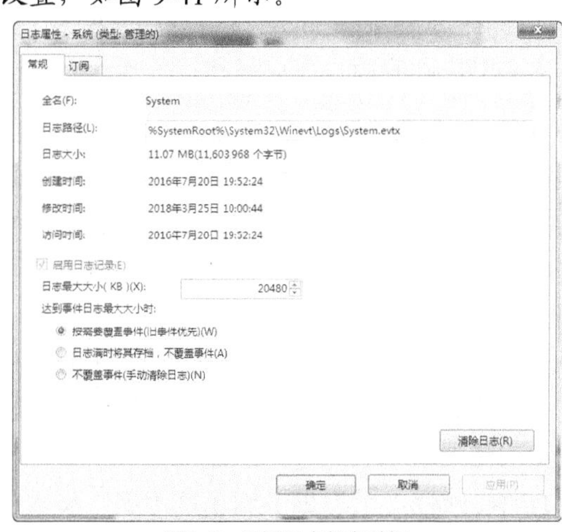

图9-41 设置日志保存时间

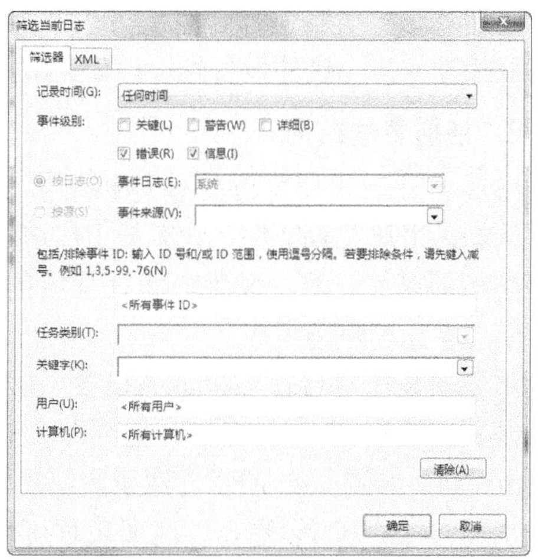

图9-42 【筛选器】选项卡

（3）打开【事件查看器】窗口，在左侧的树形窗格中，右键单击所要设置属性的事件日志（如【系统】日志），在弹出的快捷菜单中选择【筛选当前日志】命令，弹出【筛选当前日志】对话框。在【筛选器】选项卡中可以选中事情类型，这样 Windows 系统在正常启动时会对相应事件做日志记录，如图 9-42 所示。

要点提示　启动 Windows 2012 时，EventLog 服务会自动启动。所有用户都可以查看应用程序和系统日志，但只有管理员才能访问安全日志。在默认情况下，安全日志是关闭的。可以使用组策略来启用安全日志。管理员也可在注册表中设置审核策略，以便当安全日志溢出时使系统停止响应。

9.3 使用注册表

Windows 注册表是帮助 Windows 操作系统控制硬件、软件、用户环境和 Windows 界面的一套数据文件。注册表数据库包含在 Windows 目录下的 “system.dat”和“user.dat”这两个文件里。

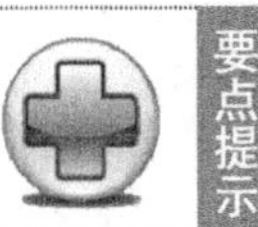

要点提示　通过 Windows 目录下的“regedit.exe”程序可以存取注册表数据库。在 Windows 的更早版本（在 Windows 98 以前）中，这些功能是靠“win.ini”“system.ini”和其他与应用程序有关联的“.ini”文件来实现的。

9.3.1 认识注册表

注册表最初被设计为一个与应用程序的数据文件相关的参考文件，最后扩展为在 32 位操作系统和应用程序下能够实现全面管理功能的文件。

1. 注册表的用途

在 Windows 操作系统家族中，“system.ini”和“win.ini”这 2 个文件包含了操作系统所有的控制功能和应用程序的信息。“system.ini”管理计算机硬件，“win.ini”管理桌面和应用程序。所有的硬件驱动程序、字体设置和重要的系统参数会保存在“.ini”文件中。

注册表是一套控制操作系统外表和如何响应外来事件工作的文件。这些“事件”的范围从直接存取一个硬件设备到接口如何响应、特定用户到应用程序如何运行等操作。

2. 注册表的结构

注册表是一个用来存储计算机配置信息的数据库，里面包含操作系统不断引用的信息，例如，用户配置文件、计算机上安装的程序和每个程序可以创建的文档类型、文件夹和程序图标的属性设置、硬件、正在使用的端口等。注册表按层次结构来组织，由主项、子项、配置单元和值项组成。

由于安装在每台计算机上的设备、服务和程序不同，所以一台计算机上的注册表内容可能与另一台计算机上的大不相同。要查看注册表的内容，可以运行注册表编辑器软件 Regedit.exe，如图 9-43 所示为注册表编辑器显示的注册表结构。

从图 9-43 中可以看出，注册表项可以有子项，同样，子项也可以包含子项。尽管注册表中大多数信息都存储在磁盘上，而且一般是永久存在的，但是，存储在 violatile keys 中的一些信息在操作系统每次启动时将被覆盖。

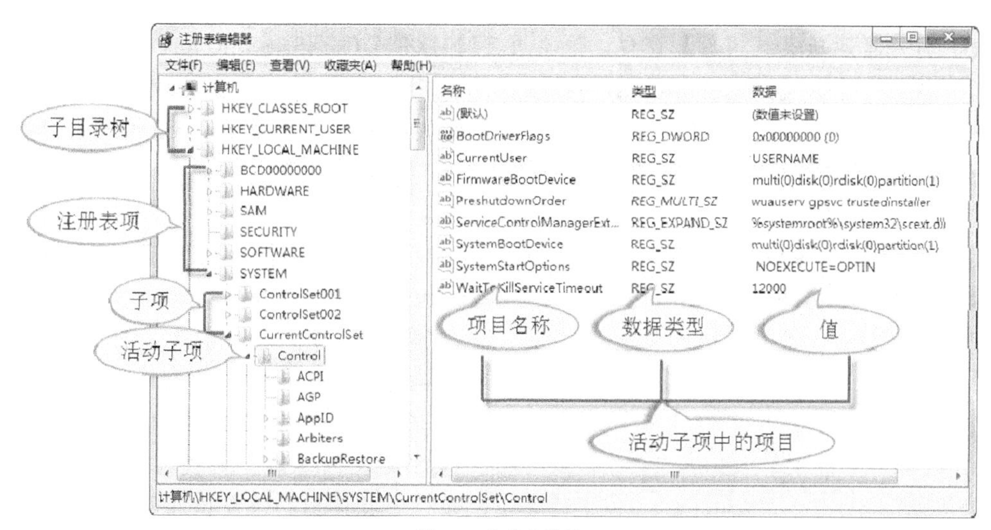

图9-43 注册表结构

9.3.2 注册表应用实例

注册表的功能非常多，几乎可以控制整个计算机系统，下面主要讲述几个应用比较频繁的注册表设置操作，其他功能可查阅有关资料。

操作步骤

（1）使用注册表删除多余的“.dll”文件

① 选择【开始】/【运行】命令，弹出【运行】对话框，输入“regedit”，回车打开【注册表编辑器】窗口。依次展开【HKEY_LOCAL_MACHINE\SOFTWARE\Microsoft\Windows\CurrentVersion\SharedDlls】项。

② 选择注册表列表中右侧所有文件，单击鼠标右键，从弹出的快捷菜单中选择【删除】命令，即可将多余的“.dll” 文件删除。

（2）停止开机自动运行软件

打开【注册表编辑器】窗口，依次展开【HKEY_LOCAL_MACHINE\SOFTWARE\Microsoft\Windows\CurrentVersion\Run】项，在右侧的列表中选择开机时不需要运行的软件，然后将其删除即可。

（3）还原 IE 默认的浏览页面

① 依次展开【HKEY_LOCAL_MACHINE\SOFTWARE\Microsoft\Internet Explorer\Main】项，在右侧的窗格中找到【Start Page】项，双击鼠标将键值改为“about: blank”即可。

② 依次展开【HKEY_CURRENT_USER\Software\Microsoft\InternetExplorer\Main】项，按照上述步骤进行设置即可。

③ 依次展开【HKEY_LOCAL_MACHINE\SOFTWARE\Microsoft\Windows\CurrentVersion\Run】项，将其下的【registry.exe】项删除（如果没有，则可以不予理睬），并删除自运行程序 C:\Program Files\registry.exe，最后从 IE 选项中重新设置起始页。重新启动计算机。

（4）去掉桌面快捷方式的小箭头

① 打开【注册表编辑器】窗口，依次展开【HKEY_CLASSES_ROOT\lnkfile】项。

② 找到一个名为【IsShortcut】的子项，它表示在桌面的“.LNK”快捷方式图标上将出现一个小箭头。用鼠标右键单击该项，从弹出的快捷菜单中选择【删除】命令，将该项删除（如果今后还要将其还原，要记住该名称）。在窗口右侧单击鼠标右键，从弹出的快捷菜单中选择【新建】/【字符串值】命令，将新建的项的名称改为“IsShortcut”即可。

③ 对指向 MS-DOS 程序的快捷方式（即“.PIF”）图标上的小箭头，还需展开【HKEY_CLASSES_ROOT\piffile】项，然后执行上一个步骤中的操作。

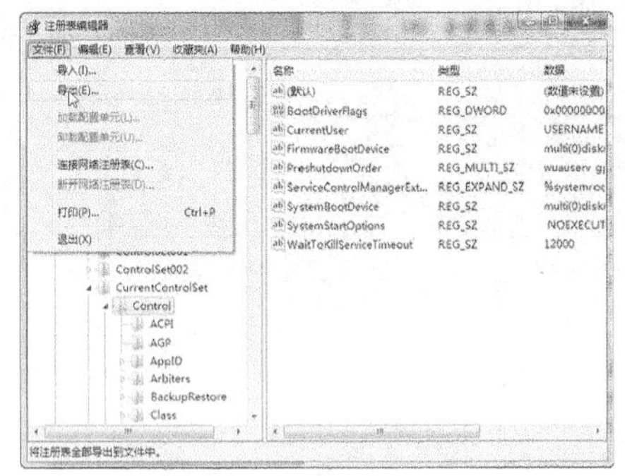

图9-44 注册表的导入与导出

④ 重新启动计算机，查看是否修改成功，如不成功可再执行一次如上操作。

（5）注册表的备份与还原

打开【注册表编辑器】窗口，选择【文件】/【导出】命令，在弹出的【导出注册表文件】对话框中，输入要备份注册表的文件名及其保存位置，单击 保存(S) 按钮即可。需恢复注册表时，选择【文件】/【导入】命令，将以前保存过的注册表文件导入进来即可，如图 9-44 所示。

要点提示

平时最常用的操作是删除冗余的“.dll”文件和禁止自动启动软件的注册表设置，但是，注册表作为系统的备份文件，它包含了几乎所有应用程序的记录。更为重要的是，注册表保存的信息中含有许多系统启动时必要的参数，一旦出现问题将导致系统崩溃等严重后果。此外，由于注册表里含有许多无法通过操作系统本身进行操作的系统参数，所以在没有确定资料证明修改准确的情况下，建议不要随意去修改注册表值。

9.4 使用 Windows 常用网络命令

在网络运行和维护中，经常会遇到一些莫名其妙的问题，如网速突然变慢、网络无法连通、网络通信异常等。此时除硬件故障之外，软件故障也是影响网络的主要因素之一。检查网络故障的常用方法就是掌握几种常用的网络命令，以此来检查网络的性能。常用网络命令有 ping、ipconfig、route、netstat、winipcfig、arp 等。下面我们主要讲解 ipconfig 命令和 route 命令。

9.4.1 使用 ipconfig 命令

ipconfig 命令用于显示当前的 TCP/IP 配置的设置值，这些信息一般用来检验人工配置的 TCP/IP 设置是否正确。如果计算机和所在的局域网使用了动态主机配置协议（Dynamic Host Configuration Protocol，DHCP），ipconfig 也可以帮助了解计算机当前的 IP 地址、子网掩码和默认网关。ipconfig 命令实际上是进行测试和故障分析的必要项目。该命令的选项及相应功能如下。

- ipconfig：不带任何参数选项，它为每个已经配置了的接口显示 IP 地址、子网掩码和默认网关值，如图 9-45 所示。

- ipconfig/all：为 DNS 和 WINS 服务器显示已配置且所要使用的附加信息（如 IP 地址等），并且显示内置于本地网卡中的物理地址（MAC）。如果 IP 地址是从 DHCP 服务器租用的，将显示 DHCP 服务器的 IP 地址和租用地址预计失效的日期。执行 ipconfig /all 命令后显示的信息如图 9-46 所示。

```
管理员: C:\Windows\system32\cmd.exe
C:\>ipconfig

Windows IP 配置

以太网适配器 本地连接:

   连接特定的 DNS 后缀 . . . . . . . : sicau.edu.cn
   本地链接 IPv6 地址. . . . . . . . : fe80::540:4194:5587:3c44%11
   IPv4 地址 . . . . . . . . . . . . : 10.4.21.82
   子网掩码 . . . . . . . . . . . . : 255.255.255.0
   默认网关. . . . . . . . . . . . . : fe80::1%11
                                       10.4.21.1

以太网适配器 VMware Network Adapter VMnet1:

   连接特定的 DNS 后缀 . . . . . . . :
   本地链接 IPv6 地址. . . . . . . . : fe80::3c75:9669:b64d:ffbb%13
   IPv4 地址 . . . . . . . . . . . . : 192.168.17.1
   子网掩码 . . . . . . . . . . . . : 255.255.255.0
   默认网关. . . . . . . . . . . . . :

以太网适配器 VMware Network Adapter VMnet8:
    半:
```

图9-45 ipconfig 命令显示信息

```
管理员: C:\Windows\system32\cmd.exe
C:\>ipconfig/all

Windows IP 配置

   主机名 . . . . . . . . . . . . . : cedar-PC
   主 DNS 后缀 . . . . . . . . . . . :
   节点类型 . . . . . . . . . . . . : 混合
   IP 路由已启用 . . . . . . . . . . : 否
   WINS 代理已启用 . . . . . . . . . : 否
   DNS 后缀搜索列表 . . . . . . . . : sicau.edu.cn

以太网适配器 本地连接:

   连接特定的 DNS 后缀 . . . . . . . : sicau.edu.cn
   描述. . . . . . . . . . . . . . . : Realtek PCIe GBE Family Controller
   物理地址. . . . . . . . . . . . . : F4-4D-30-F2-67-03
   DHCP 已启用 . . . . . . . . . . . : 是
   自动配置已启用. . . . . . . . . . : 是
   本地链接 IPv6 地址. . . . . . . . : fe80::540:4194:5587:3c44%11(首选)
   IPv4 地址 . . . . . . . . . . . . : 10.4.21.82(首选)
   子网掩码 . . . . . . . . . . . . : 255.255.255.0
   获得租约的时间 . . . . . . . . . : 2018年5月9日 8:31:42
   租约过期的时间 . . . . . . . . . : 2018年5月16日 8:31:41
   默认网关. . . . . . . . . . . . . : fe80::1%11
    半:
```

图9-46 ipconfig /all 命令显示信息

9.4.2 使用 route 命令

当网络上拥有两个或多个路由器时，可能需要某些远程 IP 地址通过某个特定的路由器来传递信息，而其他的远程 IP 则通过另一个路由器来传递。大多数路由器使用专门的路由协议来交换和动态更新路由器之间的路由表。但在有些情况下，必须人工将项目添加到路由器和主机上的路由表中。route 命令就是用来显示、人工添加和修改路由表项目的。该命令的选项及相应功能如下。

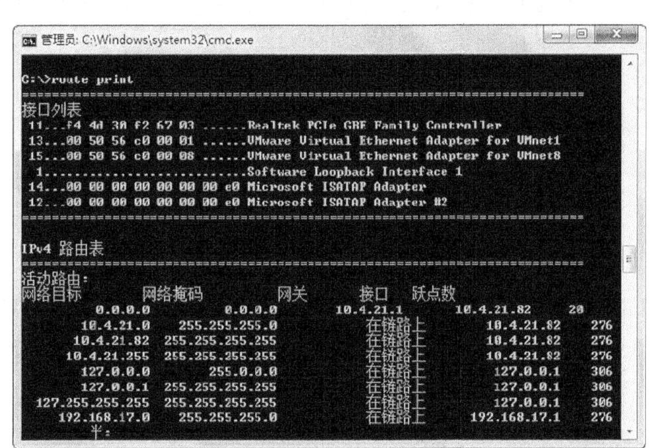

图9-47 route print 命令显示信息

- route print：本命令用于显示路由表中的当前项目，在单路由器网段上的输出结果如图 9-47 所示。由于用 IP 地址配置了网卡，因此所有的这些项目都是自动添加的。
- route add：使用本命令，可以将路由项目添加给路由表。例如，如果要设定一个到目的网络 202.115.2.235 的路由，其间要经过 5 个路由器网段。首先要经过本地网络上的一个路由器，IP 为 202.115.2.205，子网掩码为 255.255.255.0，则应该输入以下命令：

```
route add 202.115.2.235 mask 255.255.255.0 202.115.2.205 metric 5
```

9.5 实训 14 使用系统维护工具——任务管理器

任务管理器是系统中一个非常实用的软件，主要用来显示或管理正在运行的任务等，其中最有用的就是实现强制关机、结束程序、查找陌生进程等。

从以下 3 种方法中选择一种启动任务管理器。

- 按 Ctrl+Alt+Del 组合键。
- 在任务栏的空白处单击鼠标右键，在弹出的快捷菜单中选择【启动任务管理器】命令。
- 选择【开始】菜单文件搜索对话框中输入"taskmgr.exe"。

操作步骤

（1）打开【Windows 任务管理器】窗口，如图 9-48 所示。

（2）使用【应用程序】选项卡。打开【Windows 任务管理器】窗口之后，默认显示的是【应用程序】选项卡。该选项卡中的内容是当前计算机中正在运行的程序。如果某一个程序由于运行错误出现死机等现象，可选择该程序，单击 结束任务(E) 按钮将其强行结束。

（3）使用【进程】选项卡显示当前正在运行的进程，是查看有无病毒木马程序最简便、最快捷的方法。图 9-49 所示为【进程】选项卡中的内容。

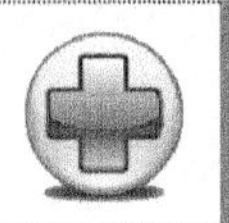

要点提示 通常要注意的进程是：名字古怪的进程，如 a123b.exe 等；冒充系统进程的，如 svch0st.exe，中间的是数字 0 而不是字母 o；占用系统资源大的。如果对某个进程有疑问，可以在搜索引擎上搜索一下该进程的名字，通常就能得知是否属于恶意进程了。

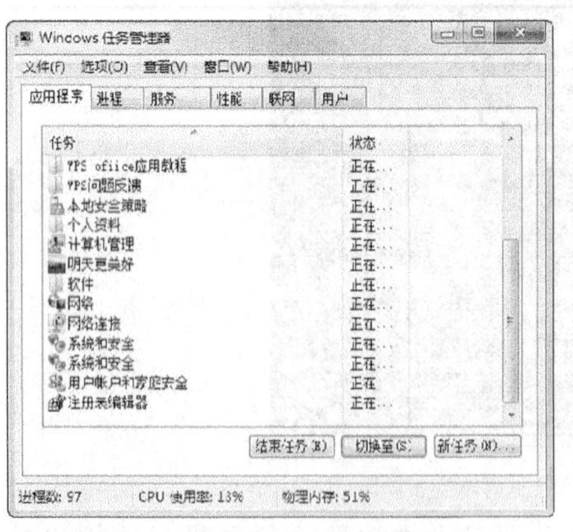

图9-48 【Windows 任务管理器】窗口

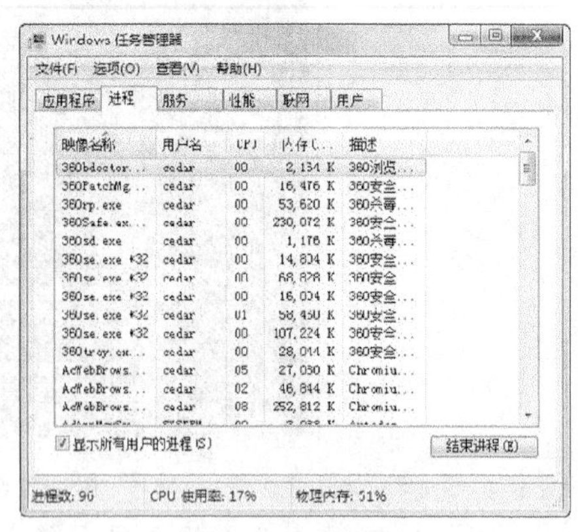

图9-49 进程管理

（4）使用【性能】选项卡显示计算机资源的使用情况。当计算机反应非常慢或者网速非常慢时，可查看【性能】选项卡中的各项，如 CPU 使用率、内存等，如图 9-50 所示。当 CPU 使用率为 100%或内存使用过高时，可在【进程】选项卡中寻找进程项中 CPU 使用率和内存这两项使用比较高的进程，将其结束。

（5）使用【联网】选项卡可以查看网络的联通情况，如图 9-51 所示。

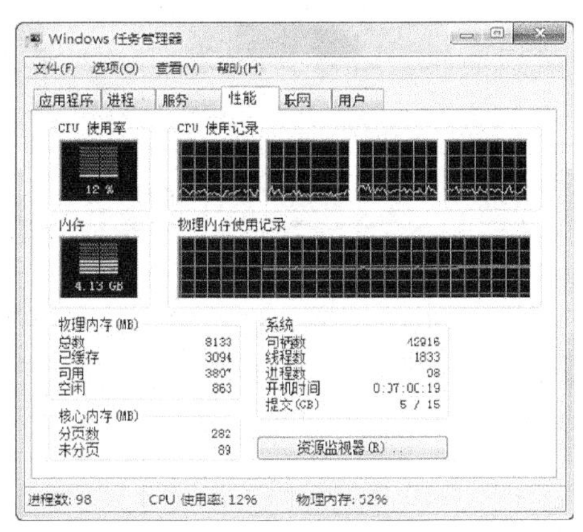

图9-50 性能管理

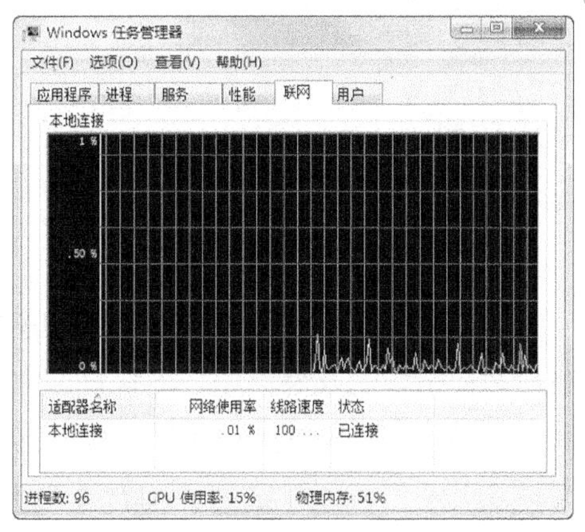

图9-51 联网管理

习题

1. 简述 IP 安全性设置的各项操作方法。
2. 简述排除网络故障的各项操作方法。
3. 概述事件查看器显示的事件类型的内容。
4. 简述注册表的结构。
5. 列举常用的系统维护软件及其用途。

第10章 无线网络技术

随着无线通信技术的广泛应用，传统网络已经越来越不能满足人们的需求，于是无线网络应运而生，且发展迅速。尽管目前无线网络还不能完全独立于有线网络，但近年来无线网络的产品逐渐走向成熟，正以优越的灵活性和便捷性发挥日益重要的作用。

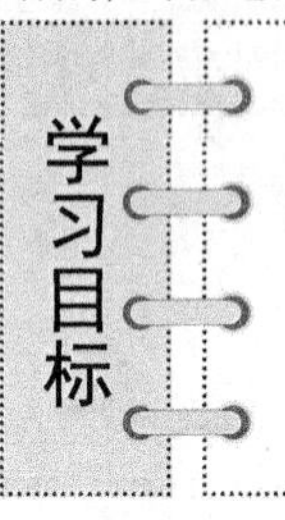

学习目标

- 了解无线网络的概念。
- 掌握无线通信技术的基本原理。
- 掌握无线局域网的分类、标准和组网方法。
- 了解无线广域网的概念和种类。
- 明确无线网络的发展趋势。

10.1 无线通信技术简介

早期的网络连接都是采用有线连接方式，无线网络是无线通信技术与网络技术相结合的产物。无线网络就是通过无线信道来实现网络设备之间的通信，并实现通信的移动化、个性化和宽带化。

10.1.1 什么是无线网络

通俗地讲，无线网络就是在不采用网线的情况下，提供以太网互联功能。无线网络利用无线电波作为信息传输媒介，摆脱了网线的束缚。就应用层面来讲，其与有线网络用途类似，但由于不需要传输线，所以在硬件架设以及灵活性等方面都优于有线网络。

无线网络的初步应用可以追朔到第二次世界大战期间，美国陆军采用无线电信号传输资料，研发出一套无线电传输技术。1971 年，夏威夷大学的研究员创造了第一个基于封包式技术的无线电通信网络，称作 ALOHNET，算是早期的无线局域网络（WLAN）。

无线网络架设方便，并且能深入有线网络无法触及的地方，可以用来解决受保护的建筑、广场、河岸以及已经装修好的房屋等无法布线或布线不方便的问题。对于需要经常变更网络布线结构的用户以及需要大范围移动计算机的用户，采用外线网络将更加方便。

无线网络不仅包括允许用户建立远距离无线连接的全球语音和数据网络，也包括为近距离无线连接进行优化的红外线技术以及射频技术。适合无线网络的设备种类丰富，例如便携式计算机、台式计算机、个人数字助理（Personal Digital Assistant，PDA）以及移动电话等。

无线网络应用广泛，可用于实业工业中的采油基地、炼油厂；大型展览会或大型会议等临时会场；交通旅游、宾馆酒店服务等；应急处理以及野外紧急场合。借助外线网络，手机用户可以收发电子邮件；通过便携式计算机可以在机场、火车站等公共场合接入网络来处理数据和文件。

10.1.2 常用的无线通信技术

时至今日，无线通信越来越普及，主流配置的笔记本电脑、手机、PDA 等设备都具备了无线功能，特别是针对无线网络来说，无线办公越来越贴近人们的生活。

无线网络中主要使用了以下四种通信技术。

1. 无线电波通信

利用“电”来传递消息的通信方式称为电通信，一般可分为两大类：一类称为有线电通信，一类称为无线电通信。利用无线电波传输信息的通信方式即称为无线电通信，能传输声音、文字、数据和图像等。无线电通信不需要架设传输线路，不受通信距离限制，机动性好，建立迅速；但传输质量不稳定，信号易受干扰或易被截获，易受自然因素影响，保密性差。

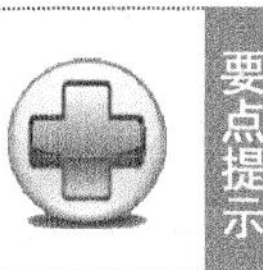

要点提示

网络通信设备之间通过天线来发送和接收无线电波实现输数据传输的方式称为射频传输。将电信息源（模拟或数字的）用高频电流进行调制（调幅或调频），形成射频信号，经过天线发射到空中；远距离将射频信号接收后进行反调制，还原成电信息源。有线电视系统就是采用射频传输方式的。

2. 微波通信

微波通信（Microwave Communication）是使用波长在 1 毫米～1 米的电磁波——微波进行的通信。该波长段电磁波所对应的频率范围是 300 MHz（0.3 GHz）～300 GHz。

与同轴电缆通信、光纤通信和卫星通信等现代通信网传输方式不同的是，微波通信是直接使用微波作为介质进行的通信，不需要固体介质。当两点间直线距离内无障碍时就可以使用微波传送。利用微波进行通信具有容量大、质量好并可传至很远的距离，因此是国家通信网的一种重要通信手段，也普遍适用于各种专用通信网。

微波通信包括地面微波接力通信、对流层散射通信、卫星通信、空间通信及工作于微波波段的移动通信，具有可用频带宽、通信容量大、传输损伤小、抗干扰能力强等特点，可用于点对点、一点对多点或广播等通信方式。

我国微波通信广泛应用 L、S、C、X 诸频段，K 频段的应用尚在开发之中。由于微波的频率极高，波长又很短，其在空中的传播特性与光波相近，也就是直线前进，遇到阻挡就被反射或被阻断，因此微波通信的主要方式是视距通信，超过视距以后需要中继转发。

要点提示

一般说来，由于地球曲面的影响以及空间传输的损耗，每隔 50 公里左右就需要设置中继站，将电波放大转发而延伸。这种通信方式也称为微波中继通信或称微波接力通信。长距离微波通信干线可以经过几十次中继而传至数千公里仍可保持很高的通信质量。

3. 红外通信

红外通信是利用 950nm 近红外波段的红外线作为传递信息的媒体。发送端将基带二进制信号调制为一系列的脉冲串信号，通过红外发射管发射红外信号。接收端将接收到的光脉转换成电信号，再经过放大、滤波等处理后送给解调电路进行解调，还原为二进制数字信号后输出。

红外通信的实质就是对二进制数字信号进行调制与解调，以便利用红外信道进行传输；红外通信接口就是针对红外信道的调制解调器。常用的有通过脉冲宽度来实现信号调制的脉宽调制（Pulse Width Modulation，PWM）和通过脉冲串之间的时间间隔来实现信号调制的脉位调制（Pulse Position Modulation，PPM）两种方法。

红外通信技术是目前在世界范围内被广泛使用的一种无线连接技术，被众多的硬件和软件平台所支持，其主要特点和用途如下。

（1）通过数据电脉冲和红外光脉冲之间的相互转换实现无线的数据收发。

（2）主要是用来取代点对点的线缆连接。

（3）新的通信标准兼容早期的通信标准。

（4）点对点直线数据传输，保密性强。

（5）传输速率较高。

红外通信技术常被应用在计算机及其外围设备、移动电话、数码相机、工业设备和医疗设备、网络接入设备，如调制解调器等。

但是红外通信具有通信距离短，通信过程中不能移动，遇障碍物通信中断、传输速率较低等的缺点，主要目的是取代线缆连接进行无线数据传输，其功能单一，扩展性较差。

要点提示

在红外通信技术发展早期，存在好几个红外通信标准，不同标准之间的红外设备不能进行红外通信。为了使各种红外设备能够互联互通，1993 年，由二十多个大厂商发起成立了红外数据协会（Infrared Data Association，IrDA），统一了红外通信的标准，这就是目前被广泛使用的 IrDA 红外数据通信协议及规范。

4. **激光通信**

激光是一种方向性极好的单色相干光。利用激光来有效地传送信息，叫做激光通信。 激光通信系统包括发送和接收两个部分。发送部分主要包含激光器、光调制器和光学发射天线。接收部分主要包括光学接收天线、光学滤波器、光探测器。要传送的信息送到与激光器相连的光调制器中，光调制器将信息调制在激光上，通过光学发射天线发送出去。在接收端，光学接收天线将激光信号接收下来，送至光探测器，光探测器将激光信号变为电信号，经放大、解调后变为原来的信息。

激光通信的优点主要有以下几点。

（1）通信容量大。在理论上，激光通信可同时传送 1 000 万路电视节目和 100 亿路电话。

（2）保密性强。激光不仅方向性特强，而且可采用不可见光，因而不易被截获，保密性能好。

（3）结构轻便，设备经济。由于激光束发散角小，方向性好，激光通信所需的发射天线和接收天线都可做得很小。

激光通信的一些缺点有以下几个方面。

（1）大气衰减严重。激光在传播过程中，受大气和气候的影响比较严重，云雾、雨雪、尘埃等会妨碍光波传播，这就严重地影响了通信的距离。

（2）瞄准困难。激光束有极高的方向性，这给发射和接收点之间的瞄准带来不少困难。为保证发射和接收点之间瞄准，不仅对设备的稳定性和精度提出很高的要求，而且操作也复杂。

激光通信的应用主要有以下几个方面。

（1）地面间短距离通信。

（2）短距离内传送传真和电视。

（3）由于激光通信容量大，可作导弹靶场的数据传输和地面间的多路通信。

（4）通过卫星全反射的全球通信和星际通信，以及水下潜艇间的通信。

10.1.3 无线网络的分类

无线网络主要分为以下几种类型。

1. 无线个人网

WPAN（Wireless Personal Area Network，无线个人网）是在小范围内相互连接数个装置所形成的无线网络，通常是个人可及的范围内。例如蓝牙连接耳机及膝上电脑，ZigBee 也提供了无线个人网的应用平台。

蓝牙是一个开放性的、短距离无线通信技术标准。该技术面向的是移动设备间的小范围连接，因而本质上说它是一种代替线缆的技术。它可以用来在较短距离内取代目前多种线缆连接方案，穿透墙壁等障碍，通过统一的短距离无线链路，在各种数字设备之间实现灵活、安全、低成本、小功耗的话音和数据通信。

蓝牙力图做到：必须像线缆一样安全；降到和线缆一样的成本；可以同时连接移动用户的众多设备，形成微微网（piconet）；支持不同微微网间的互连，形成 scatternet；支持高速率；支持不同的数据类型；满足低功耗、致密性的要求，以便嵌入小型移动设备；最后，该技术必须具备全球通用性，以方便用户徜徉于世界的各个角落。

从专业角度看，蓝牙是一种无线接入技术。从技术角度看，蓝牙是一项创新技术，它带来的产业是一个富有生机的产业，因此说蓝牙也是一个产业，它已被业界看成是整个移动通信领域的重要组成部分。蓝牙不仅仅是一个芯片，更是一个网络，不远的将来，由蓝牙构成的无线个人网将无处不在。它还是 GPRS 和 3G 的推动器。

2. 无线局域网

WLAN（Wireless Local Area Networks，无线局域网）是相当便利的数据传输系统，利用射频（Radio Frequency，RF）技术，使用电磁波取代旧式碍手碍脚的双绞铜线（Coaxial）所构成的局域网络，在空中进行通信连接，使得无线局域网络能利用简单的存取架构让用户透过它，达到“信息随身化、便利走天下”的理想境界。

在无线局域网 WLAN 发明之前，人们要想通过网络进行联络和通信，必须先用物理线缆-铜绞线组建一个电子运行的通路。为了提高效率和速度，后来又发明了光纤。当网络发展到一定规模后，人们又发现，这种有线网络无论组建、拆装还是在原有基础上进行重新布局和改建，都非常困难，且成本和代价也非常高，于是 WLAN 的组网方式应运而生。

WLAN 的实现协议有很多，其中最为著名也是应用最为广泛的当属无线保真技术 Wi-Fi。它实际上提供了一种能够将各种终端都使用无线进行互联的技术，为用户屏蔽了各种终端之间的差异性。

3. 无线城域网

WMAN（Wireless Metropolitan Area Networks，无线城域网）是连接数个无线局域网的无线网络型式，是指在地域上覆盖城市及其郊区范围的分布节点之间传输信息的本地分配无线网络。WMAN 能实现语音、数据、图像、多媒体、IP 等多业务的接入服务，其覆盖范围的典型值为 3～5km，点到点链路的覆盖可以高达几十千米，能实现语音、数据、图像、多媒体、IP 等业务的接入服务。

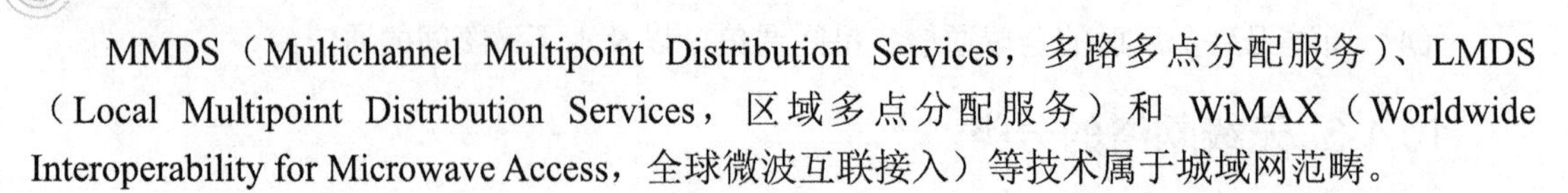

MMDS（Multichannel Multipoint Distribution Services，多路多点分配服务）、LMDS（Local Multipoint Distribution Services，区域多点分配服务）和 WiMAX（Worldwide Interoperability for Microwave Access，全球微波互联接入）等技术属于城域网范畴。

4. 无线广域网

WWAN（Wireless Wide Area Networks，无线广域网）是采用无线网络把物理距离极为分散的局域网（LAN）连接起来的通信方式。WWAN 连接地理范围较大，常常是一个国家或是一个洲，其目的是为了让分布较远的各局域网互连。它的结构分为末端系统（两端的用户集合）和通信系统（中间链路）两部分。

无线广域网主要应用在电力系统、医疗系统、税务系统、交通系统、银行系统和调度系统等领域。

10.2 无线局域网

无线局域网的基础还是传统的有线局域网。它是有线局域网的技术扩展，是在有线局域网的基础上通过无线路由器、无线网桥和无线网卡等设备来实现无线通信。

10.2.1 无线局域网的特点

无线局域网的优点如下。

1. 灵活性和移动性

在有线网络中，网络设备的安放位置受网络位置的限制，而无线局域网在无线信号覆盖区域内的任何一个位置都可以接入网络。无线局域网另一个突出的优点在于其移动性，连接到无线局域网的用户可以移动且能同时与网络保持连接。

2. 安装便捷

无线局域网可以免去或最大程度地减少网络布线的工作量，一般只要安装一个或多个接入点设备，就可建立覆盖整个区域的局域网络。

3. 易于进行网络规划和调整

对于有线网络来说，办公地点或网络拓扑的改变通常意味着重新建网。重新布线是一个昂贵、费时、浪费和琐碎的过程，无线局域网可以避免或减少以上情况的发生。

4. 故障定位容易

有线网络一旦出现物理故障，尤其是由于线路连接不良而造成的网络中断，往往很难查明，而且检修线路需要付出很大的代价。无线网络则很容易定位故障，只需更换故障设备即可恢复网络连接。

5. 易于扩展

无线局域网有多种配置方式，可以很快从只有几个用户的小型局域网扩展到上千用户的大型网络，并且能够提供节点间“漫游”等有线网络无法实现的特性。

由于无线局域网有以上诸多优点，因此其发展十分迅速。目前，无线局域网已经在企业、医院、商店、工厂和学校等场合得到了广泛的应用。

无线局域网在能够给网络用户带来便捷和实用的同时，也存在着一些缺陷。无线局域网的不足之处体现在以下几个方面。

1. 性能

无线局域网是依靠无线电波进行传输的。这些电波通过无线发射装置进行发射，而建筑物、车辆、树木和其他障碍物都可能阻碍电磁波的传输，所以会影响网络的性能。

2. 速率

无线信道的传输速率与有线信道相比要低得多。目前，无线局域网的最大传输速率为54Mbit/s，只适用于个人终端和小规模网络应用。

3. 安全性

本质上无线电波不要求建立物理的连接通道，无线信号是发散的。从理论上讲，很容易监听到无线电波广播范围内的任何信号，造成通信信息泄漏。

除了传输介质外，无线局域网和有线局域网还有诸多不同之处，具体如表 10-1 所示。

表 10-1 无线局域网和有线局域网的对比

项目	有线局域网	无线局域网
布线	线路冗长，办公室线缆泛滥	完全不需要布线
吞吐率	10Mbit/s、100Mbit/s、1000Mbit/s	2Mbit/s、11Mbit/s
成本	安装成本高、设备成本低，维护成本高	安装成本低、设备成本高、维护成本低
移动性	几乎无法在移动的条件下访问局域网或 Internet 资源	可以在移动条件下访问局域网或 Internet 资源
扩充性	较弱，并且扩充时需要更改物理线路，设置重新布置缆线，施工烦琐，且施工周期长	较强，只需要增加适配卡或接入点即可，操作便捷
线路费用	远距离连接时，需要租用线路，费用高，传输速率低	不需要增加任何租用费用，只需要架设天线等一次性投资即可
安全性	高，主要在 3 层以上实现	高，主要在 2 层、3 层以上实现

10.2.2 无线局域网的传输介质和结构

与有线网络一样，无线局域网也需要传输介质。

1. 无线局域网的传输介质

无线局域网通常使用以下两种传输介质。

（1）红外系统

红外线局域网采用波长小于 1μm 的红外线作为传输媒体，具有较强的方向性，如图 10-1 所示，一台笔记本电脑利用红外线将数据发送给打印机。两台笔记本电脑之间也可以直接通过红外线端口进行连网，但是传输速率较低。

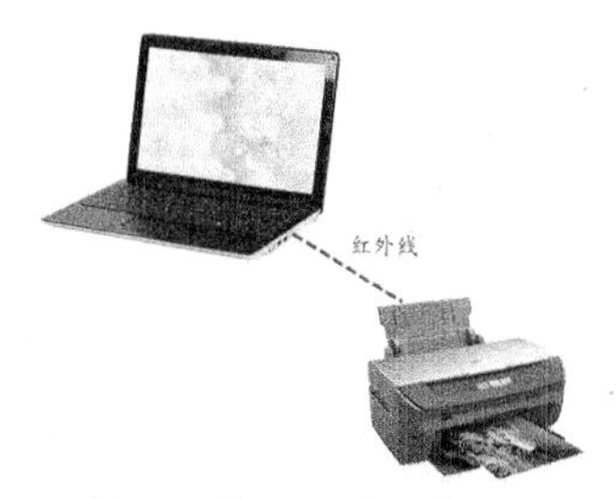

图10-1 使用红外线传输数据

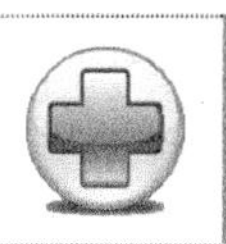

要点提示　通常红外网络传输难以传输超过 30m 以上的距离，并且还容易受到大多数商业环境中强烈的环境光线以及各种强光源的影响。此外，红外线不能穿越墙壁。

（2）无线电波

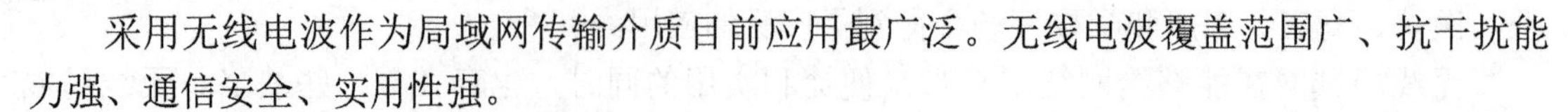

采用无线电波作为局域网传输介质目前应用最广泛。无线电波覆盖范围广、抗干扰能力强、通信安全、实用性强。

无线局域网使用的频段主要是 S 频段（2.4GHz～2.4835GHz），该频段属于工业自由辐射频段，不会对人体健康造成危害。

2. 无线局域网的结构

无线局域网通信范围不受环境条件限制，网络的传输范围大大拓宽，最大传输距离可达几十千米。此外，无线局域网的抗干扰能力强，网络保密性好，可以避免有线局域网中的诸多安全问题。

对于不同的局域网应用环境和要求，无线局域网可采取不同的网络结构来实现，常用的结构形式如表 10-2 所示。

表 10-2　　无线局域网的结构

结构类型	特点
网桥连接型	（1）使用无线网桥实现不同局域网之间的互连 （2）无线网桥不仅提供两个局域网之间的物理和数据链路层之间的连接，还为两个局域网用户提供较高层的路由与协议转换
基站接入型	（1）采用移动蜂窝通信网接入方式组建无线局域网时，各站点之间的通信通过基站接入、数据交换方式来实现互连 （2）各移动站不仅可以通过交换中心自行组网，还可以通过广域网与远地站点组建自己的工作网络
集线器接入型	（1）使用无线集线器可以组建星型结构的无线局域网，具有与有线局域网类似的优点 （2）在该结构基础上的无线局域网，可采用类似于交换型以太网的工作方式，要求集线器具有简单的网内交换功能
无中心结构	（1）网中任意两个站点间均可以直接通信 （2）一般使用公共广播通道，MAC 层采用 CSMA 类型的多址接入协议

10.2.3 无线局域网协议标准

无线局域网技术（包括 IEEE802.11、蓝牙技术和 HomeRF 等）将是新世纪无线通信领域最有发展前景的重大技术之一。以 IEEE（电气和电子工程师协会）为代表的多个研究机构针对不同的应用场合，制定了一系列协议标准，推动了无线局域网的实用化。

1. IEEE802.11 系列协议

IEEE 于 1997 年发布了无线局域网领域第一个在国际上被认可的协议——802.11 协议。1999 年 9 月，IEEE 提出 802.11b 协议，用于对 802.11 协议进行补充，之后又推出了 802.11a、802.11g 等一系列协议，从而进一步完善了无线局域网规范。

IEEE 802.11 无线局域网标准是无线局域网目前最常用的传输协议，是无线网络技术发展中的一个里程碑。该标准使各种不同厂商的无线产品得以互联，并且降低了无线局域网的造价。目前，各个企业都有基于该标准的无线网卡产品。

802.11 定义了两种类型的设备。一种是无线站，即带有无线网卡的计算机、打印机或其他设备；另一种被称为无线接入点，用来提供无线与有线网络之间以及无线设备相互之间的桥接。一个无线接入点通常由一个无线输出口和一个有线网络接口构成。

作为全球公认的局域网权威，IEEE 802 工作组建立的标准在局域网领域内得到了广泛应用。这些协议包括 802.3 以太网协议、802.5 令牌环协议和 802.3z100BASE-T 快速以太网协议等。

802.11 标准包括一组标准系列，现阶段主要使用的有 802.11b、802.11a 和 802.11g。

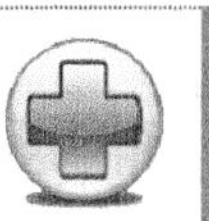

802.11g 工作在 2.4GHz 频段，该标准产品的传输速率能达到 54Mbit/s，除了高传输速率和兼容性上的优势外，还具备穿透障碍的能力，能适应更加复杂的使用环境。

（1）802.11a

802.11a 采用正交频分（Orthogonal Frequency Division Multiplexing，OFDM）技术调制数据，使用 5GHz 的频带。OFDM 技术将无线信道分成以低数据速率并行传输的分频率，然后再将这些频率一起放回接收端，可提供 25Mbit/s 的无线 ATM 接口和 10Mbit/s 的以太网无线帧结构接口，以及 TDD/TDMA 的空中接口。

802.11a 在很大程度上可提高传输速度，改进信号质量，克服干扰。物理层速率可达 54Mbit/s，传输层可达 25Mbit/s，能满足室内及室外的应用。

（2）802.11b

802.11b 也被称为 Wi-Fi 技术，采用补码键控（CCK）调制方式，使用 2.4GHz 频带，其对无线局域网通信的最大贡献是可以支持两种速率：5.5Mbit/s 和 11Mbit/s。

多速率机制的介质访问控制可确保当工作站之间距离过长或干扰太大、信噪比低于某个门限值时，传输速率能够从 11Mbit/s 自动降到 5.5Mbit/s，或根据直序扩频技术调整到 2Mbit/s 和 1Mbit/s。在不违反 FCC（Federal Communications Commission，美国联邦通信委员会）规定的前提下，采用跳频技术无法支持更高的速率。

（3）802.11g

2001 年 11 月，在 802.11 IEEE（Institute of Electrical and Electronics Engineers，电气和电子工程师协会）会议上形成了 802.11g 标准草案，目的是在 2.4GHz 频段实现 802.11a 的速率要求。该标准于 2003 年初获得批准。802.11g 采用 PBCC 或 CCK/OFDM 调制方式，使用 2.4GHz 频段，对现有的 802.11b 系统向下兼容。

802.11g 既能适应传统的 802.11b 标准（在 2.4GHz 频率下提供的数据传输率为 11Mbit/s），也符合 802.11a 标准（在 5GHz 频率下提供的数据传输率 56Mbit/s），从而解决了对已有的 802.11b 设备的兼容问题。用户还可以配置与 802.11a、802.11b 以及 802.11g 均相互兼容的无线局域网。

2. 蓝牙规范（Bluetooth）

蓝牙（IEEE 802.15）是对 802.11 标准的补充，是一种先进的大容量、近距离无线数字通信的技术标准。蓝牙技术工作于 2.4GHz 的 ISM 频段，采用时分双工传输方案，实现全双工传输，最高数据传输速率为 1Mbit/s，最大传输距离为 10cm～10m。

蓝牙规范是由 SIG（特别兴趣小组）制定的一个公共的、无须许可证的规范，是一种改进的无线局域网技术。其目的是实现短距离无线语音和数据通信。蓝牙比 802.11 更具移动性。例如，802.11 将无线网络限制在办公室或校园等小范围内，而蓝牙却能把一个设备连接到 LAN（局域网）或 WAN（广域网），还支持全球漫游。

蓝牙具有成本低、体积小的优点，可以用于更多类型的设备。蓝牙技术采用自动寻道技术和快速跳频技术保证传输的可靠性，具有全向传输能力，并且设备尺寸更小，成本更低。在任意时间，只要蓝牙技术产品进入彼此有效范围之内，它们就会立即传输地址信息并

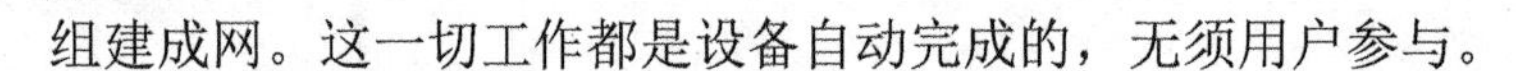

组建成网。这一切工作都是设备自动完成的，无须用户参与。

3. HomeRF 标准

在美国联邦通信委员会（FCC）正式批准 HomeRF 标准之前，HomeRF 工作组于 1998 年为在家庭范围内实现语音和数据的无线通信制订出一个规范，即共享无线访问协议（SWAP）。该协议主要针对家庭无线局域网，其数据通信采用简化的 IEEE802.11 协议标准。

HomeRF 用于实现 PC 机和用户电子设备之间的无线数字通信，HomeRF 标准采用扩频技术，工作在 2.4GHz 频带，可同步支持 4 条高质量语音信道并且功耗低，适合用于笔记本电脑。

HomeRF 主要为家庭网络设计，是 IEEE 802.11 与 DECT（Digital Enhanced Cordless Telecommunications，数字增强无绳通信）标准的结合，目的在于降低语音数据成本。目前 HomeRF 的传输速率较低，只有 1Mbit/s～2Mbit/s。

表 10-3 列出了 3 种常用无线局域网标准的对比。

表 10-3　　3 种常用无线局域网标准的对比

对比项目	802.11g	HomeRF	蓝牙
传输速率	54Mbit/s	1Mbit/s、2Mbit/s、10Mbit/s	1Mbit/s
应用范围	办公区域和校园局域网	家庭、办公室、私人住宅等	
终端类型	笔记本计算机、台式计算机、掌上电脑、Internet 网关	笔记本计算机、台式计算机、Modem、电话、移动设备、Internet 网关	笔记本计算机、蜂窝式电话、掌上电脑、汽车
接入方式	接入方式多样化	点对点或每节点多种设备接入	
覆盖范围	300m	50m	100m
支持的企业	Cisco、Lucent、3Com、WECA、Consortium	Apple、Compaq、Dell、Intel、Motorola、Proxim	Ericsson、Motorola、Nokia

4. HyperLAN/2 标准

2002 年 2 月，ETI 的宽带无线接入网络（Broadband Radio Access Networks，BRAN）小组公布了 HiperLAN/2 标准。HiperLAN/2 标准由全球论坛（H2GF）开发制定，在 5GHz 频段上运行，并采用 OFDM 调制方式，物理层最高速率可达 54Mbit/s，是一种高性能的局域网标准。

HyperLAN/2 标准定义了动态频率选择、无线小区切换、链路适配、多波束天线和功率控制等多种信令和测量方法，用来支持无线网络的功能。基于 HyperRF 标准的网络有其特定的应用，可以用于企业局域网的最后一部分网段，支持用户在子网之间的 IP 移动性。

HyperLAN/2 在热点地区为商业人士提供远端高速接入因特网的服务，以及作为 W-CDMA 系统的补充，用于 3G 的接入技术，使用户可以在两种网络之间移动或进行业务的自动切换，而不影响通信，其有以下特点。

- 802.11 系列协议是由 IEEE 制定的，目前居于主导地位的无线局域网标准。
- HomeRF 主要为家庭网络设计，是 802.11 与 DECT 的结合。
- HomeRF 和蓝牙都工作在 2.4GHz ISM 频段，都采用跳频扩频（Frequency-Hopping Spread Spectrum，FHSS）技术，HomeRF 产品和蓝牙产品之间几乎没有相互干扰。
- 蓝牙技术适用于松散型的网络，可以让设备为一个单独的数据建立一个连接，

HomeRF 技术则不像蓝牙技术那样随意。

- 组建 HomeRF 网络前，必须为各网络成员事先确定唯一的识别代码，因而比蓝牙技术更安全。
- 802.11 使用的是 TCP/IP 协议，适用于功率更大的网络，有效工作距离比蓝牙技术和 HomeRF 要长得多。

10.2.4 无线局域网的主要组件

无线局域网的主要组件主要包括以下内容。

1. 无线网卡

无线网卡的功能与普通网卡相同，如图 10-2 所示，是无线局域网通过无线连接网络进行上网使用的无线终端设备。如果把无线路由看成信号发射端的话，那么无线网卡就是信号的接收端。

图10-2 无线网卡

无线网卡提供与有线网卡一样丰富的系统接口，包括 PCMCIA、Cardbus、PCI 和 USB 等。在有线局域网中，网卡是网络操作系统与网线之间的接口。在无线局域网中，它们是操作系统与天线之间的接口，用来创建透明的网络连接。

（1）PCMCIA 接口

这种类型接口的无线上网卡一般是笔记本电脑等移动设备专用的，它受笔记本电脑的空间限制，体积远不可能像 PCI 接口网卡那么大。PCMCIA 总线分为两类，一类为 16 位的 PCMCIA，另一类为 32 位的 CardBus。

（2）USB 接口

USB（Universal Serial Bus，通用串行总线接口）由于其传输速率远远大于传统的并行口和串行口，设备安装简单并且支持热插拔。USB 设备一旦接入，就能够立即被计算机所识别，并装入所需要的驱动程序，而且不必重新启动系统就可立即投入使用。当不再需要某台设备时，可以随时将其拔除，并可再在该端口上插入另一台新的设备，然后，这台新的设备也同样能够立即得到确认并马上开始工作，所以越来越受到厂商和用户的喜爱。

（3）CF 接口

CF（Compact Flash）型无线上网卡主要应用在 PDA 等设备里面，CF 卡遵循 ATA（Advanced Technology Attachment，硬盘接口技术）标准制造，其接口是 50 针而不是 68 针，分成两排，每排 25 个针脚。CF 卡分为两类：Type I 和 Type II，二者的规格和特性基本相同。两种型号之间的唯一区别在于卡的厚度。CF 卡不是硬盘那样的针型接口而是 50 针（1.27mm）的孔型接口，因此不容易被损坏，这一设计和 PCMCIA 接口类似。

2. 无线接入点 AP

图10-3 无线 AP

无线 AP（Access Point）又称无线接入点，如图 10-3 所示，其作用类似于有线网络中的集线器，用作无线信号集线器。当网络中新增一个无线 AP 后，可以成倍地扩展网络覆盖范围，并大幅度提高信号的稳定性，同时还可以使网络中容纳更多的网络设备。

要点提示 一台无线 AP 理论上可以支持接入 80 台计算机，但是接入 25 台以下计算机时信号最佳。

无线接入点 AP 是一个无线网络的接入点，俗称“热点”，主要有路由交换接入一体设备和纯接入点设备两类。路由交换接入一体设备执行接入和路由工作，纯接入设备只负责无线客户端的接入，纯接入设备通常作为无线网络扩展使用，与其他 AP 或者主 AP 连接，以扩大无线覆盖范围，而一体设备一般是无线网络的核心。

接入点的作用相当于局域网集线器，在无线局域网和有线网络之间接收、缓冲存储和传输数据，以支持一组无线用户设备。接入点通常是通过标准以太网线连接到有线网络上，并通过天线与无线设备进行通信。

一般的无线 AP，其作用有以下两个方面。

（1）作为无线局域网的中心点，供其他装有无线网卡的计算机通过它接入该无线局域网。

（2）通过对有线局域网络提供长距离无线连接，或对小型无线局域网络提供长距离有线连接，从而达到延伸网络范围的目的。

在有多个接入点时，用户可以在接入点之间漫游切换。接入点的有效范围是 20m～500m。根据技术、配置和使用情况，一个接入点可以支持 15～250 个用户，通过添加更多的接入点，可以比较轻松地扩充无线局域网，从而减少网络拥塞并扩大网络的覆盖范围。

3. 无线路由器

无线路由器结合了无线 AP 和宽带路由器的功能，通过无线路由器可以实现无线共享 Internet 连接，如图 10-4 所示。无线路由器是用于用户上网、带有无线覆盖功能的路由器。无线路由器可以看作一个转发器，将家中墙上接出的宽带网络信号通过天线转发给附近的无线网络设备（笔记本电脑、支持 Wi-Fi 的手机、平板以及所有带有 Wi-Fi 功能的设备）。

图10-4 无线路由器

市场上流行的无线路由器一般都支持专线 xdsl/cable、动态 xdsl、pptp 四种接入方式。它还具有其他一些网络管理的功能，如 dhcp 服务、nat 防火墙、mac 地址过滤、动态域名等功能。

要点提示 市场上流行的无线路由器一般只能支持 15～20 个以内的设备同时在线使用。一般的无线路由器信号范围为半径 50 米，现在已经有部分无线路由器的信号范围达到了半径 300 米。

4. 无线天线

无线天线用来放大信号，以适应更远距离的传送，从而延长网络的覆盖范围。无线天线具体有室内无线天线和室外无线天线两种类型，如图 10-5 所示。

当计算机与无线 AP 或其他计算机相距较远时，随着信号的减弱，或者传输速率明显下降，或者根本无法实现与 AP 或其他计算机之间通信，此时，就必须借助于无线天线对所接收或发送的信号进行增益（放大）。

无线天线有多种类型，不过常见的有两种，一种是室内天线，优点是方便灵活，缺点是增益小，传输距离短；一种是室外天线。室外天线的类型比较多，一种是锅状的定向天线，一种是棒状的全向天线。室外天线的优点是传输距离远，比较适合远距离传输。

图10-5 无线天线

10.2.5 无线局域网的配置方式

无线局域网的配置方式主要有以下两种。

1. 对等模式（Ad-hoc 模式）

这种模式包含多个无线终端和一个服务器，均配有无线网卡，但不连接到接入点和有线网络，而是通过无线网卡进行相互通信，主要用来在没有基础设施的地方快速而轻松地创建无线局域网。

2. 基础结构模式（Infrastructure 模式）

该模式是目前最常见的一种架构。这种架构包含一个接入点和多个无线终端，接入点通过电缆连线与有线网络连接，通过无线电波与无线终端连接，可以实现无线终端之间的通信，以及无线终端与有线网络之间的通信。通过对这种模式进行复制，可以实现多个接入点相互连接的更大的无线网络。

10.3 其他无线网络

下面简要介绍其他无线网络的特点和应用。

10.3.1 无线个域网

无线个域网（Wireless Personal Area Network，WPAN）是为了实现活动半径小、业务类型丰富、面向特定群体、无线无缝的连接而提出的新兴无线通信网络技术。WPAN 能够有效地解决“最后的几米电缆”的问题，进而将无线联网进行到底。

1. WPAN 介绍与标准现状

WPAN 是一种与无线广域网（WWAN）、无线城域网（WMAN）、无线局域网（WLAN）并列但覆盖范围相对较小的无线网络。在网络构成上，WPAN 位于整个网络链的末端，用于实现同一地点终端与终端间的连接，如连接手机和蓝牙耳机等。

WPAN 所覆盖的范围一般在 10m 半径以内，必须运行于许可的无线频段。WPAN 设备具有价格便宜、体积小、易操作和功耗低等优点。

目前，IEEE、ITU 和 HomeRF 等组织都致力于 WPAN 标准的研究，其中 IEEE 组织对 WPAN 的规范标准主要集中在 802.15 系列。

（1）802.15.1

802.15.1 本质上只是蓝牙底层协议的一个正式标准化版本，大多数标准制定工作仍由蓝牙特别兴趣组（SIG）完成，其成果由 IEEE 批准，原始的 802.15.1 标准基于 Bluetooth1.1，

目前大多数蓝牙器件中采用的都是这一版本。

新的版本802.15.1a对应于Bluetooth1.2，包括某些QoS增强功能，并完全后向兼容。

（2）802.15.2

802.15.2负责建模和解决WPAN与WLAN间的共存问题，目前正在标准化。

（3）802.15.3

802.15.3也称WiMedia，旨在实现高速率，原始版本规定的速率高达55Mb/s，使用基于802.11但与之不兼容的物理层。后来多数厂商倾向于使用802.15.3a，使用超宽带（UWB）的多频段OFDM（Orthogonal Frequency Division Multiplexing，正交频分复用技术）联盟的物理层，速率高达480Mb/s。

（4）802.15.4

802.15.4也称Zigbee技术，主要任务是低功耗、低复杂度、低速率的WPAN标准制定，该标准定位于低数据传输速率的应用。

2. WPAN的关键技术

WPAN包含了以下几项关键技术。

（1）蓝牙

蓝牙是大家熟知的无线联网技术，也是目前WPAN应用的主流技术。蓝牙标准是在1998年由爱立信、诺基亚、IBM等公司共同推出的，即后来的IEEE 802.15.1标准。

蓝牙技术为固定设备或移动设备之间的通信环境建立通用的无线空中接口，将通信技术与计算机技术进一步结合起来，使各种3C设备（通信产品、计算机产品和消费类电子产品）在没有电线或电缆相互连接的情况下，能在近距离范围内实现相互通信或操作。蓝牙可以提供720kbit/s的数据传输速率和10m的传输距离。不过，蓝牙设备的兼容性不好。

（2）UWB

UWB（Ultra Wideband，超宽带）即802.15.3a技术，是一种无载波通信技术。它是一种超高速的短距离无线接入技术，能在较宽的频谱上传送极低功率的信号，可在10m左右的范围内实现每秒数百兆比特的数据传输率，具有抗干扰性能强、传输速率高、带宽极宽、消耗电能小、保密性好、发送功率小等诸多优势。

UWB早在1960年就开始开发，但仅限于军事应用，美国FCC于2002年2月准许该技术进入民用领域。不过，目前，学术界对UWB是否会对其他无线通信系统产生干扰仍在争论当中。

（3）Zigbee

Zigbee是一种新兴的短距离、低功率、低速率无线接入技术，是基于IEEE 802.15.4无线标准研制开发的关于组网、安全和应用软件等方面的技术标准，是IEEE 802.15.4的扩展集，由Zigbee联盟与IEEE 802.15.4工作组共同制定。

要点提示

Zigbee是IEEE 802.15.4协议的代名词，是一种短距离、低功耗的无线通信技术。这一名称来源于蜜蜂的八字舞，蜜蜂（bee）是靠飞翔和“嗡嗡”（zig）地抖动翅膀的“舞蹈”来给同伴传递花粉所在方位信息的，也就是说蜜蜂依靠这样的方式构成了群体中的通信网络。

ZigBee是一种便宜、低功耗的近距离无线组网通信技术，工作在2.4GHz频段，共有27个无线信道，数据传输速率为20kbit/s～250kbit/s，传输距离为10～75m，其特点是近距离、低复杂度、自组织、低功耗、低数据速率和低成本，主要适合用于自动控制和远程控制领域，可以嵌入各种设备。

ZigBee 是一种高可靠的无线数传网络，类似于 CDMA 和 GSM 网络。ZigBee 数传模块类似于移动网络基站。通信距离从标准的 75m 到几百米、几公里，并且支持无限扩展。

ZigBee 是一个由可多到 65 000 个无线数传模块组成的一个无线数传网络平台，在整个网络范围内，每一个 ZigBee 网络数传模块之间可以相互通信，每个网络节点间的距离可以从标准的 75m 无限扩展。

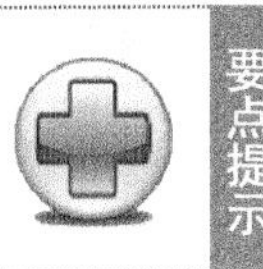

要点提示

与移动通信的 CDMA 网或 GSM 网不同，ZigBee 网络主要是为工业现场自动化控制数据传输而建立，必须简单，使用方便，工作可靠，价格低。移动通信网主要是为语音通信而建立，每个基站成本高，而每个 ZigBee 基站成本很低。每个 ZigBee 网络节点不仅本身可以作为监控对象，还可以自动中转别的网络节点传过来的数据资料。

（4）RFID

RFID（Radio Frequency Identification，射频识别）俗称电子标签，是一种非接触式的自动识别技术，通过射频信号自动识别目标对象并获取相关数据。RFID 由标签、解读器和天线三个基本要素组成。

RFID 可被广泛应用于物流业、交通运输、医药、食品等各个领域。然而，由于成本、标准等问题的局限，RFID 技术和应用环境还很不成熟，其缺点主要表现在：制造技术复杂，生产成本高；标准尚未统一；应用环境和解决方案不够成熟，安全性将接受考验。

3. WPAN 的未来展望

过去的几年里，WPAN 技术得到了飞速的发展，蓝牙、UWB、Zigbee、RFID、Z-Wave、NFC 以及 Wibree 等各种技术竞相提出，它们在功耗、成本、传输速率、传输距离、组网能力等方面又各有特点。而 WPAN 的初衷是实现各种外围设备小范围内的无缝互联，这种想法在未来很长的一段时间内可能还只是一个美好的愿望。

10.3.2 无线城域网

在 1999 年，IEEE 设立了 IEEE 802.16 工作组，其主要工作是建立和推进全球统一的无线城域网技术标准。在 IEEE 802.16 工作组的努力下，近些年陆续推出了 IEEE 802.16、IEEE 802.16a、IEEE 802.16b、IEEE 802.16d 等一系列标准。

1. WiMAX 技术简介

IEEE 主要负责标准的制订，为了使 IEEE 802.16 系列技术得到推广，在 2001 年成立了 WiMAX 论坛组织，因而相关无线城域网技术在市场上又被称为“WiMAX 技术”。WiMAX 技术的物理层和媒体访问控制层（Media Access Control，MAC）技术基于 IEEE 802.16 标准，可以在 5.86Hz、3.56Hz 和 2.56Hz 这三个频段上运行。

WiMAX 利用无线发射塔或天线，能提供面向互联网的高速连接，其接入速率最高达 75Mb/s，胜过有线 DSL 技术，最大距离可达 50km，覆盖半径达 1.6km。它可以替代现有的有线和 DSL 连接方式，来提供最后 lkm 的无线宽带接入。因而，WiMAX 可应用于固定、简单移动、便携、游牧和自由移动这五类应用场景。

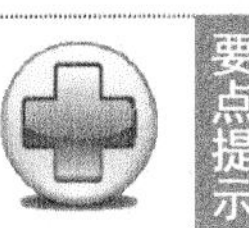

要点提示

WiMAX 论坛组织是 WiMAX 推广的大力支持者，目前该组织拥有近 300 个成员，其中包括 Alcatel、AT&T、FUJITSU、英国电信、诺基亚和英特尔等行业巨头。WiMAX 之所以能获得如此多公司的支持和推动，与其所具有的技术优势也是分不开的。

2. WiMAX 技术优势

WiMAX 的技术优势可以简要概括为以下几点。

（1）传输距离远、接入速度高、应用范围广

WiMAX 采用 OFDM 技术，能有效地抗多径干扰；同时采用自适应编码调制技术，可以实现覆盖范围和传输速率的折中；利用自适应功率控制，可以根据信道状况动态调整发射功率。正因为有这些技术，WiMAX 的无线信号传输距离最远可达 50km，最高接入速度达到 75Mbit/s。由于 WiMAX 具有传输距离远、接入速度高的优势，所以其可以应用于广域接入、企业宽带接入、移动宽带接入，以及数据回传等几乎所有的宽带接入市场。

（2）不存在“最后 1km”的瓶颈限制，系统容量大

WiMAX 作为一种宽带无线接人技术，可以将 Wi-Fi 热点连接到互联网，也可作为 DSL 等有线接入方式的无线扩展，实现最后 1km 的宽带接入。WiMAX 可为 50km 区域内的用户提供服务，用户只要与基站建立宽带连接即可享受服务，因而其系统容量大。

（3）提供广泛的多媒体通信服务

由于 WiMAX 具有很好的可扩展性和安全性，从而可以提供面向连接的、具有完善 QoS 保障的、电信级的多媒体通信服务，其提供的服务按优先级从高到低有主动授予服务、实时轮询服务、非实时轮询服务和尽力投递服务。

（4）安全性高

WiMAX 空中接口专门在 MAC 层上增加了私密子层，不仅可以避免非法用户接入，保证合法用户顺利接入，而且还提供了加密功能（如 EAP SIM 认证），保护用户隐私。

3. WiMAX 技术劣势

WiMAX 发展还面临许多的问题，具体概括为以下几点。

（1）成本问题

相对于有线产品，成本太高，不利于普及。

（2）技术标准和频率问题

许多国家的频率资源紧缺，目前都还没有分配出频率给 WiMAX 技术使用，频率的分配直接影响系统的容量和规模。这决定了运营商的投资力度和经营方向。

（3）与现有网络的相互融合问题

IEEE 802.16 系列技术标准只是规定空中接口，而对于业务、用户的认证等标准都没有一个统一的规范，因而需要通过借助现有网络来完成，因此必须解决与现有网络的相互融合问题。

从技术层面讲，WiMAX 更适合用于城域网建设的“最后 1km”的无线接入部分，尤其对于新兴的运营商更为合适。WiMAX 技术具备传输距离远、数据速率高的特点，配合其他设备（比如 Wi-Fi 技术）可提供数据、图像和语音等多种较高质量的业务服务。在有线系统难以覆盖的区域和临时通信需要的领域，可作为有线系统的补充，具有较大的优势。随着 WiMAX 的大规模商用，其成本也将大幅度降低。在未来的无线宽带市场中，尤其是专用网络市场中，WiMAX 将占有重要位置。

10.3.3 无线广域网

无线广域网（Wireless Wide Area Network，WWAN）是采用无线网络把物理距离极为分

散的局域网（LAN）连接起来的通信方式。

1. 概念

WWAN 是采用无线网络把物理距离极为分散的局域网（LAN）连接起来的通信方式。WWAN 连接地理范围较大，常常是一个国家或是一个洲，其目的是为了让分布较远的各局域网互联。它的结构分为末端系统（两端的用户集合）和通信系统（中间链路）两部分。

WWAN 代表移动联通的无线网络，其特点是传输距离小于 15km，传输速率大约为 3Mbps，发展速度更快。

2. 标准

IEEE 802.20 是 WWAN 的重要标准。IEEE 802.20 是由 IEEE 802.16 工作组于 2002 年 3 月提出的，并为此成立专门的工作小组，这个小组在 2002 年 9 月独立为 IEEE 802.20 工作组。IEEE 802.20 是为了实现高速移动环境下的高速率数据传输，以弥补 IEEE 802.1x 协议族在移动性上的劣势。IEEE 802.20 技术可以有效解决移动性与传输速率相互矛盾的问题，它是一种适用于高速移动环境下的宽带无线接入系统空中接口规范。

IEEE 802.20 标准在物理层技术上，以正交频分复用技术（OFDM）和多输入多输出技术（Multiple-Input Multiple-Output，MIMO）为核心，充分挖掘时域、频域和空间域的资源，大大提高了系统的频谱效率。在设计理念上，基于分组数据的纯 IP 架构适应突发性数据业务的性能优于 3G 技术，与 3.5G（HSDPA、EV-DO）性能相当。在实现和部署成本上也具有较大的优势。

要点提示

IEEE 802.20 能够满足无线通信市场高移动性和高吞吐量的需求，具有性能好、效率高、成本低和部署灵活等特点。IEEE 802.20 的通信质量优于 IEEE 802.11，在数据吞吐量上强于 3G 技术，其设计理念符合下一代无线通信技术的发展方向，因而是一种非常有前景的无线技术。目前，IEEE 802.20 系统技术标准仍有待完善，产品市场还没有成熟、产业链有待完善，所以还很难判定它在未来市场中的位置。

10.4 实训 15 搭建无线局域网

实训要求

1. 了解无线局域网常用设备的用途。
2. 掌握无线 AP 的设置方法。
3. 明确组建无线局域网的方法和步骤。

实训设备

1. 无线 AP/无线路由器 1 台。
2. 无线网卡：2 块。
3. 计算机：2 台。

步骤解析

1. 安放无线 AP

（1）将无线 AP 安放到位置相对较高处，方便网络的连接。

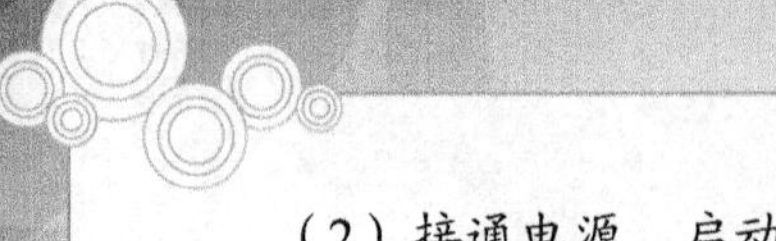

（2）接通电源，启动 AP。

2. 安装无线网卡

将无线网卡装入计算机中。

① 按照安装向导完成驱动安装或自动安装驱动程序。

② 查看网卡的连通状态。

③ 设置计算机 TCP/IP。

④ IP 地址：192.168.1.*（*范围为 2~254，注意不要与现有网络中的 IP 地址重复）。

⑤ 子网掩码：255.255.255.0。

⑥ 默认网关：192.168.1.1。

要点提示 无线 AP 的默认 IP 是 192.168.1.1，默认子网掩码是 255.255.255.0，这些值可以根据需要进行改变，这里先采用默认值。

⑦ 测试计算机与无线 AP 之间是否连通。

⑧ 执行命令 ping 192.168.1.1，如果能 ping 通，则说明 AP 连接成功。

3. 设置无线 AP

根据所使用无线 AP 说明书进行设置，具体方法可参照 7.2.4 节中路由器的设置，二者设置过程类似。

4. 将无线网络进入有线网络

（1）用一根网线将无线 AP（LAN）端口连接到局域网中交换机（或集线器）的一个端口，如图 10-6 所示。

（2）观察无线 AP 上的 LAN 指示灯，若灯亮，则表示接通。

（3）从连接到无线网络的计算机上测试是否能访问有线网络中的计算机：可以通过 Ping 命令测试，也可以访问网上邻居测试。

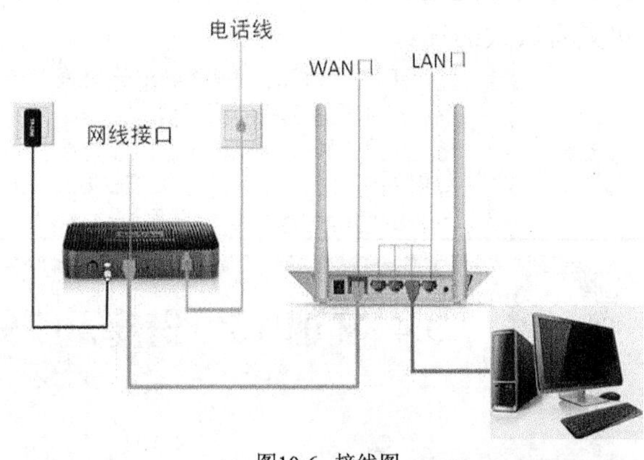

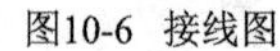

图10-6 接线图

要点提示 在图 10-6 中，如果是小区宽带，直接把宽带线插到 WAN 口即可。

习题

1. 常用的常用无线通信技术有哪些？各有何特点？
2. 无线网络通常分为哪些主要类型？
3. 简要说明无线局域网的优点和缺点。
4. 无线局域网的通信协议有哪些？各有何特点？
5. 组成无线局域网需要哪些设备？各有何用途？